国家自然科学基金资助项目
（51078005）（51578009）

基于城乡制度变革的
乡村规划理论与实践

赵之枫　张　建／著

中国建筑工业出版社

图书在版编目（CIP）数据

基于城乡制度变革的乡村规划理论与实践／赵之枫等著．—北京：中国建筑工业出版社，2018.6
ISBN 978-7-112-22109-7

Ⅰ.①基… Ⅱ.①赵… Ⅲ.①乡村规划－研究－中国 Ⅳ.①TU982.29

中国版本图书馆CIP数据核字（2018）第079245号

责任编辑：刘　静
书籍设计：锋尚设计
责任校对：姜小莲

基于城乡制度变革的乡村规划理论与实践
赵之枫　张建　著
*
中国建筑工业出版社出版、发行（北京海淀三里河路9号）
各地新华书店、建筑书店经销
北京锋尚制版有限公司制版
廊坊市海涛印刷有限公司印刷
*
开本：787×1092毫米　1/16　印张：18¼　字数：347千字
2018年8月第一版　2018年8月第一次印刷
定价：69.00元
ISBN 978-7-112-22109-7
（31971）
版权所有　翻印必究
如有印装质量问题，可寄本社退换
（邮政编码 100037）

前　言

城镇化加速时期，基于封闭、稳定农村发展的乡村规划背景发生了很大变化，社会经济变化显著，城市和乡村流动频繁，震荡与冲突加剧，制度变革的影响深远。

《城乡规划法》明确划分了城市规划、镇规划、乡规划和村庄规划，凸显了对乡村地区规划的重视，乡规划和村庄规划成为城乡规划体系中的重要组成部分。

以农业生产为基础的广大农村地区经济社会发展特点和城市有明显不同，基于土地制度的人地关系特征更是与城市有很大差异。长期以来沿用城市规划理论和方法的乡村规划与乡村发展要求不相适应，制约了乡村规划在实际建设中的指导作用，亟待探索立足于乡村地区特征的乡规划和村庄规划理论与方法。

全书分为五篇，共十八章。分别阐述了城乡制度对乡村规划的影响、乡规划、村庄规划，以及乡与村庄规划的实例。第一篇我国乡村的发展，分为三章，简要概述了我国乡村地区的特征以及乡和村庄规划。第二篇城乡制度影响下的乡村规划，分为四章，从城乡制度差异入手，着重分析了农村集体土地制度、宅基地制度、土地用途管制及新型农村社区等乡村地区特有的人地关系。第三篇基于现代农业的乡规划，分为四章，包括乡域规划、乡政府驻地规划、乡公共服务设施规划和现代农业园区规划。第四篇乡村视角下的村庄规划，分为三章，包括村庄体系规划、村庄规划和村庄规划过程与实施。第五篇乡规划和村庄规划实例，分为五章，分别介绍了北京市通州区于家务回族乡乡域规划、北京通州国际种业科技园区规划、河南省信阳市光山县扬帆村村庄规划和北京市门头沟区炭厂村村庄规划。

本书的内容是基于北京工业大学城镇规划设计研究所多年的研究积累所完成。参与研究、项目实践及本书撰写工作的研究团队成员有郭玉梅、廖含文、禹永万、刘泽、王峥、李钟、杨明亮、张学飞、闫惠、汪晓东、马杰、李延超、武小琛、曹莉苹、郭耀斌、刘颖洁、米莉、褚占龙、夏晶晶、李程、李迪、郭瑛、王宝音、王珊珊、邱腾菲、云燕、吕悰、刘子翼、张娜、张慧超、张晨、霍文武、李思沂、吕攀、骆爽、金晶、朱冠宇、巩冉冉、赵欣晔、朱三兵、王欣桐等。

骆爽和朱三兵参与了本书图片的整理和绘制工作。

本书得到国家自然科学基金项目“基于城乡制度变革的乡规划理论与方法研究”（项目编号：51078005）、“基于生产—生活—生态差异的县域村镇体系发展模式研究”（项目编号：51578009），以及中国建筑工业出版社学术著作出版基金的资助。

目 录

第一篇　我国乡村的发展

城镇化是人口和资源在城乡空间上重新布局的一个永恒的过程。根据预测，到2030年，在全球总人口中乡村人口仍然还有31.9亿，接近全球总人口的1/3，所以，乡村建设仍然与城市建设一样，是人类社会、环境和经济建设的重要部分。即便我国的城镇化水平达到70%，也仍然有4.5亿农村人口。

城乡统筹的推进并不意味着乡村采取与城市一样的发展模式。乡村作为一种低密度、生态友好型的聚落形式，是区别于城市聚落，承载居住、特定文化景观、独特生活方式的空间载体。纵观发达国家的城镇化，乡村建设始终与其进程紧密相连、充分互动，最终形成城乡景观有别、文明共享、设施均等的高度统筹状态。

提起乡村，首先想到的是农业生产。农业生产为城市提供基本食品保障。但是，农业不再是一个衰退落后的产业类型，伴随着现代农业的发展，传统农业正在转型。

同时，乡村地区更具有生态维护的价值。城市生态系统是高度人工化的，工业文明也造就了人与自然的分离。乡村空间为城市提供纯净的生态屏障。通过回归乡村，人们可以调节身心平衡，感受生命的鲜活与丰盈，净化心灵。

再有，乡村空间承载着大量的传统文化。无论是物质空间层面的古镇古村、建筑古迹，还是精神层面的宗族文化、习俗节庆、生活习惯等，乡村所保留的文化基因是重塑地域文化的弥足珍贵的内核。

因此，全社会都应该关注乡村地区的发展和建设。

第一章 乡村地区的发展

第一节 我国乡村建设发展历程

我国是农业大国，乡村地区的发展与国家发展紧密相连。纵观我国近百年的乡村建设，其发展历程可分六个阶段，分别为：二十世纪二三十年代——改良尝试阶段，新中国成立后至改革开放前——迂回起伏阶段，二十世纪八九十年代——蓬勃兴盛阶段，2000年至2005年——调整探索阶段，2006年至2011年——示范带动阶段，2012年至今——城乡统筹阶段（图1-1）。

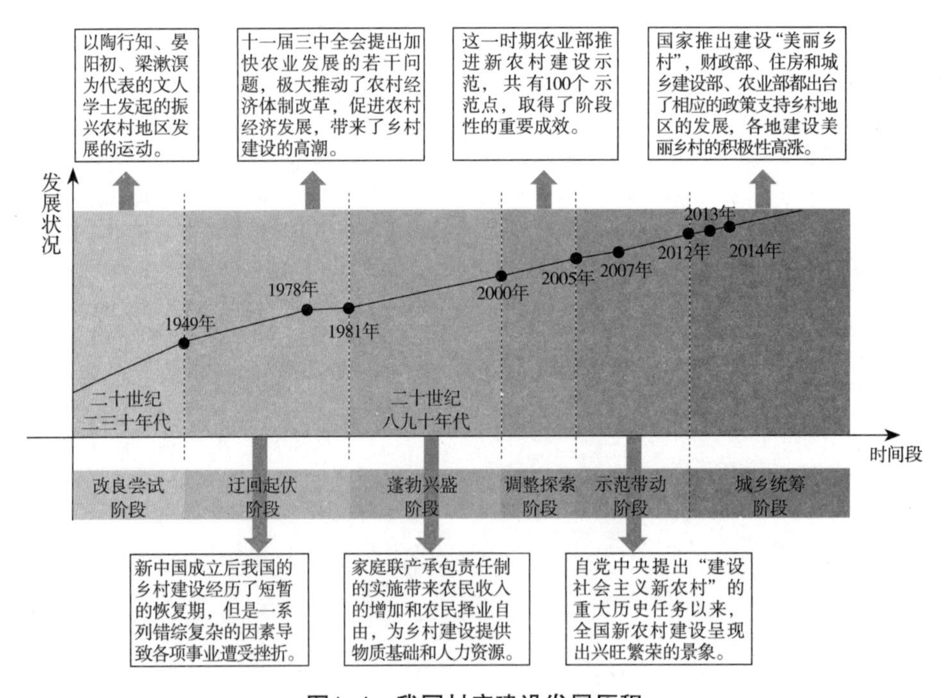

图1-1 我国村庄建设发展历程

一、二十世纪二三十年代——改良尝试阶段

民国时期的乡村建设，是在半殖民地半封建社会条件下，以知识分子为先导、社会各界参与的救济乡村或社会改良运动，是乡村建设救国论的理论表达和实验活动。

乡村建设运动是在内忧外患的情况下产生的。第一次鸦片战争以后，中国被卷入世界市场体系，西方列强和本国封建地主开始对中国农民、手工业者和民族企业实行双重压榨，乡村手工业纷纷破产。军阀连年混战导致农村劳动力大量流失，中国的农业生产遭到极大的破坏，加之自然灾害频发，农村经济处在崩溃的边缘。而此刻，中国进入加速工业化原始积累的阶段，不断激化的社会冲突在二十世纪二三十年代导致农民革命普遍发生，既中断了中华民族的工业化进程，也造成了帝国主义侵略和控制的可乘之机。

值此危难之际，一批仁人志士怀着爱国救民的赤子之心，开始寻求救亡图强、振兴中国的良策。从20世纪20年代起，尤其到30年代初，全国各地兴起了乡村建设的浪潮，形成了由众多社会团体、政府机关和教育机关等组织领导的“改造农村，改造中国”的民族自救运动。各个团体的宗旨和做法多种多样。一是从教育入手，广开民智，振兴农村；二是改进农业，增加生产，并采取互助形式，组织各种合作社，从事农业推广；三是发展乡村手工业，以提高民众生活水平；四是从改良社会风气入手，以求提升道德水平，等等。无论宗旨与方法如何，其目的都在于探索振兴农村、改造中国之路。有关资料显示，20世纪30年代，全国共有700多个组织在全国开辟了1000多个乡村建设实验点。

其中最为著名的当属山东邹平梁漱溟的“乡村建设运动”和河北定县晏阳初的“定县实验”。

梁漱溟倡导的“乡村建设运动”，是“新文化运动”。他提出的理想社会是“伦理本位，合作组织”，伦理情谊是中国文化的基础，几千年来，维系了亿万人民的生存。近百年来由于资本主义的入侵导致固有文化的崩溃。因此，乡村建设运动，就是要从农村入手，走振兴农业引发工业之路。主张在农村建立传统文化，即封建社会宗法文化为本位的社会。乡村建设运动的实现途径主要是办“乡学”、“村学”，力图“化社会为学校”，改造农村，对广大农村民众进行教育，宣传我国固有的良好礼俗，如敬老、慈幼、礼贤、睦邻、扬善、抑恶、勤劳、简朴等美德，使农民成为有觉悟、有组织的社会群体，进而建设“伦理本位”、“职业分立”的社会。

梁漱溟及山东乡村建设研究院在邹平、菏泽和济宁的实验，被称为邹平模

式，一度成为全国乡村建设的中心之一。

晏阳初和中华平民教育促进会在定县、衡山和新都的实验，被称之为定县模式。晏阳初等通过认真的社会调查，发现当时中国农村普遍存在的“愚、贫、弱、私”四大病症，然后采用学校教育、家庭教育、社会教育三大方式，来推行“文艺、生计、卫生、公民”四大教育，要塑造出现代新农民。同时建立合作组织，开办实验农场，传授农业科技，改良动植物品种，发展手工业和其他副业，建立医疗卫生保健制度等。

不难看出，当时的乡村建设运动主要就是农民教育运动。以梁漱溟和晏阳初为代表的这一时期知识分子所践行的乡村建设，其主要目的是实现乡民合作、重建乡村组织和提高乡民素质，结果并没能解决中国乡村的实际问题。但是，他们对中国“三农”问题的思考与实践，提出的平民教育理念、农民合作理念、群众参与理念，以及在公平土地制度、推广农业技术、农村工业化、发展家庭副业、建设乡村道路桥梁等公共设施、改善农村教育医疗条件等方面的探索，无疑是一笔巨大的精神财富，对当代的乡村建设与发展仍然具有借鉴意义。

二、新中国成立后至改革开放前——迂回起伏阶段

自1949年中华人民共和国成立起，我国乡村的农业制度和乡村社会生活格局经过土地改革、农业合作化和人民公社化运动等一系列改革之后被彻底改变。

（1）土地改革时期（1949~1953年）

新中国成立后，引导农民走社会主义道路，建立农民土地私有制，发展农村经济，以实现农业社会主义改造。中央人民政府于1950年6月颁布《中华人民共和国土地改革法》，明确规定了土地改革的基本目的是废除地主阶级封建剥削的土地所有制，实行农民的土地所有制，建立新中国历史上第一种农地制度——农民土地私有、家庭分散经营。

在国民经济恢复时期，城市展开了以发展重工业为中心的大规模经济建设。在农村地区则致力于彻底废除封建土地所有制，解放农业生产力，通过土地改革调动广大农民群众的生产积极性，农业生产迅速得到恢复和发展。在此期间，工农业发展形势好，工业化和城市化进程比较协调。

（2）互助合作时期（1953~1958年）

自1953年开始，中国进入了社会主义改造时期，首先是农业的社会主义改

造。1954年初，广大农村掀起了声势浩大的农业合作化运动。

1955年10月4日，中共七届六中全会通过《关于农业合作化问题的决议》，农业合作化运动转入以建设社会主义性质的高级农业生产合作社为中心。到1956年底，高级社达到540000个，入社农户超过1亿，占农户总数的87.8%。这表明，农业的社会主义改造已基本完成，农民的个体经济改造成为社会主义的集体经济，我国农村建立了集体所有制的农业。考虑到小农经济与农民致富、工业化原始积累之间存在矛盾，期望通过合作社的形式将农民组织起来，将农民个体劳动转化为集体劳动，变农民土地所有制为集体土地所有制。

1955年，国务院先后通过了《关于设置市、镇建制的决定》和《关于城乡划分标准的规定》，规定了城镇的划分标准，并将城镇区划分为城市和集镇，其余为乡村。针对“镇的行政地位不明确”的问题，指出“县级或者县级以上地方国家机关所在地，可以设置镇的建制。不是县级或者县级以上地方国家机关所在地，必须是聚居人口在2000以上，有相当数量的工商业居民，并确有必要时方可设置镇的建制”。“镇以下不再设乡”。这为推动当时的城镇化进程起到了重要作用。

（3）人民公社时期（1958~1978年）

1958年，《中共中央关于在农村建立人民公社问题的决议》把农业生产合作社合并和改变为人民公社。人民公社化运动很快在全国农村范围内广泛展开。到11月初，全国共有人民公社26572个，参加的农户占农户总数的99.1%，全国范围内全面实现了人民公社化。

但由于指导思想的失误，人民公社制度一味强调生产关系变革、急于向共产主义过渡的做法，完全脱离了当时农村生产力发展的客观实际，严重挫伤了农民的生产积极性，破坏了农业生产的发展。

在这一时期，城镇化进程受到抑制。1957年，中共中央、国务院《关于制止农村人口盲目外流的指示》通过制度的方式严禁农民擅自进城。1960~1962年，由于国民经济比例严重失调，再加上农业连年遭受自然灾害，从而导致农业生产急剧下降，粮食等农副产品供应严重不足。国家采取调整措施，一方面动员城市人口回乡参加农业劳动，“知识青年上山下乡”；另一方面，1963年，中共中央和国务院发布《关于调整市镇建制，缩小城市郊区的指示》，提高了设置城镇的标准，一大批小城镇降格为乡，实际上是限制小城镇的发展。

可见，新中国成立后我国的乡村建设虽然经历了短暂的恢复期，但在这一时期，一系列错综复杂的因素使我国很多正常的建设事业遭受挫折和停滞，乡村地区也不例外。这个阶段我国城乡发展的起伏变化反映出城镇化路径不明确。城乡之间二元结构导致资本、劳动力等生产要素无法在城乡间实现自由流动与优化配置，市场机制被排除在外。虽然这一时期乡村地区在道路桥梁、土地整理、大规模农田水利设施建设，以及乡村基础教育制度和乡村合作医疗制度建设方面积极推进，但是，在国家通过对乡村社会资源剥夺来支持城市和工业化积累的背景下，也使乡村地区承担了巨大的制度成本，为改革开放后的乡村社会积累了严重的“三农”问题，并成为困扰我国的长期问题。

三、二十世纪八九十年代——蓬勃兴盛阶段

安徽省凤阳县小岗村率先发起以“大包干”到组、包产到户等为主要形式的农业生产责任制，揭开了我国农村经济体制改革的序幕。1978年十一届三中全会颁布的《中共中央关于加快农业发展若干问题的决定》，极大地推动了农村经济体制改革，促进了农业经济的迅猛发展。农村改革的核心是实行以家庭承包经营为基础，统分结合的双层经营体制，实质是从计划经济转变到大力发展农村商品经济，逐步建立与农村发展要求相适应的农村经济体制和基层社会管理体制。农民成为真正独立的商品生产者，农民的劳动付出与劳动成果成对等关系，生产积极性空前高涨。这次以农业为主的改革对乡村社会的影响具有广泛而深远的意义，不仅促进了农业的发展，活跃了乡村经济，也使乡村社会得到全面的开放，启动了农村多样化发展的新格局。

农业连年增产，农民不仅有了一定的资金积累，而且使大量的劳动力剩余出来，亟待寻找新的就业机会。农民有了择业的自由；由于农村允许发展多种经营以及其他经济活动，经济的单调局面开始有所变化；由于不再依赖行政措施去组织经济活动，因而市场机制被重新唤出，农村市场由于人们收入的提高和产品的丰富得以恢复和繁荣。此时，乡镇企业异军突起，使近亿农民自我完成了从农民到工人的转变。白天在工厂务工，早晚兼做农副业。既从事非农劳动，但又未放弃承包的土地，一旦失去企业工作机会，又可稳定地回到土地上以寻找新的就业机会。土地成为“社会保障”。这种形式，在当时条件下，不仅有利于发展农村经济，而且有利于社会安定。

在这一时期，人民公社被撤销，乡镇建设蓬勃发展。1982年新修订的宪法明确规定乡、镇为我国的基层政权。1984年国务院批转《民政部关于调整建镇标准的报告》，放宽建镇标准。针对“建镇标准不统一”、“把镇、村分割开来”的问题，提出乡政府所在地非农业人口超过2千的，可以撤乡建镇，实行镇管村制。“小城镇应成为农村发展工副业、学习科学文化和开展文化娱乐活动的基地，逐步

发展成为农村区域性的经济文化中心。”

这个阶段，小城镇的建设和发展问题重新得到重视。1983年，费孝通先生发表《小城镇 大问题》一文，提出中国小城镇是中国社会现代化过程中出现的、农民走上工业化和城市化道路的重要里程碑。在大城市本身人口压力大、资源紧张的情况下，难以容纳大量的剩余农村劳动力，新兴小城镇正可以发挥拦阻和蓄积人口流量的作用。1998年，十五届三中全会《中共中央关于农业和农村若干重大问题的决定》，提出“发展小城镇是带动农村经济和社会发展的一个大战略，是推进我国城镇化的重要途径”，简称“小城镇大战略”。2000年，《中共中央国务院关于促进小城镇健康发展的若干意见》发布。

农村工业化、农工商综合发展成为社会主义新时期农村建设的重要标志。中央首次提出“以工补农”的口号，即在农村内部，通过乡镇企业利润支持农业发展。这一时期，农业生产和农民生活水平得到提高，并在总体上结束了农产品供不应求的短缺经济时代。

农民富裕后，农村出现了史无前例的建房热。从乡村农民自发建房，到村庄和集镇的建设均有规划有指导地展开，全国村庄建设步入第二次建设的高潮，呈现出一片兴旺繁盛的景象。

此次二十世纪八九十年代我国乡村发展经历又一次高增长的“黄金十年”时期，推进了农村工业化和城镇化带动的内需型增长。自下而上的发展动力和活力推动了“苏南模式”、“温州模式”、“珠三角模式”等乡村地区发展方式。依托于乡村工业发展的离土不离乡，带动了农村富裕，但也使得乡村地区出现“村村点火、户户冒烟”、“村村像城镇、镇镇像农村”的现象，暴露出土地利用粗放、环境污染严重、基础设施薄弱等诸多问题。

四、2000年至2005年——调整探索阶段

国家经济进入高速发展时期，城镇化进程加快。

乡村地区发展的城乡背景有了很大变化。在中国改革开放后推动的快速工业化与城镇化进程中，强化了城乡二元分异，并使得载体谱系失衡[①]。制度改革开始向有利于大城市的方向演进，乡村原本享有的制度红利随之下降。城市经济焕发活力，发展迅猛。而乡村地区在乡镇企业发展环境恶化后却发展乏力。此外，乡镇政府事权与财权的错位分配、以分税制改革为核心的行政体制改革、农村税费

① 陈川，罗震东，何鹤鸣．小城镇收缩的机制与对策研究进展及展望[J]．现代城市研究，2016（2）．

改革及乡镇财政改革等措施加大了乡镇的财政困难。由于国家改革重心从农村移到了城市，出现了“三农发展要素缺乏症”，农村改革的步子明显放慢。工业化加速发展和城市化扩张大规模地占用农村土地；劳动力大量流出农村，工业化得以雇佣廉价的劳动力；农村资金大量外流；金融机构抽走农村大量资金；农业生产要素加快向城镇转移，为城镇化做出巨大贡献。农村改革艰难曲折、发展缓慢。

从1997年开始，农民收入增幅连续4年下降，连续7年增长不到4%，不及城镇居民收入增量的五分之一。针对城乡差距问题，2003年，十六届三中全会提出要统筹城乡发展，大力发展县域经济。同年底，中央在时隔17年后再次发布农村问题为主题的“一号文件”①。

2001年，国家“十五”计划，开始将城镇化列为重要内容，提出要逐步形成合理的城镇体系，走出一条符合我国国情，大中小城市和小城镇协调发展的城镇化道路。自此，我国城镇化道路的发展方针开始从小城镇大战略向大中小城市和小城镇协调发展转变。

这一阶段，清晰明确的城镇体系尚未形成。城市发展迅速，优势明显，但是空气污染、道路拥堵等大城市病开始显露。乡镇特色不突出，路径趋同，发展乏力，吸引力不足。

此时，粗放式的乡镇发展对农村地区造成的生态环境破坏、土地不集约等问题已经受到关注。各级政府开始转换思路，探索建设示范性的村庄，以此来带动农村地区的发展。从全国范围来看，村庄建设示范行动最早是由农业部推进的。2003年农业部在31个省（区、市）和新疆生产建设兵团、黑龙江农垦总局选择了100个不同区域、不同经济发展水平、不同产业类型的村（农场）作为示范点。经过几年的实施取得阶段性重要成效，35个示范村、65个联系村的经济发展、基础设施和文化建设都有了质的变化。示范行动也为村庄建设提供了许多有益的经验。通过实施示范行动，使示范村经济增长率高于其所在县平均水平5个百分点左右，示范村农民收入增长率高于其所在县平均水平3个百分点以上，村容村貌整洁，农村基层党组织作用充分发挥，农村财务公开制度进一步完善。

从各省市来看，这一时期江西省赣州市以创建“五新一好”（建设新村镇，发展新产业，培育新农民，组建新经济组织，塑造新风貌，创建好班子）为主要内容，以村镇建设为突破口，深入开展了村庄“三清三改”（清垃圾、清污泥、清路

① 2003年底，中央下发《中共中央国务院关于促进农民增加收入若干政策的意见》，成为改革开放以来1982~1986年连续5年发布农村问题主题的“一号文件”后的中央的第六个“一号文件”。自此，直至2016年，又连续13年发布中央“一号文件”，关注“三农”问题。

障，改水、改厕、改路）运动；浙江省从2003年起实施“千村示范，万村整治”工程，按照“布局优化、道路硬化、村庄绿化、路灯亮化、卫生洁化、河道净化”要求开展村庄环境治理。四川省开展了21个省级县域村镇体系规划编制试点工作，每个省级试点规划落实了10万元补助经费。2005年四川全省完成村庄建设（治理）规划编制1100个，250个省级示范村的建设整治规划编制已经按时完成。辽宁省完成了1000个村庄环境整治规划编制工作。①

五、2006年至2011年——示范带动阶段

此阶段仍然处在城镇化高速增长阶段。我国城镇化率从2006年的44.34%提高到2011年的51.27%，年均提高1.39个百分点，GDP增长速度年均10.38%。2011年城镇化率首次超过50%，城镇人口规模约6.7亿。

十六届四中全会提出，我国总体上已到了以工促农、以城带乡的发展阶段。2006年，《中共中央国务院关于推进社会主义新农村建设的若干意见》下发。十七大报告提出形成城乡经济社会发展一体化新格局的工作要求。2008年，十七届三中全会作出《中共中央关于推进农村改革发展若干重大问题的决定》，明确要求“促进大中小城市和小城镇协调发展，形成城镇化和新农村建设互促共进机制”。这一系列重大战略的出台和逐步落实，推动了我国经济社会向城乡统筹协调发展的道路迈进，农村建设事业进入社会主义新农村建设阶段。

全国新农村建设呈现出兴旺繁荣的景象。这一时期我国社会主义新农村建设主要有三种类型：一是以温铁军为代表的知识分子和民间组织发动的乡村建设活动，主要围绕着农村的文化建设和农民组织的培育来开展；二是由非政府组织开展的农村发展活动，如世界银行等国际组织在中国各地尤其是贫困地区开展的发展项目活动，这些项目活动主要围绕着农民急需的基础设施建设，以及基金信贷、培训等农民的自身能力建设等方面展开；三是由全国地方政府进行的新农村建设，主要围绕着农村的基础设施建设和村容村貌的整治展开。

2006年党的十六届六中全会首次完整提出“新型农村社区”的概念后，各地逐步根据地方实际情况进行积极探索。截至2011年底，全国30%左右的县开展了农村社区建设，全国已有106个县级农村社区建设实验全覆盖示范单位，社区服务建设得到了长足发展。

2008年《城市规划法》修订为《城乡规划法》，明确划分了城市规划、镇规

---

① 黄颖. 近郊型新农村“城乡田园”规划模式研究——以重庆市都市区为例[D]. 重庆：重庆大学，2012.

划、乡规划和村庄规划，表明了规划管理从城市走向城乡，增大了对乡村地区的规划管理力度。

这一时期，乡村地区有了长足进步，但是与城市经济发展和城市居民生活水平的提高相比，农村依然落后，城乡差距加大。

在城市高速发展背景下，乡村地区发展缓慢，房地产开发、开发园区建设对于土地的需求持续增加，城乡矛盾日益突出，"城中村"、"空心村"、"小产权房"等问题凸显。各地纷纷探索城乡统筹发展的新路径。例如苏南等地从"三分散"走向"三集中"的探索与实践。

六、2012 年至今——城乡统筹阶段

党的十八大提出了建设"美丽中国"的目标。2013年中央"一号文件"，第一次提出了建设"美丽乡村"的奋斗目标，要求进一步加强农村生态建设、环境保护和综合整治。2014年，《国家新型城镇化规划（2014–2020年）》颁布，提出要有重点地发展小城镇。按照控制数量、提高质量，节约用地、体现特色的要求，推动小城镇发展与疏解大城市中心城区功能相结合、与特色产业发展相结合、与服务"三农"相结合。适应农村人口转移和村庄变化的新形势，科学编制县域村镇体系规划和镇、乡、村庄规划，建设各具特色的美丽乡村。

在此背景下，财政部开展"美丽乡村一事一议试点申报项目"、农业部开展"1000个美丽乡村示范村申报工作"、住房和城乡建设部开展"全国美丽乡村试点村规划设计"工作。2013年开始至今，全国各个省份陆续加入"美丽乡村"的建设浪潮。国家加大对农村地区的投入力度，不少乡村基础设施和公共服务设施得到完善，村庄的风貌有了很大的提升，农村建设事业进入持续改善人居环境的新阶段。

同时，传统村落的保护与发展日益受到重视。作为一个拥有悠久农耕文明史的国家，中国广袤的国土上遍布着众多形态各异、风情各具、历史悠久的传统村落。传统村落是在长期的农耕文明传承过程中逐步形成的，凝结着历史的记忆，反映着文明的进步。传统村落不仅具有历史文化传承等方面的功能，而且对于推进农业现代化进程、推进生态文明建设等具有重要价值。

自2012年住房和城乡建设部、财政部等部委启动传统村落保护工作以来，已公布4批传统村落名录，4153个村被纳入保护范畴。

第二节　乡村地区的主要特征

乡村地区的生产方式与产业构成、生活组织与居住模式、生态本底与土地产权等都与城市存在明显不同。生产生活相互交融以及以农田和自然地貌为基底的分散空间格局是乡村地区的基本特征（表1–1）。

城乡居民点特征比较　　**表1–1**

居民点特征	城市	村庄
环境	人工环境	自然环境
产业	以二、三产为主，分工协作	以一产为主，依托土地
区位	居住与工作分异；功能分区	居住与工作相连；功能混合
管理	随居住地点变化的社区管理	与农村集体经济组织相连的集体组织管理
分布形态	相对集中	相对分散

一、乡村与自然资源紧密相连

城乡资源禀赋的不同导致城市和乡村的功能定位不同。城市是伴随着工业化进程而产生的，以技术创新为核心的生产发展使人类可以通过各种技术手段改造自然、征服自然，通过人工方式打造城市。而乡村则始终与自然紧密相连。乡村作为自然整体环境系统中的一个重要组成部分，其聚落形态受到基地特定的气候、地形等自然因素影响。乡村聚落与自然环境保持着良好的次序与和谐生动的“互动”。农村居民点融于农田、林地、水系、山丘等自然环境之中。同时，乡村地区是整个社会生态保全的主要空间。进入后工业社会，城乡居民要求居住环境更接近自然，农村和农业日益发挥水土保持、环境保护及景观维持与培养的功能，是营造城市绿地系统的主要地区，承担城市整体的生态保育、水源涵养、水土保持等功能，同时也是城市的副食品生产基地，是城市未来休闲、娱乐、游憩的重要场所，同时为城市发展预留空间。

二、乡村地区的居住与工作功能紧密相连

城乡功能定位的不同导致城市和乡村的空间特征不同。

城市自产生以来即以二、三产业为主，经济活动决定了只有集中才能带来高

效益。城市的多种功能是由功能分区来实现的，如居住区、商业区、办公区、工业区等，以体现城市的综合性和多功能性。大尺度的分散布局，小范围内呈现一定的聚集性。人们生活在居住区，在其他功能区进行社会生产，生活和生产相对分离，居住区按照人口规模分别配置公共设施。

而乡村地区的产业发展与城市有很大的差异，村落的生活与生产是紧密相连的。农业社会的农村居民点是在小农经济基础上发展起来的，主要表现为分散特征，居民主要依赖土地进行农业生产，村庄为便于就近耕作，要求较小的耕作半径与之相适应。农田与村落相互交织，居民点分布形态呈均质离散特征。农户自家宅院屋顶上晾晒粮食，院子里种菜、堆放农具、加工粮食、饲养禽畜等，民居内同时容纳生活和生产的多功能。功能的混合及多重利用是村庄营造中一项根深蒂固的传统。村庄不只是一个居民点，更是一个经济组织和社会组织。

进入工业社会后，随着经济的快速发展和农业现代化的推进，农村的产业结构发生变化，村庄性质向多元化发展，逐渐形成一、二、三产业并存的经济结构。以传统农业生产、特色农业种植养殖、旅游、度假、产品加工等不同产业为主导产业的村庄逐渐分化，需求各不相同，而从事旅游接待、特色农产品经营、主要劳动力外出打工等不同类型农户对住宅也有不同的需求，农宅功能更加多样化。

但村庄的产业无论怎样发展，始终以农林牧渔及其加工和服务为主，由土地资源决定的自然分散状态，与城市生产以工业、服务业为主的结构形成明显的差别。

以村庄为主要形式的农村居民点，满足村民对于生活和生产的需求是第一位要求，也是村庄布局是否合理的首要判据。乡村聚居区的人口相对少于城镇，人口密度低于城镇，这将是长期的、自然的现象，它构成了乡村与城市在景观上的差别。

三、乡村与农村集体经济组织紧密相连

城乡制度的不同导致城市和乡村管理模式的不同。土地制度与居民点分布有着密切的关系，直接影响城乡规划的制度环境和实施管理。

城市土地为公有制，于20世纪80年代末实行土地制度改革，实施土地使用权的有偿使用和住房的市场化交易。与之相对应，城市居民基于市场的资源配置，可自由选择居住地，人与住房不具备必然联系，居民拥有流动自主权。城市居民点以地域进行划分，按照社区进行管理，可随时进行调整。城市的规划设计，建筑选址相对自由，某种程度上可以说建筑先于人存在。例如居住区、商场和办公大楼，先建成这些功能性建筑，然后人们才开始在其中进行社会生活和生产，多

样的建筑类型吸引着具有不同需求的人群。

而农村土地主要为集体土地，实行作为集体土地所有制的宅基地无偿使用制度。农村居民属于农村集体经济组织，而农村集体经济组织并不能任意进入或退出，不易调整。因此，基于计划的资源分配，村民无法流动，居住在所在村庄中，人与土地和住房产生必然联系。与城市开发商先盖房子再住人的方式不同，村落营建可以说是先有人的需求才有房子。因个体存在才会有民居，因家庭需要，如婚丧嫁娶和人口繁衍，才会扩建民居，从而逐渐扩大村落范围。同时，目前我国乡村特有的集体所有制土地和宅基地制度一方面决定了村民缺乏民居营建地点选择的自由度，另一方面也决定了村民是村落和民居营建的主体。

四、乡村与乡土社会结构紧密相连

传统乡村社会具有明显的自组织特征，表现出一种强烈的内生性特点。传统的乡村建设源自“乡绅制度”和“农耕文化”。乡村的公共服务多是由乡绅、商人或上层精英来承担，如村庄规划、建设和管理，农田水利和公共建筑的兴建、修桥铺路等基础设施建设等。同时，乡绅作为联系国家政权与基层农民的关系纽带，还充当着维护本乡利益、承担公益活动、排解纠纷的社会责任。内生性的发展模式又强化了乡绅的社会与政治地位。传统乡村建设呈现出一种相对有序、稳定的发展状态，形成一种典型的“乡绅”式乡村建设模式。

当代社会，法律明确了村庄的村民自治制度。与城市相比，村落仍然是一个相对完整的生活单位，保持着世代累居和强烈的局限于居住地的传统特点。村落的社会组织依然建立在血缘关系和地缘关系之上，表现出较大的封闭性和稳定性，以及传统的继承性。“熟人社会”体现了乡村社会的基本特性。乡土社会的生活是富于地方性的，较少依靠外在的权力来推行，形成社会自下而上的治理模式，通过生活的点滴形成凝聚力。比如有些村落有固定的民俗庙会，周围的乡村以此为焦点，形成文化上的认同感。还有，村内的带头人切实为村里着想、为村民带来实惠，往往会非常受人尊重。

第三节　乡村建设面临的挑战

一、城乡制度变迁下的乡村重构

随着工业化和城镇化的持续推进，作为乡村发展两大核心要素的人口与土地发生了剧烈的变化，给中国乡村地区的生产、生活和生态空间带来了深远的影响[①]。

以生产为核心的乡村产业职能是乡村产业经济系统振兴的基础。目前普遍存在着乡镇活力不足、村产业不明的状况。而随着生产网络、交通网络的不断完善，网络体系和等级格局并存的新型城镇化格局正在形成。村镇体系的发展不再局限于毫无区别地盲目追求城市模式的工业化方式，而是建立基于各自资源特色的发展方式，融入区域发展格局，呈现与城市合理分工的多元化发展趋势。

以人为核心的乡村从业—居住模式是形成宜居乡村生活空间的保障。在快速城镇化推动下，农村人口变迁剧烈。人口转移与土地流转相交织，劳动力兼业与非农就业转换，人员留守与流动并存，村镇动态重组加剧，人地关系面临重构。

以土地利用为核心的乡村空间格局是维护国家生态红线、传统乡土文化和粮食安全的基本要素。在建立城乡统一的建设用地市场和农村产权流转等制度变革背景下，农用地和建设用地交织、国有用地与集体用地交错，以及随乡村重构带来的城乡之间、建设用地与农用地之间的土地流转和调整引发关注。

二、乡村发展的地区差异性和不确定性

中国乡村地区发展条件差异巨大，发展需求、发展阶段不同。在城乡二元结构剧烈变革影响下，广大乡村地区呈现出工业与农业发展并举、人口流动与留守并存、城镇与乡村地域交织的现实情况。各地区发展条件不同，城市影响各异，城镇化不同发展阶段人口、土地、产业、资源、环境等城乡联系和城乡发展相互交叉、相互影响、相互作用的机制复杂，城镇化潜力和稳定性存在较大差异，乡村地区发展模式具有多元化的特征。

面对生产—生活—生态影响因素复杂交叉、乡村与城市相互作用紧密、推拉双向作用机制复杂的状况，针对城镇化基本稳定地区、稳步推进地区和高速发展地区，针对不同类型村镇体系的资源禀赋、产业特色和所在区域的社会经济发展特征，针对差异化的乡村发展机制与规律，适应非确定性条件下的乡村发展模式亟待探究，以促进形成与差异化的生产方式、人口分布和资源利用相适应的城乡资源配置格局。

从自然系统属性看，乡村地区居民点是由许多分散的个体按照一定的内在联系组合起来的，始终处于不断变化、更新之中。从社会系统属性看，伴随着生产

① 龙花楼. 论土地整治与乡村空间重构. 地理学报，2013（8）.

力发展，村庄的文化和经济特征显现复杂的不整合性。同时，随着城乡互动的日益紧密，乡村随时都在与外界社会进行着能量、物质和信息的交流，摆脱了传统的封闭性和稳定性，显示出动态发展的特性，其生产、生态、生活之间的动态关联也处在不断变化之中。

三、乡村人居环境的改善和生态环境的维护

长期以来，规划与建设的工作重心在城市，乡村地区规划理论与方法缺失。无论是规划管理，还是人居环境发展建设都更为薄弱。

农村人居环境与公共服务设施建设有待提高，不断改善农村人居环境质量是新农村建设的基本要求。长期以来，虽然农村公共设施也属于公共产品，但是财政公共设施投资主要面向城市，对农村公共设施的投入被忽视。由于政府引导与支持投入严重不足，使村庄公共设施建设及运行维护难以为继。虽然随着国家对乡村地区发展的重视和投入的日益加大，目前农村人居环境局部有所改善，但是我国农村人居环境仍普遍落后于城市。因此，解决城乡基本公共服务均等化的任务仍然十分艰巨。

同时，乡村地区在发展建设进程中还面临着严峻的环境问题。环境破坏和资源浪费的现象较为严重，生态环境受到威胁。乡村地区的生态环境不仅是乡村地区自身发展的需要，更是全社会生态环境建设的重要组成部分。如何在发展建设中维护乡村地区优良的生态本底，实现乡村地区的可持续发展，是当前乡村规划建设应该着重考虑的问题。

四、传统乡村文化的继承与发展

乡村地区的乡土文化是中国传统文化的基石。与自然环境有机融合的聚落形态，别具一格的村落布局和建筑形式，富有地域性的社会文化形成了特有的乡村文脉和特色。但是，在城镇化快速推进中，乡村地区普遍面临着乡村传统文化受到侵蚀、村落传统风貌逐渐消失的危机。

2013年12月，中央城镇化工作会议提出让居民望得见山、看得见水、记得住乡愁。随着“乡愁”概念的衍生与发展，破旧的村落、遗失的文化逐渐引起了人们对“故乡”的怀念，乡愁情感的共鸣使传统村落聚焦了大众的视线，饱含华夏优秀文明基因的传统村落开始引发各界关注。

延续传统文脉和特色是乡村地区发展的内在要求。在乡村地区发展建设中，

对村落开展博物馆式的保护，会严重限制村庄的发展；而以促进发展为名的大拆大建，又会使乡村空间高度片段化，失去地域性特质。因此，如何协调好保护与发展的关系，成为乡村规划一个亟需解决的难题。

小结

作为农业大国，我国13亿人口中有近7亿在农村，统筹城乡发展和解决“三农”问题是国家发展的重要任务。我国的国情决定了乡村地区的发展非常重要。以农业生产为产业背景、以田园山水为自然本底、以集体土地为依托、以血缘地缘相互交织的社会组织为结构，乡村地区具有自己独特的发展特征。乡村建设经历了改良尝试、迂回起伏、蓬勃兴盛、调整探索、示范带动等阶段，步入城乡统筹发展的新阶段。在新的发展形势下，乡村地区面临着机遇与挑战。

第2章　乡的发展与规划

2008年起施行的《城乡规划法》定义的“城乡规划”包括了“城镇体系规划、城市规划、镇规划、乡规划和村庄规划”，不仅前所未有地以立法方式将“乡规划”、“村庄规划”纳入城乡规划的统一体系①，而且将“乡规划”与“镇规划”和“村庄规划”分离开，成为一个特定和独立的规划对象。

长久以来，作为行政管理单位，“乡”存在着与镇的混同，如乡镇机关；从聚居人口从业构成看，“乡”存在着与村的混同，如城镇与乡村。由此导致了在规划建设方面“乡”的概念范畴和内涵构成上的模糊，进而导致“乡”规划理论与方法的缺失，难以适应《城乡规划法》所设定的“乡规划”概念及内涵要求。因此，明确廓清“乡规划”的内涵与标准，建立相应的基础规划理论和方法是规划专业技术领域应对国家法律需要的必然。

第一节　“乡”“镇”概念辨析

一、行政概念辨析

长期以来，“乡”、“镇”的关系复杂，“建制镇”、“集镇”、“乡”、“村镇”等用语交叉使用。因此，有必要首先从行政概念上对“镇”、“乡”进行辨析。

乡是我国最基层一级政权单位，属县以下的农村行政区域。镇同样隶属于县，是与乡平级的行政区域，常被称为“建制镇”，指经法律程序正式建立行政管理体制并报国务院审批备案的镇。设镇的基本条件是县级政府所在地、非农业人

---

① 雷诚，赵民.“乡规划”体系建构及运作的若干探讨——如何落实《城乡规划法》中的“乡规划”[J]. 城市规划，2009（2）.

口占全乡总人口10%以上、其绝对数超过2000人的乡政府驻地[①]。

而集镇是指非建制镇，属非标准行政建制[②]，由集市发展而成的作为农村一定区域经济、文化和生活服务中心，一般是乡政府所在地[③]。

概括地说，在行政建制上，“乡”与“镇”为同层级的基层政府。主要区别在于经济发展水平及人口规模，依据较为明确的划定标准，一般来说镇比乡发达。而“集镇”既无行政上的含义，也无确定的人口标准。“集镇”在概念上既不对等于“乡”，也不对等于“镇”。从城镇体系发展的历史上看，集镇作为农村地域自发形成的中心地，随着发展和演变，一部分作为乡政府所在地，一部分发展为镇区。从近年来官方文件和国家统计口径上看，因其不具备行政意义上的独立概念，逐渐淡出[④]。

二、地域和功能概念辨析

从行政概念上看，“乡”和“镇”都是行政区域，隶属于县，下辖若干村庄。从行政地域看，“乡域”和“镇域”都是以政府驻地为中心，以农村空间为主体的混合地域，并由若干“村域”组成（图2-1）。但是因“乡”、“镇”在建制划分标准的差异，城镇化和发展水平不同，其职能却有所区别。

“镇”带有城镇性质，承担引导未来农村地区城镇化的职能。与之相对应，建

① 《中华人民共和国宪法》第三十条行政区域划分中规定“县、自治县分为乡、民族乡、镇”。第一百零七条：“省、直辖市的人民政府决定乡、民族乡、镇的建置和区域划分。”我国现行的设镇标准是1984年制定的。在民政部《关于调整建制镇标准的报告》中对设镇的标准规定如下：（1）凡县级地方国家机关所在地，均应设置镇的建制。（2）总人口在2万以下的乡、乡政府驻地非农业人口超过2000人的地方可以建镇；总人口在2万以上的乡、乡政府驻地非农业人口占全乡人口10%以上的也可建镇。（3）少数民族地区、人口稀少地区的边远山区、山区和小型工矿区、小港口、风景旅游、边境口岸等地，非农业人口虽不足2000人，如确有必要，也可设置镇的建制。

② 有关集镇的最早官方文件是1955年国务院发布的《关于城乡划分标准的规定》，其中规定了城镇划分标准，并将城镇区分为城市和集镇，其余为农村。《村庄和集镇规划建设管理条例》（1993）中界定集镇为“指乡、民族乡人民政府所在地和经县级人民政府确认由集市发展而成的作为农村一定区域经济、文化和生活服务中心的非建制镇”。

③ 中国城市科学研究会，住房和城乡建设部村镇规划司. 中国小城镇和村庄建设发展报告（2008）[M]. 北京：中国城市出版社，2009.

④ 在2005年之前的历次《村镇建设统计公报》中，均统计“建制镇、集镇和村庄”，而2006年以后的《中国城乡建设统计年鉴》的村镇建设统计部分，统计口径变为“建制镇”、“乡”、“村庄”，并说明“2006年以后，统计范围由原来的集镇变为乡，数据和以往年度不可对比”。国家统计局于1999年12月发布《关于统计上划分城乡的规定（试行）》，将我国地理区域划分为城镇和乡村，其中城镇包括城市和镇，乡村包括乡和村，其中乡指集镇。2006年3月又发布了《关于统计上划分城乡的暂行规定》，依然用城镇和乡村的概念来划分城乡，但是把城镇分为城区和镇区，把乡村分为乡中心区和村庄，“集镇”一词不再出现。前者侧重于行政建制和区划的划分，后者侧重于空间的划分。

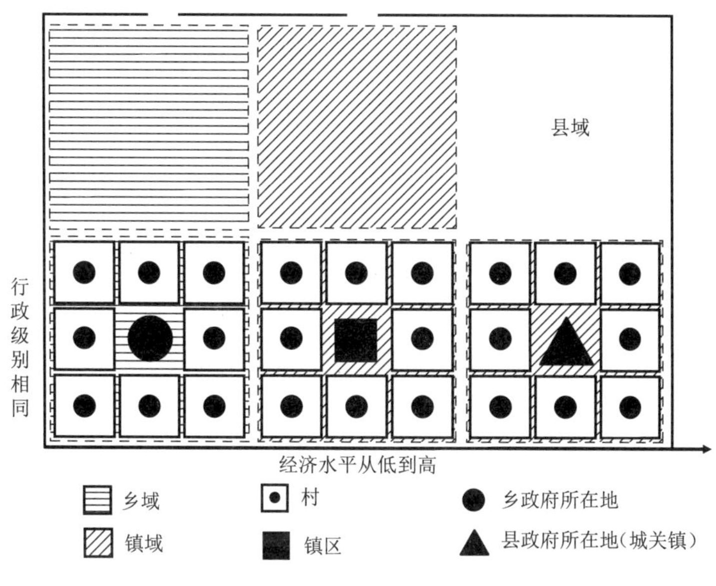

图2-1　“乡”“镇”地域示意图

制镇的镇政府所在地——“镇区”，接近于城市的概念，是农村地区城镇化的承载体，并发挥非农产业经济发展的规模效益和聚集效应，在商品流通、公共服务设施、交通设施等方面达到较高水平。而“乡”承担的则是为农业生产提供服务指导，为农村地区服务的职能。与之相对应，乡政府所在地——“乡中心区”或是集镇，承担行政管理职能以及为农业生产及农村生活服务。可见，“乡”、“镇”虽然行政级别相同，但分属“城镇”范畴和“农村”范畴[①]。

三、规划标准辨析

长期以来，我国广大农村地区规划建设的主要法律依据是《村庄和集镇规划建设管理条例》(1993)，及与之配套的相关法规标准《村镇规划编制办法》(2000)和《村镇规划标准》(GB50188-1993)[②]等。重点强调的是“村庄和集镇”的规划，“乡”的规划基本上等同于集镇规划或镇规划[③]。

① 雷诚，赵民.“乡规划”体系建构及运作的若干探讨——如何落实《城乡规划法》中的“乡规划”[J]. 城市规划，2009(2)：9-14.

② 村镇规划标准（GB 50188-93）已于2007年修订为《镇规划标准》(GB 50188-2007)。前者随之废止。

③《村镇规划标准》(GB 50188-93)第1.0.2条规定“本标准适用于全国的村庄和集镇的规划，县城以外的建制镇的规划亦按本标准执行”等。《镇规划标准》(GB 50188-2007)第1.0.2条规定“本标准适用于全国县级人民政府驻地以外的镇规划，乡规划可按本标准执行”。

而《城乡规划法》对“乡”规划与“镇”规划做出了分别的规定（表2-1）。

《城乡规划法》中对镇规划和乡规划的规定 表2-1

规定	镇规划	乡规划	条文
规划体系	城乡规划，包括城镇体系规划、城市规划、镇规划、乡规划和村庄规划	城乡规划，包括城镇体系规划、城市规划、镇规划、乡规划和村庄规划	第二条
规划层次	分为总体规划和详细规划。详细规划分为控制性详细规划和修建性详细规划	—	第二条
法定规划区	应当制定镇规划	县级以上地方人民政府确定应当制定乡规划的区域。在确定区域内的乡，应当制定规划	第三条
规划内容	镇的发展布局，功能分区，用地布局，综合交通体系，禁止、限制和适宜建设的地域范围，各类专项规划等	规划区范围，农村生产、生活服务设施、公益事业等各项建设的用地布局、建设要求，以及对资源保护、防灾减灾等的具体安排。还应当包括村庄发展布局	第十七、第十八条
审批程序	镇总体规划由镇人民政府组织编制，报上一级人民政府审批	乡人民政府组织编制乡规划，报上一级人民政府审批	第十五、第二十二条
规划实施	镇的建设和发展，应当结合农村经济社会发展和产业结构调整，优先安排基础设施和公共服务设施建设，为周边农村提供服务	乡的建设和发展，应当因地制宜、节约用地，发挥村民自治组织的作用，引导村民合理进行建设，改善农村生产、生活条件	第二十九条
建设规划许可证	核发建设用地规划许可证	核发乡村建设规划许可证	第三十七、第四十一条

从规划体系上看，“乡”规划与“镇”规划分离开，作为独立的规划对象。

从规划层次和法定规划区上看，“镇”规划与城市规划相同，均需编制规划且分为总体规划和详细规划。而“乡”规划则是划入规划区的需要编制乡规划，且由原来总体规划与建设规划两阶段规划合为一个规划①。

从规划内容上看，“乡”规划要适应农村生产、生活服务设施和公益事业发展的需要，应包括乡域内的村庄发展布局规划，而不仅限于“集镇”的中心区规划。

从审批程序上看，作为同一行政级别的“镇”与“乡”，“镇”、“乡”规划均由镇、乡人民政府组织实施，并报上一级政府批准。

① 《村庄和集镇规划建设管理条例》第十一条规定：“编制村庄、集镇规划，一般分为村庄、集镇总体规划和村庄、集镇建设规划两个阶段进行。”《村镇规划编制办法》（2000）第三条规定：“编制村镇规划一般分为村镇总体规划和村镇建设规划两个阶段。”

从规划实施看，“镇”规划涉及了产业调整，而“乡”规划涉及了村民自治。

从建设规划许可证的发放看，“镇”与“乡”进行了明确划分，前者适用建设用地规划许可证，后者则是乡村建设规划许可证。

由此可见，仅仅将“乡”规划按照“镇”规划标准执行，似有悖于《城乡规划法》的基本规定[①]。亟待进一步明确“乡”的特点，明晰“乡”规划的概念与内容。

第二节　“乡”与“镇”发展现状分析

截至2015年底，我国有11315个乡，20515个镇[②]。“乡”、“镇”在建制上属于同一行政级别，均隶属于县。但是乡与镇在职能要求、发展条件和水平以及规划管理方面均存在着较大差异。

一、“乡”与“镇”的职能要求不同

（1）乡在城镇化水平较低的欠发达地区承担更多任务

根据中国第二次全国农业普查数据显示，全国各地区乡、镇数量比分别为东部地区1∶2.7，中部地区1∶1.2，西部地区1∶0.9，东北地区1∶1.5。可见乡在欠发达地区所占乡镇总数的比重高于发达地区。虽然在全国范围内镇的数量是乡的数量的1.3倍，而在西部地区乡的数量却是镇的数量的1.2倍。乡在广大农村地区，尤其是欠发达地区发挥着重要的作用。

（2）乡承担服务农村生产生活的基层管理职能

同为县辖的基层行政单位，乡作为县政府驻地的仅占全部乡的0.96%，而镇作为县政府驻地的占全部镇的9.4%，相差近十倍。乡建成区平均人口规模不但仅为镇建成区人口规模的26.7%，而且镇建成区暂住人口比例为15.5%，是乡（7.1%）的2倍。镇更多地发挥着县域内经济发展、产业结构调整、农村城镇化等中心带动职能，镇区承担了城镇功能；而乡则更多地发挥着广大农村地区的基层管理职能，乡中心区承担了为周边农村提供生产生活服务的功能。

---

① 雷诚，赵民．“乡规划”体系建构及运作的若干探讨——如何落实《城乡规划法》中的“乡规划”[J]．城市规划，2009（2）．

② 中华人民共和国住房和城乡建设部．中国城乡建设统计年鉴2015[M]．北京：中国统计出版社，2016．

（3）乡以农业为主要产业

在镇从业人口中，从事第一产业的人口占全部从业人员的69%，而乡从事第一产业的人口占全部从业人员的85%，比前者高出16个百分点。因城镇化发展水平不同，乡与镇相比，更多地以农业为主导产业。

二、“乡”与“镇”发展条件和水平不同

由于“乡”、“镇”是以经济发展程度和人口规模来进行划分的，“乡”、“镇”无论从发展条件、建设投入、基础设施等各个方面都存在较大差异。

（1）乡所处的自然区位条件劣于镇

从自然地理条件上看，接近80%的乡地处山区和丘陵地带，且超过一半的乡地处山区；而仅有不到三分之一的镇地处山区。

（2）乡的经济发展水平低于镇

地处扶贫重点县的乡的数量远远大于镇的数量，分别占到乡和镇总数的37%和21%。平均每个乡全年财政总收入704.6万元，仅为镇平均值的1/4，差距显著（图2-2）。平均每个乡全年固定资产投资为镇平均值的约1/3（图2-3）。乡的经济发展实力远远低于镇。

（3）乡的建设和公共服务设施水平落后于镇

全国平均每个镇的建成区面积为219公顷，而乡的建成区面积为61公顷，不足

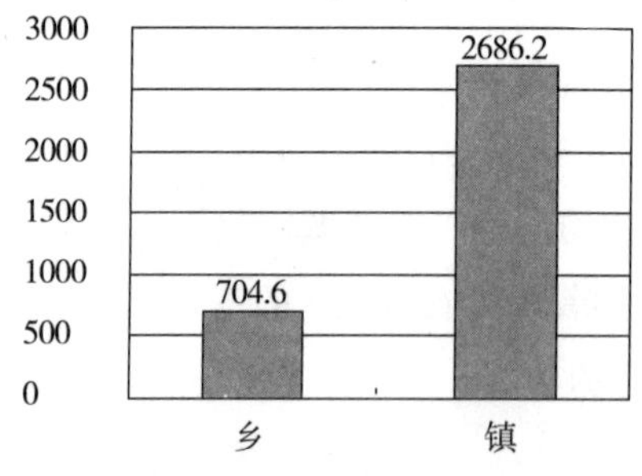

图2-2 全国平均每个乡和镇全年财政总收入（万元）

资料来源：根据《中国第二次全国农业普查资料汇编》绘制

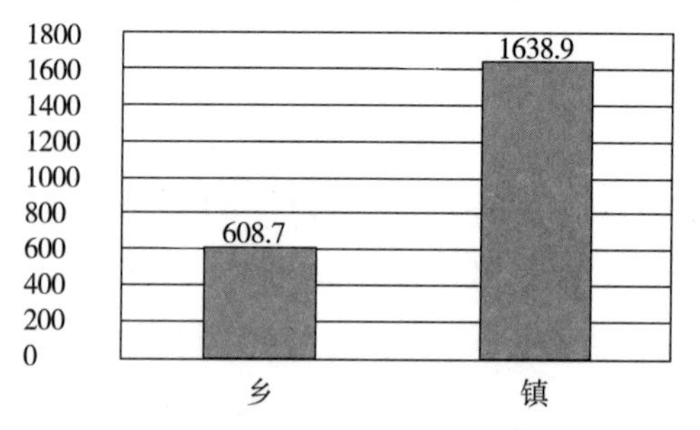

图2-3 平均每个乡和镇全年固定资产投资（万元）

资料来源：根据《中国第二次全国农业普查资料汇编》绘制

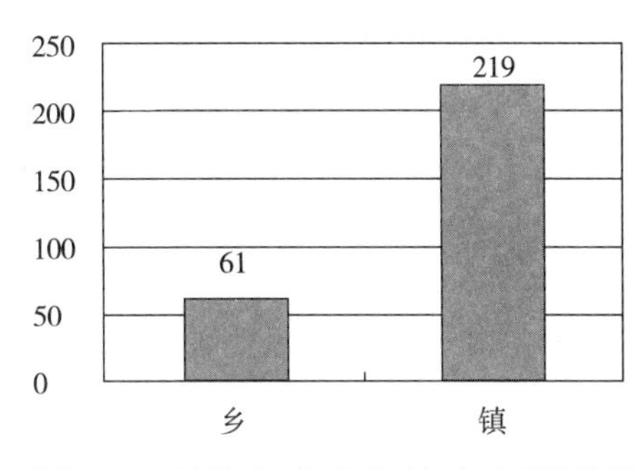

图2–4　平均每个乡和镇建成区面积（公顷）

资料来源：根据《中国城乡建设统计年鉴2015》绘制

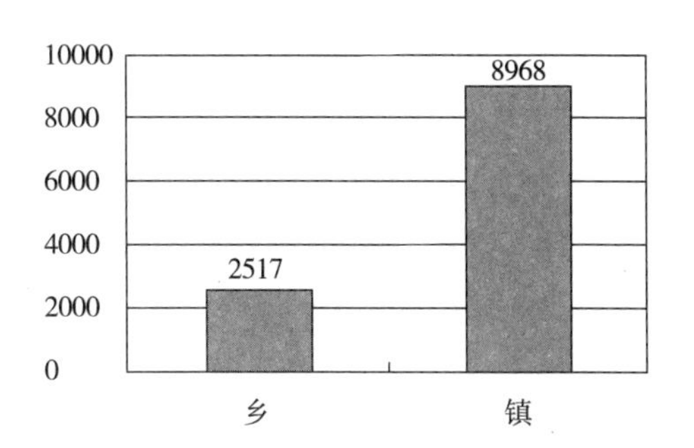

图2–5　每个乡和镇建成区的人口规模（人）

资料来源：根据《中国城乡建设统计年鉴2015》绘制

镇平均建成区的30%（图2–4）。而乡的建成区人口规模为2517人，也不到镇平均建成区人口规模的30%（图2–5）。

在交通设施方面，有码头、有二级公路通过、距一级公路或高速公路出入口小于50公里、能在1小时车程内到达县政府的乡，占乡总数的比重均低于镇的比重，其中前三项更为明显，均不及镇的1/2（图2–6）。

市政公用设施方面，乡的供水普及率（70.37%）低于镇（83.79%），乡燃气普及率（21.38%）不及镇（48.71%）的一半（图2–7）。对生活污水进行处理的乡的比例（7.1%）较建制镇（25.3%）低近20个百分点，乡的生活垃圾无害化处理率（15.82%）远低于镇（44.99%）（图2–8）。平均每乡拥有生活垃圾中转站、环卫专用车辆设备和公共厕所数量，均不及镇的一半（图2–9）。

公共服务设施方面，乡拥有邮电所、储蓄所、影剧院、图书室（文化站）、体育场馆、广播电视站和公园的比重均低于镇，其中影剧院、体育场馆和公园三项比重均不及镇的1/4（图2–10）。

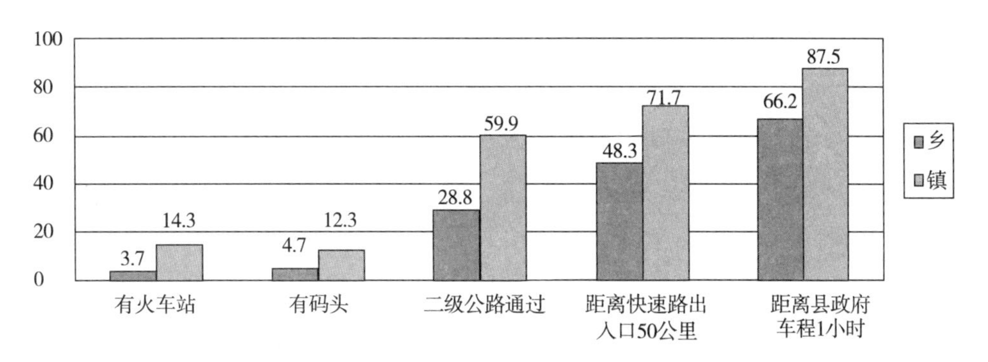

图2–6　全国有交通设施的乡和镇比重（%）

资料来源：根据《中国第二次全国农业普查资料汇编》绘制

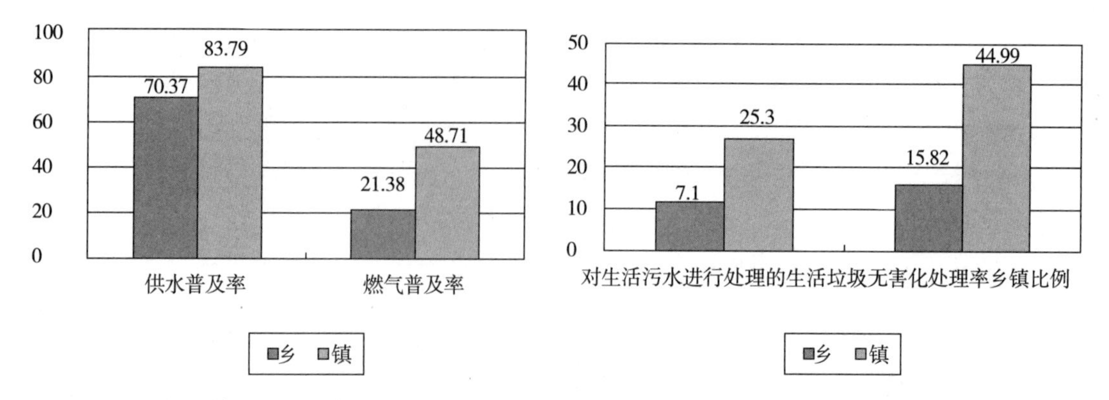

图2-7　乡和镇供水和燃气普及率（%）

资料来源：根据《中国城乡建设统计年鉴2015》绘制

图2-8　乡和镇污水和生活垃圾处理情况（%）

资料来源：根据《中国城乡建设统计年鉴2015》绘制

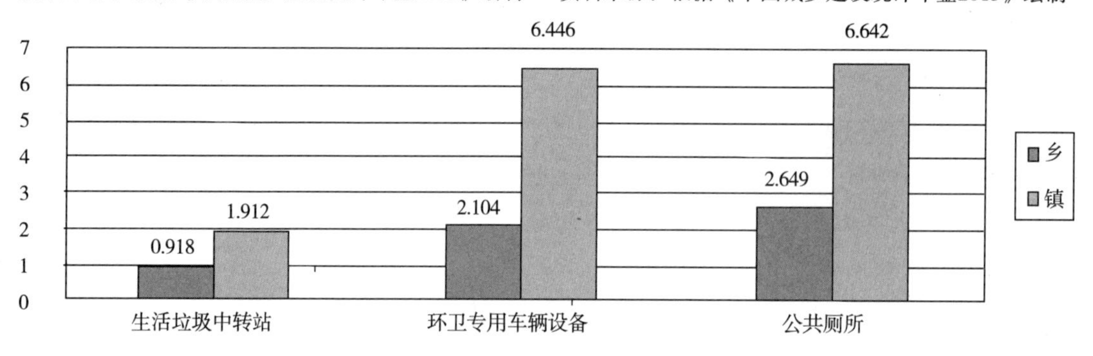

图2-9　每乡和镇平均拥有生活垃圾中转站、环卫专用车辆设备和公共厕所数量（个）

资料来源：根据《中国城乡建设统计年鉴2015》绘制

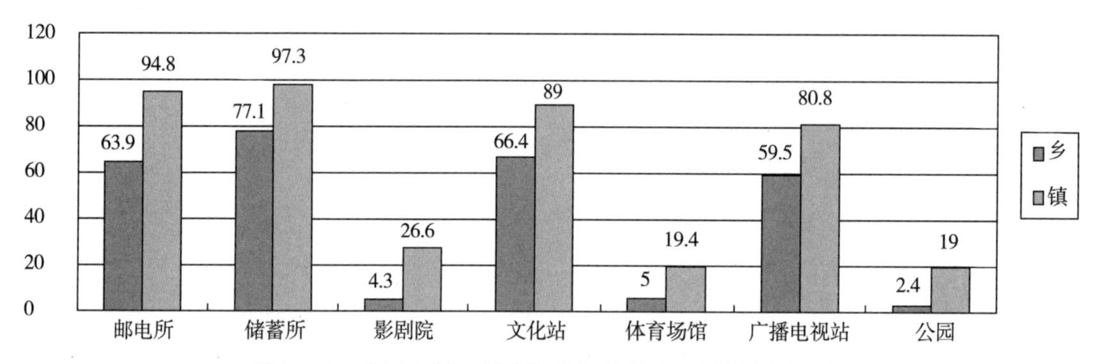

图2-10　全国有基本社会服务设施的乡和镇比重（%）

资料来源：根据《中国第二次全国农业普查资料汇编》绘制

第三节　乡规划的原则与策略

“乡”与“镇”无论从承担职能、所处发展阶段，还是规划管理水平上看，均存在较大差异。长期以来“乡”与“镇”的含混不清已经制约了乡规划的发展。《城乡规划法》的颁布意味着国家层面的特定范畴的制度性建构过程，要求“乡规划”不再仅仅是囿于应对乡及其区域的空间建造问题，而是升华为全国范围内“乡规划”的基础问题研究，其理论与方法的研究成为落实国家城乡一体化发展战略，建构完善的新城乡规划体系的必备环节。

一、立足于城乡二元结构的破除和农业生产方式的转变，探究乡在服务于“三农”方面的建设发展途径和规划范式

我国总体上已进入着力破除城乡二元结构、形成城乡经济社会发展一体化新格局的重要时期。“三农”问题是国家城乡统筹、产业协同、城市化推进和社会文化发展等政策的汇聚焦点。在我国行政管理和社会经济建设体系中，作为地处农村地区的最基层行政单位，“乡”具有特殊的地位和职能。“乡”的建设是农业发展、农民生产生活的重要物质基础，是农村经济社会发展的主要载体和具体体现，是“三农”工作的关键环节，也是改变城乡二元体制分隔局面的重要抓手和着力点。“乡”不仅将承担着落实国家农业政策、推进城镇化发展和保障公共服务的职能，更将在未来以促进发展现代农业、扩大农村需求、建设社会主义新农村为主旋律的中国农业和农村社会经济发展中发挥组织保障的重大作用。乡规划的研究应紧密围绕“三农”问题，顺应《城乡规划法》对农村地区规划的要求，紧密结合农村发展实际，深入探索农村地区建设发展途径和规划范式。

二、围绕农业，加强以产业发展为导向的公共生产性服务设施、配套服务设施布局和指标研究

发展现代农业是转变经济发展方式的重大任务。区域的资源条件、人地关系和生产方式不同，导致了乡的发展模式不同。发达地区，一部分乡随着城镇化进程逐渐转化为城镇；欠发达山区，仍会从事小规模的分散农业；而平原产粮地区，从传统农业向现代农业转变是农业发展的必由之路。随着农业经营制度、农业生产支持保护制度以及非农产业发展制度的改革推进，农村地域积极发展现代农庄、休闲农业和农村服务业等服务型非农产业。通过土地流转实现适度规模经营，提高农民组织化程度和农业的社会化程度服务水平是发展方向。与镇相比，“乡”更多地承担为农业生产提供服务指导，为农村地区提供服务的职能。应该突破传统农村规划研究停留在居民点规划的现状，顺应《城乡规划法》对乡规划在服务农村生产方面的要求，以“乡”的职能研究为基础，探索针对现代农业发展

需要的农产品加工、物流、仓储、农机具维修等公共生产性服务设施及休闲农业等的配套服务设施布局和指标。

三、围绕农民，加强针对农村社会发展需要的公共服务设施布局和指标研究

农民问题是“三农”问题中的重要组成部分。一部分农民随着城镇化进程转化为市民；一部分农民成为在城市和农村间摆动的兼业农民；但仍然会有大量农民留在农村，转化为服务于现代农业的农民。随着城乡户籍制度、社会保障制度的改革推进，在统筹城乡经济社会发展和推进新农村建设过程中，农村教育培训、医疗卫生、社会保障、文化事业等大量公共服务需要提供。针对目前乡的公共设施建设水平和条件与镇存在较大差异的现实情况，顺应《城乡规划法》对乡规划在服务农村生活和村庄发展方面的要求，应改变传统农村规划研究大多专注于居住空间的局面，深入分析乡及其乡域内村庄布局的发展条件、水平和特点，研究针对农村社会发展需要的公共服务设施布局和指标。

四、围绕农村，加强以城乡制度变革为基础的乡规划编制和管理研究

一方面，土地与社会经济发展和城乡规划的关系最为密切。土地不仅是我国农民最基本的生产资料，也是相当长时期内包括1亿多处于流动就业状态中的农民在内的我国农民最基本的生活保障。与城市的国有土地制度不同，农村实行的是集体土地所有制。针对目前存在的耕地减少、征地问题频发、宅基地闲置的“空心村”等现象，加强对农地的用途管制，提高建设用地利用效率，改革仍然沿用计划经济的征地及补偿制度、宅基地制度和农村集体建设用地制度，逐步建立城乡统一的建设用地市场成为城乡土地制度变革的方向。另一方面，社会治理结构与城乡规划的编制和管理密不可分。在广大农村，实行的是与城市不同的村民自治的治理结构，对推进我国的民主建设进程具有深远的影响和意义。因此，应扭转传统农村规划套用城市规划方法和标准的做法，顺应《城乡规划法》对乡规划适用乡村规划建设许可证和发挥村民自治的要求，加强针对农村土地管理制度和以“乡政村治”为乡村治理结构特征的乡规划编制和管理研究，以建立与当前农村社会经济结构相适应的乡规划理论与方法。

五、针对各地乡在职能组成上的多样化类型，建立相应的规划指引体系

我国的人口集聚、生产生活方式、资源环境条件等在城乡间和地区间的分布极不均衡，这就要求针对不同类型乡的资源禀赋、产业特色和所在区域的社会经济发展目标，明确其所应承担的相应职能和发挥相应的作用，就各种类型的乡所在区域的统筹发展格局，建立起相适应的职能配置，以及支撑资源要素配置的规划建设量化指标。通过在具体规划建设中的实践，达到各项资源的集约和高效利用，以落实科学发展观、统筹城乡发展、统筹区域发展、构建和谐社会、促进全社会可持续发展。

小结

总之，“三农”问题仍然是我国社会经济发展的重中之重。2015年底，我国拥有13亿人口，城镇化水平为56.1%，农村人口6亿，数量仍然巨大。由此，促进农业发展、保障农民生活等仍然是未来国家可持续发展的关键。《城乡规划法》的颁布，明确了“乡规划”的法定地位，标明了农村地区发展建设的重要性。在乡规划的推进过程中，应区分“乡”与“镇”的概念，明确“乡”与“镇”的不同职能，在分析“乡”与“镇”建设的现状差异和特点的基础上，形成针对农村地区生产和生活特点，适应现代农业和农村发展，围绕农业、农村与农民的乡规划体系和技术规范。同时，加强乡的规划管理工作，并结合不同农村地域的差异性建立相应的规划指引体系。借此，逐步缩小城乡差距，完善城乡规划理论体系，增强法规标准的针对性和可操作性，以适应《城乡规划法》所设定的“乡规划”的内涵要求，使国家标准与现行法律有效衔接，促进城乡社会经济的全面协调发展。

第3章　村庄的发展与规划

第一节　我国村庄发展与规划编制进程

一、新中国成立后至改革开放前——缓慢发展期

1949~1957年，全国农村地区主要进行恢复生产、重建家园的工作，建设了一批住房，大幅度改善了农民的居住条件，农村卫生条件初步好转。1957~1977年的20年间，中国农村以“大跃进”为开端，开展“人民公社化”和“农业学大寨”运动，农业合作化运动，农业生产由个体转为集体，在村庄建设中规划了与集体生产和集体活动相适应的场所和建筑物。村庄规划的原则是适用、安全、卫生、经济、美观。村庄规划包括现状研究、总体规划和农民新村规划三部分。当时国家的战略重点是在城市构建国家工业体系，农村建设发展非常缓慢，低矮土坯房是当时中国农村的缩影，村庄建设仅能满足居民的生存需要（图3–1）。

二、20 世纪 80 年代——编制雏形期

改革开放初期，由建委、民委等部门组织的第一次全国农村规划工作会议在山东青岛召开，在会上申明了全国各村必须先有规划，建设只能按照规划才能进行，这是我国农村规划的首次正式提出。在国家政治意志的指引下，村庄规划的理论和体系建设开始拉开序幕。然而，十一届三中全会出台鼓励农民自行盖房、自主建房的新政策后，农民建设热情高涨，这一时期出现了一些农村乱盖房、建房无序的现象。农村规划的重点在于针对性地解决农居房随意占用耕地的问题。1987年，针对乡镇企业的不断兴起，提出以小城镇建设为中心、带动农村地区发展的要求，为保护农村的自然环境而引导乡镇企业到中心镇集中发展。村庄规划

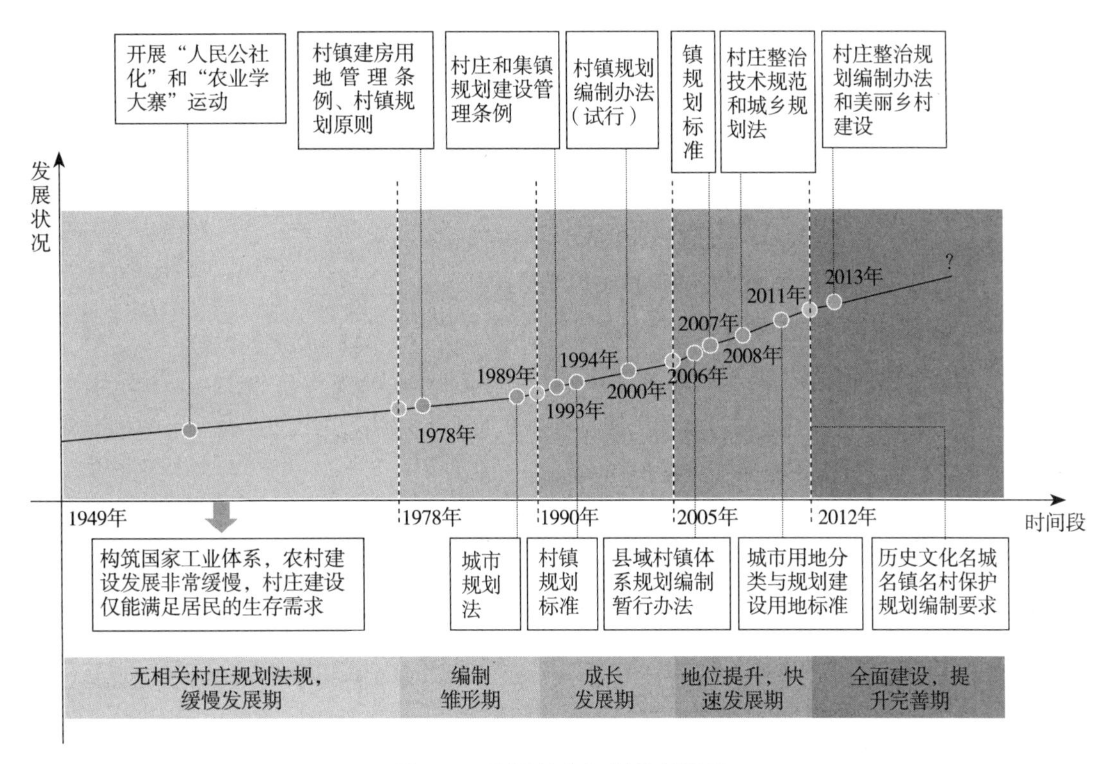

图3-1　我国村庄规划编制进程

编制重点在用地布局，对于公共服务设施、公共空间和生态环境的建设，以及农村的基础设施等关注不足（图3-2）。

这一时期也出台了一些法律和规范标准，如1981年国务院发出《关于制止农村建房侵占耕地的紧急通知》，同年提出了“全面规划、正确引导、依靠群众、自力更生、因地制宜、逐步建设”的农村建房方针，随后又颁发了《村镇建房用地管理条例》和《村镇规划原则》，对村镇规划做出了原则性的规定，确定村镇规划分为总体规划和建设规划两个阶段。该时期村庄建设规划基本通过“两图一书”来体现，即村庄现状图、村庄建设规划图和说明书。1989年颁布的《城市规划法》聚焦于城市，未对乡村地区的村庄规划提出要求。

虽然在这一阶段村庄规划未受到足够重视，但是村庄规划编制的概念和定义已从无到有，乡村也初步改变了没有规划，分散地、自发地发展和建设的落后局面，农村开始走上有规划可循并按规划建设的轨道。村庄规划编制的理论基础、技术标准、方法已略现雏形，村庄规划的编制体系、编制内容、编制过程、管理实施方面迈出了第一步。[①]

① 葛丹东，华晨．适应农村发展诉求的村庄规划新体系与模式建构[J]．城市规划学刊，2009（06）．

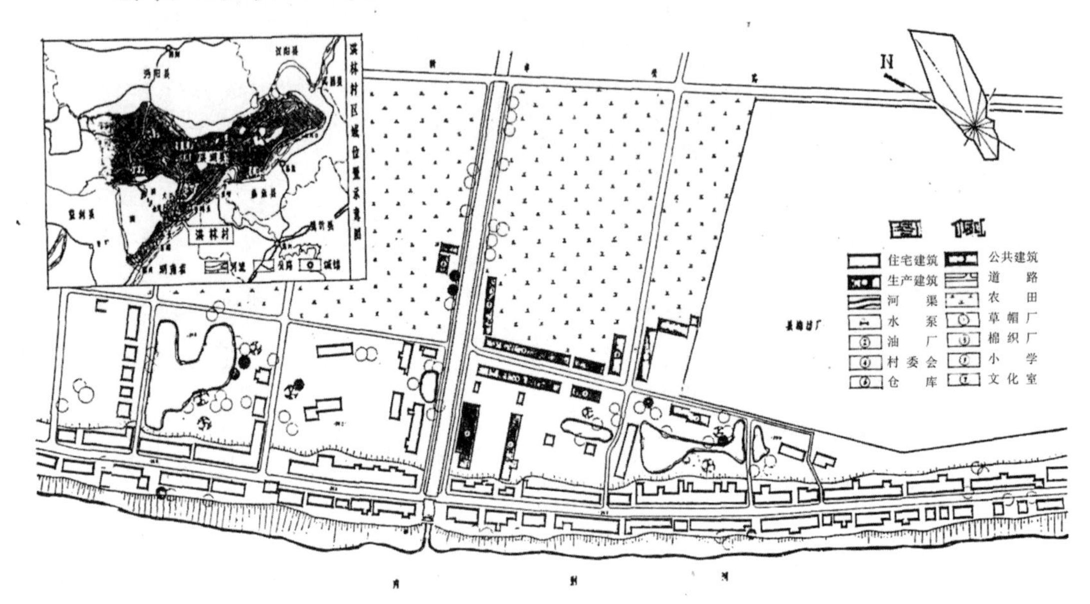

洪林村现状图

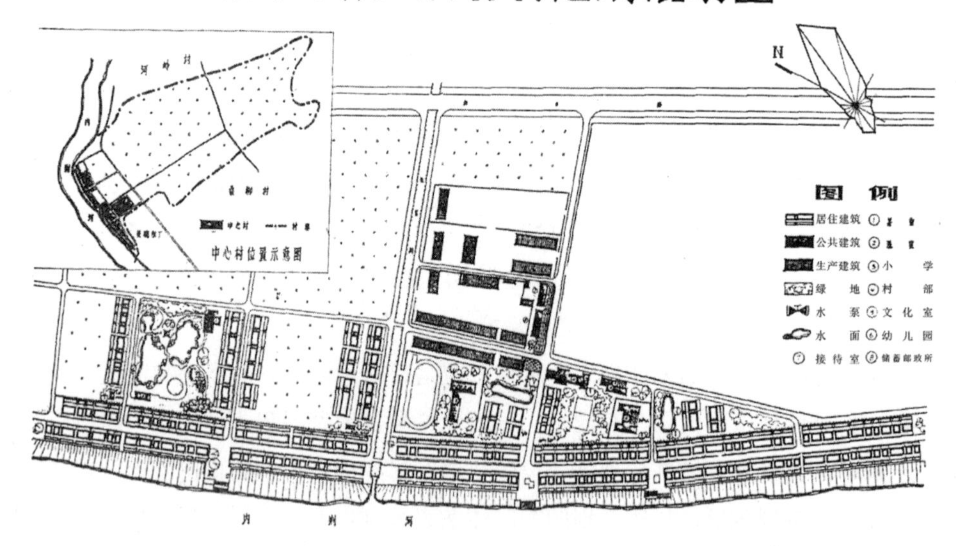

洪林村规划图

图3-2　20世纪80年代初村庄规划实例

资料来源：洪湖县建设局．洪林村建设规划简介[J]．村镇建设，1987（1）．

三、20 世纪 90 年代初到 2005 年——成长发展期

1993年国务院发布了《村庄和集镇规划建设管理条例》，第一次以法规条例的形式明文规定村庄和集镇规划的原则、依据、内容、实施导则等，对村镇建设的设计、施工、房屋、公共设施、村容镇貌和环境卫生等管理做出详细规定。从此，乡村规划制度在我国才有了法律依据，开始走上制度化、规范化的道路（图3-3）。1994年，建设部出台了《村镇规划标准》，进一步深入规定了村镇规划的具体内容，包括村镇的人口和用地规模、各类建设用地的布局，以及各专项规划的内容和指标控制。这两个法规成为当时我国关于村镇建设规划最为翔实和科学的规定。同时，各地也制定了一批行政法规和技术标准，针对不同地区的实际情况提出了不同的规划要求。

2000年建设部发布施行《村镇规划编制办法》，提出村镇规划的完整成果包括村镇总体规划和村镇建设规划，最终成果体现为“六图及文本、说明书及基础资

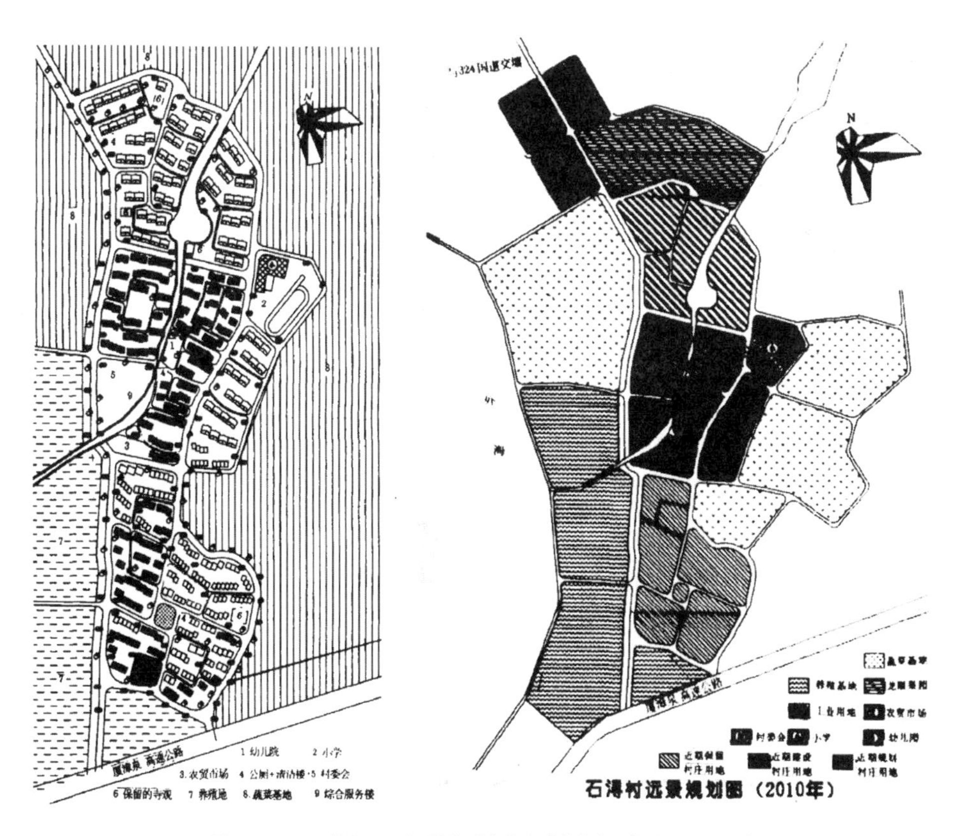

图3-3　20世纪90年代初村庄规划实例（总平面图）

资料来源：许勇铁. 厦门特区试点村庄规划的实践与探索——以洪塘镇石浔村为例[J]. 小城镇建设，1996（6）.

料汇编”，开始强调近期建设；确定镇总体规划包含镇域体系规划、驻地总体规划两个层面，镇总体规划成果直接指导镇的具体建设活动。该编制办法并没有对村镇进行区分，因此未对村庄规划成果提出具体要求。

总体来说，这一阶段村镇规划建设在理论研究和实践探索方面稳步发展，乡村地区的小城镇规划与建设成就斐然，小城镇数量和规模不断提升，其空间结构、功能与环境显著改善。然而这个阶段村庄规划建设相对滞后，城乡建设差距大，出现“城市像欧洲，农村像非洲”的现象。城市和农村两个规划体系既相互混淆，又相互割裂，“从城市规划的视角来论乡村”的问题日益凸显。针对于此，“就城市论城市”的范式开始转向，城乡规划体系的建构受到关注，以乡村为对象的规划开始增多，地位得到提高。

四、2006 年至 2011 年——快速发展期

2005年9月，建设部发布《关于村庄整治工作的指导意见》，提出要按照构建和谐社会和建设节约型社会的要求，改善农村最基本的生产生活条件和人居环境。2005年10月，中国共产党第十六届五中全会通过的《中共中央关于制定“十一五”规划的建议》中，提出建设社会主义新农村的战略部署，表明农村建设已经成为我国经济与社会发展的一个重要环节。2006年10月，《中共中央关于构建社会主义和谐社会若干重大问题的决定》中，再次提出了“扎实推进社会主义新农村建设，促进城乡协调发展”。党和国家对于新农村建设的重视程度进一步得到了加强。

2008年，《城乡规划法》明确了城市规划、镇规划、乡规划与村庄规划，把村庄规划从村镇规划中分离出来。分别规定了乡、村庄规划的编制范围、编制主体、编制内容、审批程序、规划的修改、法律责任及规划许可制度的建立等内容。2008年10月，《全国土地利用总体规划纲要（2006-2020）》明确指出，要切实搞好乡级土地利用总体规划和镇规划、乡规划、村庄规划，合理引导农民住宅相对集中建设，促进自然村落适度撤并，不断优化城乡用地结构。

2010年开始，全国一些省份开始进行新型农村社区规划建设，这一时期也出台了一些新型农村社区规划方面的法规、规范，如2012年河南省颁布的《河南省新型农村社区规划建设标准》，2012年四川省颁布的《四川省新农村综合体建设规划编制办法和技术导则（试行）》。新型农村社区的建设大多是在建设用地增减挂钩政策背景下展开。一方面改善农民的住房问题；另一方面集约土地，增加城镇建设用地指标。但是，这一时期某些地区出现“农民被上楼”、“买卖集体建设用

地”等问题，因此在2010年被国务院和国土资源部发文暂缓试行。建设的新型农村社区虽然提升了村民的居住品质，但是照搬城市居住区模式的做法也易造成农村地区传统乡村文化的逐渐缺失。

总体上看，这一时期全国各地在如此短的时间内完成数量繁多的村庄规划，任务繁重，存在一些不足，例如对乡村规划认识不够、规划编制不规范等问题。但是，正是基于此时大量村庄规划实践，梳理了乡村地区规划建设的问题，积累了经验，为后续深入思考和完善村庄规划理论与方法打下了基础。

五、2012 年至今——提升完善期

党的十八大以来，“新型城镇化”已经成为当前城乡建设的发展趋势。“新型城镇化”是以城乡统筹、城乡一体、产城互动、节约集约、生态宜居、和谐发展为基本特征的城镇化；是大中小城市、小城镇、新型农村社区协调发展、互促共进的城镇化。新型城镇化，要求用新的发展视角重新审视乡村规划建设，统筹考虑资源的综合利用，科学提出城镇和村庄协调发展的措施和路径。

2013年7月，财政部采取一事一议奖补方式在全国启动美丽村庄建设试点。美丽村庄建设不仅是农村地区建设的积极探索，也对推动我国农村地区的发展具有重要的现实意义。

在这一时期，村庄规划日益受到各方重视，在前期大量实践经验的基础上，逐渐摸索村庄规划的特点和规律，在村庄规划编制内容的广度和深度，以及村庄规划中公众参与等方式方法上都有探索与实践。

综上所述，从我国村庄发展与规划编制的发展历史看，村庄规划编制具有明显的阶段性，规划编制方法的改进和调整都与当时的经济社会发展特征和需求密不可分。随着村庄规划相关的法律、法规和技术标准不断完善，村庄规划编制方面也积累了很多经验。村庄编制框架体系逐渐由粗到细，规划编制内容亦由少到多。

第二节　村庄规划编制存在的问题

如何构建合理的村庄规划编制、做好新农村规划实践，关系到乡村地区建设发展的成败。由于长期以来对村庄规划的关注不够、理论匮乏，缺乏较为完备的编制体系来指导规划，再加上乡村地区规划意识普遍不足、村庄的基础资料匮乏等因素，村庄规划大多尚处在摸索阶段，导致编制出的规划不能有效地指导村

庄建设。忽视村庄历史、布局、规模、环境等固有特点，参照城市规划编制体系，缺乏在全域层面统筹空间发展和资源整合的村庄规划编制仍广泛存在，亟待改善。

一、村庄规划编制体系问题

（1）各层级规划的衔接不够，村庄规划缺失上位指导

《城乡规划法》将城乡规划分为城镇体系规划、城市规划、镇规划、乡规划、村庄规划，明确规划体系、规划标准及内容、规划编制主体及程序等内容（图3-4）。《村庄和集镇规划建设管理条例》、《县域村镇体系规划编制暂行办法》、《镇规划标准》都有村庄规划相关内容的陈述，但缺乏系统性和针对性。不管是村庄总体规划，还是村庄建设规划，都是"个体"性的。现行的规划编制体系注重区域内网络和城镇节点的规划，从宏观、抽象的角度对区域内城镇发展做出结构性的安排，但是对城乡建设用地的关系、建设和非建设用地之间的控制协调方面缺乏有效引导，对乡村地区考虑较少，难以满足城乡统筹发展的需求。村庄规划与上位规划的衔接不足，导致村庄规划指导依据不足。

（2）重单个村庄的建设规划，轻村庄体系规划

在我国规划体系中，以市域、县域或镇域为规划范围，以村庄布局调整为目标的"村庄体系规划"、"村庄布局规划"、"村镇体系规划"、"农村居民点规划"等尚未形成明确的规划体系和内涵。当前，通常以城镇体系规划来明确不同层级

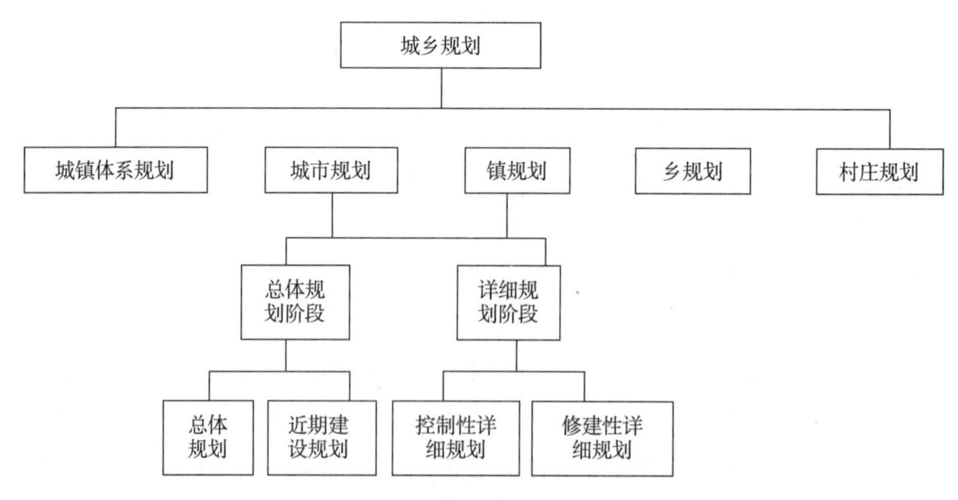

图3-4 《城乡规划法》中的我国城乡规划编制体系

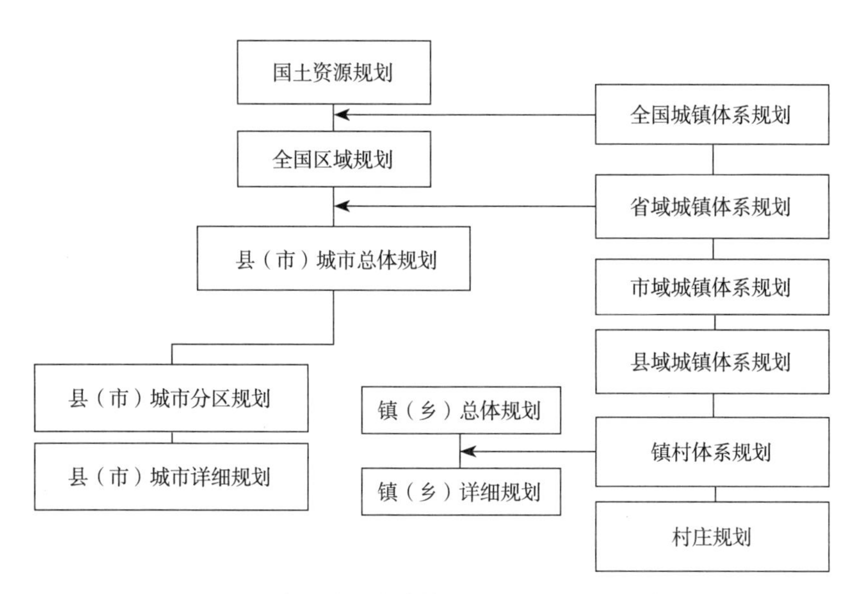

图3-5　我国城乡城镇体系规划编制序列示意图

之间的关系，包括全国城镇体系规划、省域城镇体系规划、市域城镇体系规划、县域城镇体系规划、镇村体系规划（图3-5）。

村庄规划体系在当前的法律法规中也较少涉及，比如2000年《村镇规划编制办法（试行）》规定了要编制村镇（乡）总体规划和村镇（乡）建设规划，而村镇（乡）总体规划并没有明确镇（乡）层面和村层面的内容。通常镇总体规划的制定以镇层面的问题为重点，村级问题被忽视；而村级层面比较重视的是建设规划，缺乏总体统筹。村庄体系规划的缺失使村级规划缺少上位规划的指导，规划依据不足，致使村庄规划失效或难以落实。

（3）不同法律法规中对规划编制体系的分类不一，造成编制体系混乱

自1993年开始，陆续颁布了不同的有关乡村的管理条例、编制办法、编制标准、技术条例等，不同时期的法律法规中对编制体系的划分也不尽相同，造成当前村庄规划编制体系混乱，规划编制主体不明。比如2006年《县域村镇体系规划编制暂行办法》中一般按村镇体系层次，自上而下依次划分为中心镇、一般镇、中心村和基层村四级。2007年出台的《镇规划标准》的规划编制体系为“镇域镇村体系规划—镇区规划—村庄规划”，《城乡规划法》中的规划编制体系为“城镇体系规划、城市规划、镇规划、乡规划、村庄规划”。规划编制体系在不同的法律法规中的分类不一导致体系的混乱，也是造成上下衔接方面存在缺失的一个重要原因（表3-1）。

国家层面颁布的与村庄规划相关的法律法规分析　　表3-1

<table>
<tr><th>时间</th><th>名称</th><th colspan="2">规划编制体系</th><th colspan="2">规划编制组织主体</th><th>规划审批</th></tr>
<tr><td rowspan="3">1993年</td><td rowspan="3">《村庄和集镇规划建设管理条例》</td><td rowspan="3">村庄、集镇总体规划—集镇建设规划—村庄建设规划</td><td>村庄、集镇总体规划</td><td colspan="2">乡（镇）级人民政府</td><td>县级人民政府批准</td></tr>
<tr><td>集镇建设规划</td><td colspan="2">乡（镇）级人民政府</td><td>县级人民政府批准</td></tr>
<tr><td>村庄建设规划</td><td colspan="2">乡（镇）级人民政府</td><td>县级人民政府批准</td></tr>
<tr><td>1994年</td><td>《村镇规划标准》GB50188-93</td><td colspan="2">村庄集镇分为基层村、中心村、一般镇、中心镇四个层次</td><td colspan="2">—</td><td>—</td></tr>
<tr><td rowspan="2">1994年</td><td rowspan="2">《城镇体系规划编制审批办法》</td><td rowspan="2">全国—省域（自治区域）—市域—县域四个层次</td><td>市域城镇体系规划</td><td colspan="2">城市人民政府（纳入城市总体规划）</td><td>依据《城市规划法》</td></tr>
<tr><td>县域城镇体系规划</td><td colspan="2">县人民政府（纳入城市总体规划）</td><td>依据《城市规划法》</td></tr>
<tr><td rowspan="3">2000年</td><td rowspan="3">《村镇规划编制办法（试行）》</td><td rowspan="3">村镇总体规划—镇区建设规划—村庄建设规划</td><td>村镇总体规划</td><td colspan="2">乡（镇）级人民政府</td><td>—</td></tr>
<tr><td>镇区建设规划</td><td colspan="2">乡（镇）级人民政府</td><td>—</td></tr>
<tr><td>村庄建设规划</td><td colspan="2">乡（镇）级人民政府</td><td>—</td></tr>
<tr><td>2006年</td><td>《县域村镇体系规划编制暂行办法》</td><td colspan="2">中心镇、一般镇、中心村和基层村</td><td colspan="2">县级人民政府（与城关镇总体规划一同编制，也可单独编制）</td><td>县的上一级人民政府</td></tr>
<tr><td>2007年</td><td>《镇规划标准》GB50188-2007</td><td colspan="2">镇域镇村体系规划—镇区规划—村庄规划</td><td colspan="2">—</td><td>—</td></tr>
<tr><td rowspan="8">2008年</td><td rowspan="8">《中华人民共和国城乡规划法》</td><td rowspan="8">城镇体系规划—城市规划—乡规划—村庄规划；其中城市规划、镇规划分为总体规划和详细规划。详细规划划分为控制性详细规划和修建性详细规划</td><td>城镇体系规划</td><td colspan="2">—</td><td>—</td></tr>
<tr><td>城市规划</td><td colspan="2">—</td><td>—</td></tr>
<tr><td rowspan="4">镇规划</td><td rowspan="2">镇总体规划</td><td>城关镇（县人民政府）</td><td>县的上一级人民政府</td></tr>
<tr><td>其他镇（镇人民政府）</td><td>镇的上一级人民政府</td></tr>
<tr><td rowspan="2">镇详细规划</td><td>城关镇（县人民政府）</td><td>县的上一级人民政府</td></tr>
<tr><td>其他镇（镇人民政府）</td><td>镇的上一级人民政府</td></tr>
<tr><td>乡规划</td><td colspan="2">乡、镇人民政府</td><td>乡的上一级人民政府</td></tr>
<tr><td>村庄规划</td><td colspan="2">乡、镇人民政府</td><td>乡、镇人民政府</td></tr>
</table>

续表

时间	名称	规划编制体系	规划编制组织主体	规划审批
2008年	《村庄整治技术规范》GB50445-2008	村庄整治规划	村庄整治以政府帮扶与农民自主参与相结合的形式，重点整治农村公共设施项目，对于农民住宅等非公有设施的整治应根据农民意愿逐步自主进行	
2008年	《历史文化名城名镇名村保护条例》	历史文化名城—历史文化名镇—历史文化名村	—	—
2012年	《城市用地分类与规划建设用地标准》GB50137-2011	增加城乡用地分类体系，调整城市建设用地分类	—	—
2012年	《历史文化名城名镇名村保护规划编制要求（试行）》	历史文化名城—历史文化名镇—历史文化名村	—	—
2013年	《村庄整治规划编制办法》	村庄整治规划	乡、镇人民政府	乡镇的上一级人民政府

（4）重城镇级规划，轻乡村地区规划

当前，城镇级规划编制比较全面，而乡村地区的规划更多的是仅关注居民点的规划建设，而忽略农业生产和生态空间的引导安排。地方政府受到政绩因素影响，往往将镇的规划作为重点，尤其是镇区规划，镇政府的资金也基本投向镇区建设。而村庄层面的规划和建设往往被忽视。

（5）缺乏分类指导，规划的针对性和可操作性较弱

我国地域广阔，各地差异显著，尤其是乡村地区受自然、社会因素影响大，但是规划普遍对地区差异性考虑不足，而各地特别是县市一级缺乏专门的村庄规划编制细则，导致村庄规划难以有效指导村庄建设而流于形式。

二、村庄规划编制内容问题

（1）规划标准不完善，难以实施与落地

现有村庄规划用地标准的适用范围覆盖全国的村庄、集镇和县城以外的建制镇，但全国村镇在地域和建设水平上存在差异，致使无论是人均建设用地规模的约束还是建设用地比例的控制均缺乏实际指导意义。涉及人均建设用地的法律规

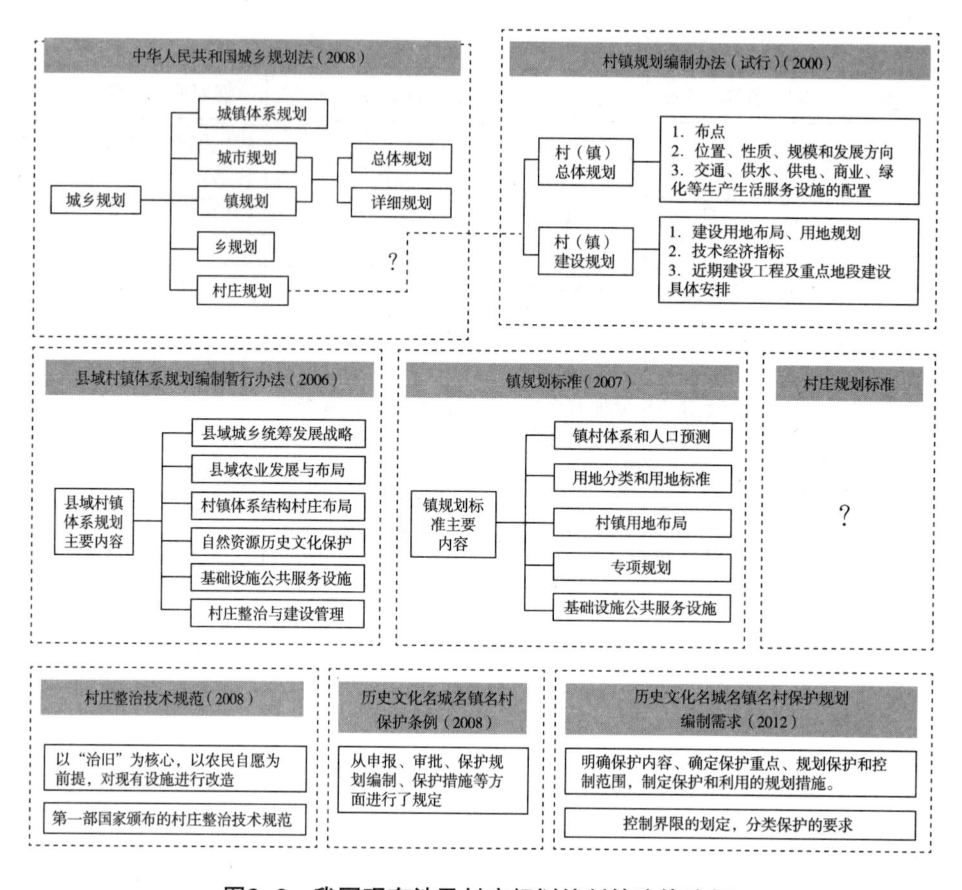

图3–6 我国现有涉及村庄规划编制的法律法规

范主要是1994年《村镇规划标准》和2000年《村镇规划编制办法（试行）》（表3–2）。按照《村镇规划标准》，村庄人均建设用地指标的上限为150m²/人，而2012年北京农村现状人均建设用地约为280m²/人，河南省光山县和湖北省大悟县的村庄现状人均建设用地甚至达到600m²/人以上。如果按照国家的统一标准编制村庄规划，村庄建设用地将大为减少，村庄本身缺乏编制规划的内在动力。全国各地的村庄现实情况不尽相同，规划编制办法中有的指标与实际出入较大，在实施中难以落实（图3–6）。

（2）缺乏村庄产业发展规划研究

当前村庄规划忽视农村产业规划研究。村庄规划需要在空间资源配置、功能布局等方面对产业发展进行统筹考虑。但是目前的规划编制相关法律规范中对村庄产业发展没有进行明确要求（表3–2）。

国家层面颁布的与村庄规划相关的法律法规中对村庄规划编制内容的要求

表3-2

名称	村庄分类指导	发展战略定位	村域产业发展规划	村庄人口规模预测	村域空间格局	村域限制性要素分析	村域土地利用规划	人均建设用地指标	村庄用地布局	村庄安全防灾整治	农房改造建设引导	住房户型平面设计	实施项目详细设计	生活给水设施整治	道路交通设施	村民意愿	村民搬迁	上位规划	环境卫生整治	排水污水处理设施	厕所整治	电杆线路整治	教育设施完整	医疗卫生提升	村庄节能改造	村庄风貌整治	历史文化保护	生态保护要求	后期管理运营
1993年，村庄和集镇规划建设管理条例	×	×	×	×	×	×	×	×	×	√	×	×	×	×	×	×	×	×	√	×	×	×	×	×	×	×	×	×	×
1994年，村镇规划标准	×	×	×		×	×	√	√	√	√	×	×	×	√	√	×	×	×	×	√	×	×	×	×	×	×	×	×	×
2000年，村镇规划编制办法	×	×	×		×	×	×	√	√	√	×	×	×	×	×	×	×	√	×	×	×	×	√	×	×	×	×	×	×
2005年，村庄整治工作的指导意见	√	×	×	×	×	×	×	×	×	×	×	×	×	√	√	√	√	×	√	√	√	×	√	×	×	√	×	×	×
2008年，城乡规划法	×	√	×	√	√	×	×	×	√	×	×	×	×	√	√	×	×	√	√	√	×	×	√	×	×	×	×	×	×
2013年，村庄整治规划编制办法	×	×	×	√	×	×	×	×	√	√	√	×	√	√	√	√	×	×	√	√	√	√	√	√	√	√	√	×	√

（3）忽视村域土地利用规划

乡村地区村庄规划往往注重对中心村建设用地进行用地规划，忽略对村域土地的统筹考虑。乡村地区有大量的耕地、林地、园地等用地，对其进行合理布局能很好地推动村庄的发展，现实中受资金、政策、编制法规的限制，村域的土地利用规划往往被忽视。

（4）基础设施和公共服务设施的配置标准缺失

在基础设施建设方面，虽然当前乡村外围基础设施条件与乡村自身基础设施条件均有不同程度的改善，但大多数地区乡村自身的基础设施建设条件较之城镇地区的基础设施条件明显滞后。其中，最为滞后的基础设施是垃圾、污水处理设施和文化、卫生等公共服务设施的系统性规划建设。村庄基础设施配置仅考虑了道路、供水、排水、供电、邮电等工程设施，忽略了村民生活燃料、供热采暖、有线电视等设施的规划配置。即便村庄规划规范考虑到的内容也仅是原则性意见。以道路交通为例，不能照搬城市建设中对道路等级的划分，而是有必要对村庄道路的宽度、等级配置进行深入的研究论证，结合不同地域村庄的基本情况并加以调整。

公共设施配置标准缺乏从规模等级角度对中心镇、一般镇、中心村和基层村进行分类，很少考虑到公共设施的共建共享问题，这与当前村庄体系规划的缺失有很大关系，同时，公共设施的配置也没有作为强制性指标纳入相应的规划当中。

（5）忽略对农民住房建设的引导

《中华人民共和国建筑法》第七条规定，国务院建设行政主管部门确定的限额以下的小型工程可以不必申领施工许可证，使农村住宅这样的小型工程建设既缺乏设计，又缺少施工监督管理。农村住宅多为村民自建，质量较差。

（6）缺少生态保护规定

相关村庄规划法律法规中缺少关于农村地区生态环境保护的规定（表3–2），村民缺乏生态保护的常识，造成了当前村庄地区环境恶化，乡村地区生活品质低。而要实现农村的可持续发展则应考虑加强对环境保护和资源节约利用的规划。

（7）不同省份在村庄规划编制内容上侧重点不同，深度不一

在全国法律规范的基础上，不同地区村庄规划编制内容侧重点也不相同，各

地根据自己省份所在地区的实际情况相继出台了村庄规划编制办法和技术导则，对村庄建设规划的内容作出了具体安排。通过比较分析各个省份关于村庄规划的编制办法和导则，可以看出，北京市和浙江省的村庄规划编制办法要求较高。云南省的村庄规划体系较好，分为行政村总体规划、村庄建设规划、村庄整治规划三个层次，每一层次的图纸要求较翔实，值得借鉴（表3-3）。

《江苏省村庄建设规划导则（试行）》中提出村庄建设规划的内容包括村庄规划布局、公共服务设施规划、道路交通规划、给水工程规划、排水工程规划、供电工程规划、电信工程规划、广电工程规划、能源利用规划、环境卫生设施规划、防灾减灾规划、村庄竖向规划、景观环境规划、住宅及主要公共建筑的标准、工程量及投资估算。

《山西省村庄建设规划编制导则》、《陕西省农村村庄建设规划导则》中明确村庄建设规划的内容包括：村庄布局规划、住宅规划设计、公共设施规划、道路交通规划、给水工程规划、排水工程规划、供电工程规划、邮政电信工程规划、广播电视工程规划、能源利用规划、环境卫生设施规划、防灾减灾工程规划、景观环境规划和村庄竖向规划。

《云南省村庄规划编制办法（试行）》提出村庄建设规划是对中心村、基层村等农村居民点的各项建设的具体安排。村庄建设规划的内容包括确定提升村庄产业的具体项目、预测村庄人口发展规模、村庄建设规划布局、基础设施和公共服务设施建设规划、住房建设规划、村庄绿化及景观风貌规划、历史文化保护规划、生态环境保护措施、污染控制与治理措施、重点建设项目规划、实施规划的政策措施。

《福建省村庄规划编制技术导则（试行）》将村庄分为改造型、新建型、保护型三大类型，以及改造型和新建型的一个特例——城郊型，分别采取相应的规划对策。规定村庄建设规划的内容主要包括村庄建设用地选择、村庄人口规模、村庄规划布局、环卫设施规划及环境面貌整治、村庄竖向规划、公共设施的配套、为农民生产劳动配置作业场地、综合防灾体系、农村住宅设计、绿化与景观环境。

另外还有《安徽省村庄建设规划技术要点（暂行）》和《吉林省村庄规划编制技术导则（试行）》、《2006-2007年北京市村庄规划编制工作方法和成果要求（暂行）》、《北京市远郊区县村庄体系规划编制要求（暂行）》、《浙江省村庄规划编制导则（试行）》、《县域村庄体系规划纲要（试行）——陕西省》、《四川省县域村镇体系规划编制暂行办法》、《广西社会主义新农村建设村庄整治规划技术导则（试行）》、《湖南省新农村建设村庄整治建设规划导则（暂行）》、《山东省村庄整治技术导则》、《安徽省村庄整治技术导则》等，都对各省、自治区、直辖市层面的村庄体系规划和村庄规划编制进行了技术上的引导与规范（表3-3）。

部分省、区、市颁布的村庄规划编制技术导则基本情况 **表3-3**

名称	规划及图纸要求	数量
北京	村庄区位图、相关上位规划图、村域土地使用现状图、村庄土地使用现状图、村域发展规划图、村庄建设规划图、村域道路交通规划图、村庄公共服务设施规划图、村庄市政设施规划图、村庄绿化景观规划图、历史文化保护规划图	11
天津	分为村庄、集镇总体规划和建设规划两个阶段，建设规划还要求近期建设工程和重点地段内容	—
河北	村域规划图（含区位图）、村庄建设现状图、村庄建设规划图、村庄工程规划图（含道路竖向及各类工程设施规划）、村庄近期建设整治规划图（含建筑单体方案图）	5
山西	村庄现状及位置图、建筑质量评价图、规划总平面图、道路交通及市政工程管线规划图、景观环境规划设计及竖向规划图	4
内蒙古	现状图、建设规划图	2
辽宁	分为村庄、集镇总体规划和建设规划两个阶段，村庄集镇总体规划要求防灾、环境保护等专业规划，建设规划提出文物古迹、古树名木的保护和环境建设要求	—
吉林	村庄综合现状分析图、村庄用地布局规划图、村庄道路系统规划图、村庄工程设施规划图、村庄环卫与防灾规划图、村庄分期建设规划图	6
黑龙江	村庄整治规划包括现状分析图，村庄环境综合整治规划图，道路整治规划图，给水、排水设施整治规划图，电力电信有线电视设施整治规划图，环境卫生设施整治规划图	6
上海	促进村庄集中，推进新市镇建设，形成中心区、新市镇、居住点的城镇体系，新市镇、居住点直接编制控制性详细规划	—
江苏	村域位置图、村域现状图、村域规划图、村庄（居民点）现状图、村庄规划总平面图、村庄设施规划图。其中，村域位置图、住宅选型图、公共建筑选型图、效果图为选择图纸	6
浙江	村庄位置图，现状图，现状建筑质量分类图，村庄建设用地功能布局图，村庄整治规划总平面图，道路交通及公用工程整治规划图，重点地段的建筑环境景观规划设计平面图，整治项目的建筑设计方案平面、立面、剖面图，整治项目分期实施图，整治项目定位和竖向设计图	11
安徽	分乡域总体规划和集镇、村庄建设规划，规定不得跨公路建设，乡域总体规划还包括生产项目的安排，村庄集镇建设规划包括近期建设规划	—
福建	村庄现状分布图、村庄建设规划、道路交通及竖向规划图、市政工程管网规划图、景观环境规划设计图	5
江西	包括建制镇总体规划和详细规划、集镇总体规划和建设规划、村庄建设规划，村庄规划年限为5～10年，集镇总体规划和建设规划年限为10～20年	—
山东	村庄位置图、现状图、规划总平面图、道路交通规划图、竖向规划图、综合工程管网规划图、住宅院落与群体设计图，以及住宅单体选型图，选作村庄绿化图、村庄景观图、村庄建设透视图、村庄鸟瞰图	8
河南	村庄位置图、现状图、建筑质量评估图、用地规划图、规划总平面图、道路交通规划图、景观环境规划设计图、竖向规划图、工程管网规划图	9

续表

名称	规划及图纸要求	数量
湖北	提出规划区的概念，规定规划费用由城市维护建设税收入列支，分为村庄、集镇总体规划和建设规划两个阶段，总体规划和集镇建设规划年限为10 ~ 20年，村庄建设规划年限为5 ~ 10年	—
湖南	现状图、规划总图、管线工程图、主要公共建筑及住宅单体设计图	4
广东	区位分析图、村域现状分析图、建设现状图、村域总体规划图、村域三区四线控制规划图、村域基础设施布置图、整治规划图	7
广西	现状图、规划图、设施图	3
四川	村镇界定为农村行政村域内不同规模的村民聚居点，乡、民族乡政府所在地及经县级人民政府确认由集市发展而成的作为农村一定区域经济、文化和生活服务中心的非建制镇。分为村庄、集镇总体规划和建设规划两个阶段，规划年限近期为5 ~ 10 年，远期为20 年	—
贵州	分为村镇总体规划和集镇、村寨建设规划两个阶段，总体规划年限为10 ~ 20年，村寨建设规划年限为3 ~ 5年	—
云南	行政村总体规划：行政村现状综合分析图、行政村总体布局规划图、重点建设项目规划图；村庄建设规划：村庄位置图、村庄现状综合分析图、村庄建设规划总图、道路交通规划图、绿化与景观环境规划图、工程管线规划图、重点项目建设规划图、建筑方案图；村庄整治规划：整治区现状综合分析图、整治区规划总平面图、整治区重点整治项目和其他各专业整治项目的规划设计图	14
陕西	现状及村庄位置图，建筑质量评价图，规划总平面图，道路交通及市政工程管线规划图，景观环境规划设计及竖向规划图，主要公共建筑透视图、鸟瞰图及单体民宅平面选型图和透视图等	6
甘肃	村庄和集镇现状图、村庄和集镇建设规划图、村庄和集镇公用工程规划图	3
宁夏	分为村镇总体规划和建设规划两个阶段，村镇总体规划和村庄建设规划均包括现状分析图、规划图及说明书，规划年限近期为3 ~ 5年，远期为10 ~ 20年	—

资料来源：根据各个省、区、市相关村庄规划编制技术导则整理

三、村庄规划编制过程问题

（1）编制主体和实施主体不明确，规划工作的推动困难重重

农村规划是由多元利益主体共同参与的一项群体决策活动。受到不同利益驱使的影响，农村规划的参与主体之间形成多方博弈的局面。对博弈过程中利益平衡点的正确把握将成为农村规划制定和有效实施的前提和保证。目前，我国多数农村的管理体系是“县主导、乡主管、村主体”管理体系，在规划管理中要充分明确这三方的责任事权。乡（镇）域规划和村庄布局规划应由县级人民政府规划主管部门指导，乡（镇）人民政府组织编制；村庄总体规划和村庄建设规划应由

村委会组织编制。乡（镇）域规划应经乡（镇）人民代表大会审议通过，经县级人民政府规划主管部门审查后由乡（镇）人民政府报县级人民政府批准实施；村庄规划应经村民（代表）大会审议通过后由乡（镇）人民政府报县级人民政府批准实施，村庄规划应列入本村的村规民约，作为村民共同遵守的行为准则。

《村镇规划编制办法（试行）》第四条规定：村镇规划由乡（镇）人民政府负责组织编制，但村和镇的规划编制主体没有区分，在实际工作中容易出现忽视村庄规划的现象。乡（镇）政府的着眼点往往是镇区规划，尤其是经济发展水平相对较低的乡镇，镇一级的建设尚不足，村一级的规划就更难顾及。村庄规划的实施主体应是村集体，但由于村民的认识问题，对村庄规划的实施持怀疑态度，主体地位难以体现。

《城乡规划法》第11条规定“县级以上地方人民政府城乡规划主管部门负责本行政区域内的城乡规划管理工作”，同时，该法也明确了乡政府的事权，主要包括第22条的规划编制权、第41条乡村建设规划许可证的初审权、第65条规定乡政府具有行政处罚权。从条文看，乡政府“有权无责”，因此有必要在地方立法中理清关系，明确责任。

（2）政绩驱动，各自为政

中国行政体制中，各级政府为了政绩的需求，关注各自领域，造成村庄规划周期长，实施上缺乏统一协调。

在国家推进新型城镇化、美丽乡村建设的大背景下，多部委加大了对村庄的投入力度。住房和城乡建设部开展了全国村庄规划试点项目，村庄规划试点侧重的是在不主张大拆大建的基础上，注重风貌提升改善。财政部下发了“美丽乡村一事一议”试点项目申报，侧重的是建设项目的资金预算，尤其是基础设施和公共服务设施方面。农业部开展了全国1100个美丽乡村试点项目，侧重的是农村的产业发展，尤其是第一产业的发展。以河南信阳市净居寺名胜管理区扬帆村为例，该村同时申报了住房和城乡建设部、财政部、农业部所开展的三个建设活动。在针对不同的部委下发的文件要求下编制了三套村庄规划成果，各自的侧重点不同，规划编制内容也做了调整，这个过程无形之中增加了村庄规划建设的难度，同时在实施的过程中会出现矛盾冲突的地方。

地方政府又有相当一部分干部一心想着开创新局面，与自上而下的考核机制结合在一起，在看得见的地方做表面文章。如盲目照抄照搬城镇建设模式，搞形象工程，如图书阅览室、敬老院等项目都属于某一个“对口单位”的“丰碑式”业绩，要求在村落中占据显著的位置，往往使得有限的“外力”在脱离了农村、农民的真实需求后无法成为村落空间的“凝聚性”触媒，在相当多的农村反而加剧了公共空间的离散。如中部地区某村庄，县领导为了自己的政绩需求，在村里规划了“十大园”，包含“公仆园”、“科技园”、“创业园”、“思乡园”等，倡导全县的公务员为村庄栽一棵树，提出的口号为“我为家乡栽棵树”，初衷是好的，但是却造成了巨大的浪费，且占了村中最优质的耕地。

（3）线性化的规划编制过程，规划环节多、效率低，缺乏公众参与

目前农村规划编制方法的研究尚不成熟，基本上仍在延续城市规划的思路，规划的环节较多，注重目标导向和控制蓝图。从乡村社会的组织特征来看，这样的规划思路存在不少问题。我国村庄的规模很小，社会结构简单，发展很容易受到外界因素的影响，具有极大的不确定性。目标导向和控制蓝图对农村来说针对性不强，缺乏动态性和灵活性。规划编制过程恰是一个线性模型，决策者确定规划目标、规划师根据规划目标进行调研、针对问题制定规划对策、由决策者决策后进行公示、实施。以目标为导向，规划技术人员带着命题来作答，实际中村民的利益得不到保障，后期的实施与管理难度就会加大。规划编制者又缺乏对农村的深入了解，规划成果常常不被农民所了解或接受，无法协调、平衡公共利益，指导性、可操作性不强（图3–7）。

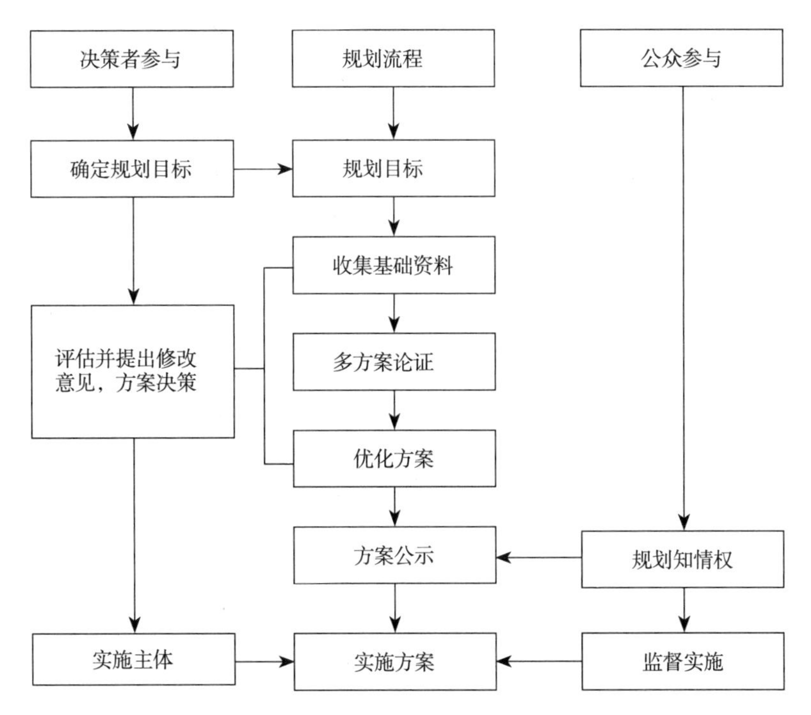

图3–7 当前村庄规划线性化的编制过程

（4）忽视公共参与，没有充分调动农民的积极性

当前“运动式”、“快餐式”的村庄规划，缺乏民众基础，村庄规划往往是由政府自上而下编制的“见物不见人”的物质规划，忽视了居民的主体性。首先，参与层次低，公众参与范围小，广度和深度不够，较少涉及参与主体利益平衡等深层问题，造成规划实施困难。其次，参与方式简单，目前的技术手段多为问卷调查和一些意向性的选择。规划成果展示仅被作为辅助设计手段起不到协调、平衡作用。再次，公众构成的代表性不足，公众参与中样本抽取随意性很大，不具有代表性，问卷方式中村中留守的老年人和妇女填写比重过大。

四、村庄规划实施管理问题

（1）村庄规划管理薄弱

在当前的城乡规划管理体制中，规划的行政管理部门主要面对的是城市而非乡村，无论是在机构设置上，还是在人员配置上，都不能满足当前乡村视角下村庄规划建设发展的需要。从当前村庄规划建设的相关部门的职能看，涉及规划、建设、国土、财政、环保等部门职能交叉，机构繁杂，导致乡村规划建设管理的合力不足。

（2）实施资金缺乏保障

市场经济国家多由国家财政主导来提供农村的基础设施和公共服务设施的投资。目前我国各级政府在村庄建设上缺乏稳定的资金保障，部分村庄规划编制费用都难以筹集，更谈不上规划实施的建设费用。这就需要国家在这方面加大前期的基础设施投资。

（3）管理体制和机构设置有待完善

当前村庄规划编制的相关法律法规未对县级以下的地方政府中规划建设管理专职机构设立和管理职权划分作出明确的规定，易出现县级以上行政部门和基层管理部门之间错位、缺位、失位等现象。同时，规划建设管理的经费缺乏财政保障，无法支持建设管理工作的开展。村庄规划建设管理体制和机构设置的问题，使得实施效果受到很大影响，也在一定程度上导致了部分地区农村规划建设杂乱无序的现象。

(4) 缺少后期的动态维护

随着国家对乡村地区的重视程度越来越高，已经开始对乡村地区的部分村庄进行资金投入，但是后期的动态维护性较差。以河南省信阳市某村为例，2013年申报上河南省美丽乡村建设试点获得了3000万元的资金，一年的时间需要完成村庄基础设施和公共服务设施的建设。但是建设完成后的管理运营资金谁来出，没有明确的规定，造成的现实问题很多，比如路灯建好不亮、垃圾无人收集等，同时乡规民约的缺失造成了村民主人公意识不强，随意破坏的问题也很严重。

(5) 农房质量安全监管有待进一步规范

在当前村庄规划的相关法律法规中关于农房质量安全监管条款的操作性不强，农房的竣工验收制度、资质管理制度、房屋产权登记制度、设计规范标准执行等方面都缺乏实施的细则，对于管理的要求较高。事实上，在管理机构、人员、经费都较为有限的情况下，很难保证对农村农房建设行为进行有效的约束。

乡村个体建筑工匠管理体制仍不健全。由于具有专业施工资质的建设队伍数量不多，并且往往参与三层以上或公共建筑等较为复杂的工程建设项目，广大农村的农房建设任务仍然由乡村个体建筑工匠承担。但随着国家废除村镇建筑工匠从业资格管理制度，个体建筑工匠管理趋于放松，甚至很多地方流于形式，对于个体建筑工匠所承担的修缮房屋性质、层数、面积、修缮程度等都缺乏详细的规定，个体建筑工匠引发的质量安全事故频发，成为村庄建设的一大隐患。

第三节　村庄规划的原则与策略

一、明确乡村视角下村庄规划的新内涵

乡村视角下的村庄是一个协作系统，是一种正式组织，是一种广泛存在于当代中国农村社会的特殊组织形态。由于城镇化进程的加快，社会分化使得传统乡村单一、同质格局逐步分化，异质性增强；乡村人口以各种方式向农业以外的其他产业部门转移，使得乡村职业、生态及社会文化三者之间的整合特征发生变化。城乡关系的演变使得农民、农业、农村三农一体的格局逐渐改变，城市和乡村成为矛盾的统一体和连续体。

在此背景下，乡村视角下村庄规划应成为指导和规范村庄人居环境建设与治理的一项重要公共政策。作为“整治型、支持型、保护型”的规划，其重点是整

治村庄生态环境，支持村庄发展和保护村庄生态环境，通过对农民建设行为的引导，依靠农民改变观念，自主建设生态、美好的宜居家园。这个过程中需要规划技术人员采取“驻村体验式”调研方式，吃住于乡村，体验村民的生活，勾画出涉及经济、产业、社会、土地、生态环境等多个层次的综合性规划，也需要国家长期持续性地对该地区的基础设施和公共服务设施进行投资，更需要村民在后期治理中增强主人翁意识，通过多方努力，共同把村庄建设成为美丽富饶的地方。

村庄规划的新内涵是以村庄、村民特点为基础，用以指导和规范乡村地域和村庄个体综合发展、建设及治理的一份有章可循的“公共政策”，一套指导性强的“法定规划”，一项“乡规民约”（图3–8）。

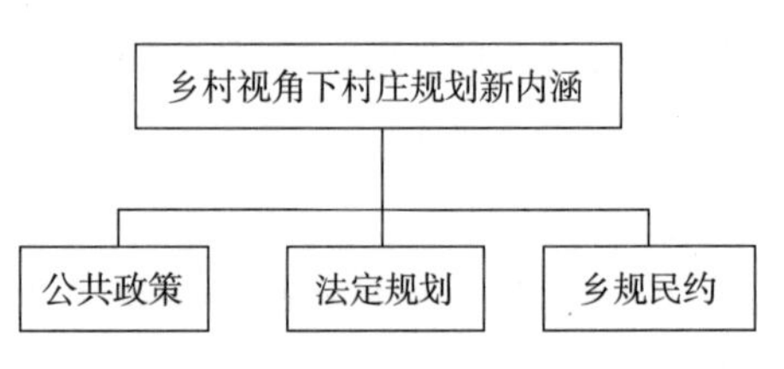

图3–8　乡村视角下村庄规划新内涵

二、村庄规划编制的基本思路

（1）共同性和地方性的结合

村庄规划编制的构建必须是“共同性”和“地方性”的充分结合，要完善全国城乡规划法规体系框架。作为乡村地区规划编制和管理的指导性文件，必须以国家和地方的相关法律和规定为基础。同时，为了满足乡村地区建设和发展的需求，必须针对地方的实际情况对村庄规划编制和管理进行相应的补充和落实。村庄规划编制必须适应地方的不同特色，体现地方性。

（2）全面覆盖和特色突出的结合

乡村与城市构成了我国整体的空间社会体系，两者彼此依存，因此必须构建全面覆盖的城乡规划体系。规划全面覆盖并不意味着城乡同质化发展，而是要有意识地突出差异性。通过制定科学合理的规划，将“全面覆盖”和“特色突出”充分结合起来，形成各具特色的城市与乡村规划编制体系。

（3）刚性控制和弹性发展的结合

乡村地区自身的发展受社会中的不确定和矛盾因素影响，呈现出“不确定性”、“偶然性”、“动态性”等特征。单纯强调控制空间的规划难以促进乡村地区健康发展。然而，村庄规划编制相关内容是农村建设和管理的基本依据，如果仅仅因为农村发展的不确定性而不作为，放任乡村自由发展，同样也就失去了其存在的必要。因此，村庄规划的编制必须进行弹性发展，即将“刚性控制”和“弹性发展”充分结合起来。

（4）求真务实和拓展创新的结合

任何规划都应当以解决问题为导向，村庄规划编制也不例外，必须求真务实地解决乡村地区发展的实际问题。与此同时，村庄规划编制还必须适应国家政策的发展目标、适应农村不确定性的发展特征。不同时期村庄规划编制差异性较大，以往套用城市规划的模式造成了村庄规划建设可实施性差，出现千村一面的问题。新时期，立足乡村视角，应在规划编制中结合村庄自身特征，敢于运用新的编制方法来解决问题。因此，村庄规划编制必须将“求真务实”和“拓展创新”充分结合起来。

（5）政府引导和尊重市场的结合

随着中国国力的大幅提升，政府加大对农村地区的建设力度也是时代发展的需求。乡村地区需要政府来引导其发展，通过对基础设施和公共服务设施的投资建设，来为村庄创造良好的市场环境，吸引外部投资，形成良性循环，拉动内需，带动区域的发展。政府应当尊重市场经济发展的客观规律，最大限度地将资源配置合理化分布，使乡村地区发展与市场公平达到最佳的平衡状态。因此，在村庄规划编制上必须明确将“政府引导”和“尊重市场”充分结合起来。

小结

总之，虽然城市与乡村都是由复杂的人工与自然系统交融而成，人类文明也起源于农业文明，城市起源于乡村，但是随着时代的发展，两者之间的行政级别、社会系统、人口规模、经济职能、生态环境等要素有着巨大的差异，故其涵盖的规划要素也不一样。因此，村庄规划编制的构建不能照搬城市规划编制模式。与此同时，随着工业化和城市化进程的加快，农村土地、人口、资源等生产要素的集聚与重组加剧，乡村地区向多元化方向发展，这就要求村庄规划必须重新认知乡村，修正、完善、提升现有的村庄规划编制工作，探究和构建合理的适合当今乡村的规划编制体系。

第二篇　城乡制度影响下的乡村规划

长期以来，中国城市规划的编制与实施是基于国有土地基础之上的[①]，如今，随着城乡统筹进程的加快，已进入“国有土地”和“集体土地”的“城”“乡”共同建构时期。作为空间管制手段的城乡规划，也不再仅仅面对国有土地的规划问题。目前存在的城乡二元土地制度决定着城乡规划作用机制的基础和途径，其正在发生的变革也必将改变城乡规划的方式方法，从而产生对城乡规划的整个制度体系进行再结构的内在需求[②]，进而对城乡空间的重构产生重要影响。因此，必须深入探讨基于集体土地制度的规划问题，探究集体土地的所有者——村集体经济组织和村民的利益诉求，从“人”“地”关系的角度分析城乡互动发展中土地使用所蕴含的社会利益关系，充分认知这种再结构对现有社会利益关系的影响及可能产生的后果，使城乡规划对社会利益进行调配或成为社会利益调配的工具，以促进城乡规划体系的不断完善。

① 根据《中华人民共和国土地管理法》第四十三条，“任何单位和个人进行建设，需要使用土地的，必须依法申请国有土地……依法申请使用的国有土地包括国家所有的土地和国家征收的原属于农民集体的土地”。

② 孙施文，奚东帆．土地使用权制度与城市规划发展的思考[J]．城市规划，2003（9）．

第4章　农村宅基地与住房制度

改革开放以来，农民收入显著提高、农民建房需求猛增，城市化和工业化加速发展，大量农村人口向城市转移、迁徙，社会经济变化显著，“空心村”、“城中村”等现象成为社会关注的热点问题。随着新农村建设和美丽乡村建设的持续推进，广大农村地区又将迎来新一轮住房建设热潮，亟待规划引导。

城乡规划的作用对象是以土地使用为核心的空间资源，城乡规划的实施也必然要通过对土地使用的调配来进行。因此，土地制度与城乡规划有着密切的关系，直接影响到城乡规划的制度环境和实施管理。城市于20世纪80年代末实行土地制度改革，城市住房逐渐实施土地使用权的有偿使用和住房的市场化交易。20多年后，农村建房仍然实行作为集体土地所有制的宅基地无偿使用。二元制的土地和住房制度使得农村地区规划建设必然呈现出与城市的巨大差异，农村建设用地呈现相对混乱的状态。虽有体制性因素，但是仍然凸显出城乡规划对此的应对措施不足。需要从土地使用制度的推进和城乡要素流动的角度，针对当前农村住房建设面临的问题进行深入的分析研究，以促进城乡规划体系的不断完善。

第一节　基于新制度经济学的宅基地和农村住房制度分析

新制度经济学的研究对象是制度，产权理论是其重要组成部分。产权用来界定人们拥有的权利并从中获益，通过产权界定和使用安排等，降低或消除运行成本，并改善资源配置。下面借助新制度经济学的相关理论对现行的宅基地和农村住房制度进行分析。

一、宅基地制度下的农村住房产权分析

产权是指人们使用资源的一组权利。产权作为一种排他性的权利，是调节人与人之间利益关系的根本制度。在一般意义上，一项财产上的完备的产权一般包括：使用权、收益权、让渡权。其中让渡权是产权最根本的组成因素。它意味着所有者拥有将其对资产的全部权利（如出售一幢房屋）或某些权利（如出租一幢房屋）转让给其他人的自由。因而，让渡权就是承担资产价值变化所引起的后果的权利。[①]

我国农村的土地属于农民集体所有，从形式上看，集体土地产权是一种使用权与所有权相分离的安排制度。作为集体建设土地的组成部分，农村宅基地的权能是不完整的。[②]权利主体具有使用权，但是并不具备完整的收益权，不具备让渡权。农民虽然对宅基地上的房屋拥有使用权和所有权，但是却对其必须附着的宅基地没有所有权。也就是说，房屋的所有权与其附着的宅基地所有权不统一（图4–1）。《土地管理法》规定，集体建设用地必须转为国有用地以后才能进入二级市场流转。这样，在立法意旨上，就是禁止城市及外村、外乡居民成为集体土地上住宅的合法所有权人。与国有土地使用权相比，农村宅基地的产权流转受到了诸多限制。

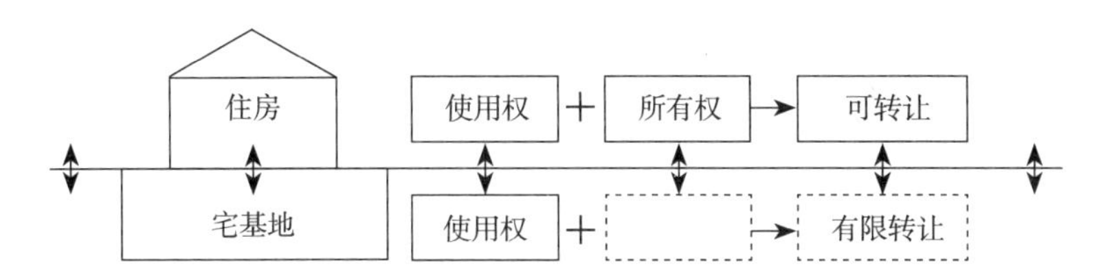

图4–1　农村住房产权分析图

---

① 胡乐明，刘刚. 新制度经济学[M]. 北京：中国经济出版社，2009.

② 农村宅基地使用权是农村居民在集体所有的土地上建造住宅及其附属设施的权利。《物权法》确立其为一种独立的用益物权，具有以下几个特征：1. 无流动。农村宅基地使用权主体的特定性。在我国，农村宅基地仅限于本集体经济组织内部成员享有使用权，该集体经济组织成员申请宅基地只可以向本集体经济组织提出，非该集体经济组织的成员不得享有该权利，也不得通过转让获得。《中华人民共和国土地管理法》第62条规定，农村村民一户只能拥有一处宅基地。现行法禁止城镇居民在农村购置宅基地。农村村民出卖、出租住房后，再申请宅基地的，不予批准。2. 无偿性。农村宅基地使用权取得的无偿性。农民申请宅基地使用权，需要经过乡、镇人民政府审核，由县级人民政府批准。农村宅基地使用权的取得，原则上是无偿的。现行法不允许宅基地使用权抵押。依法取得一宗宅基地是集体成员享有的一种基本权利。3. 无限期。农村宅基地的使用没有年限的规定。现行法只是规定宅基地的面积不得超过省、自治区、直辖市规定的标准。与用于农业用途的生产用地和工商业用途的经营用地不同的是，取得宅基地不必签订承包合同或使用合同，没有使用年限的规定，也就不存在留滞成本。

二、宅基地制度下的农村住宅资源分析

资源的稀缺性使得人类社会有必要建立明确的产权制度约束社会成员的行为。随着人们对各类资源的竞争性使用的增强，资源的稀缺性越来越明显，限制无序的争夺并界定资源的归属就越来越必要。要实现资源最优配置，应将各种资源用到最需要的地方，使资源掌握在最需要它的人手中。资源产权必须经不断交易或转手而流动起来。明确产权是通过交易来实现资源最优配置的前提。[①]产权没有被完全界定或缺乏排他性权利的约束时，未被界定的部分会被交易各方攫取，进入公共领域的财富将成为人们投入资源争夺的对象。

作为集体组织的一员，农民可以无偿获得一宗宅基地用于住房建设，但当他因离开集体（例如进入城镇居住）而要将住房出售时，只能出售给该集体符合宅基地申请资格的成员，宅基地的转让不会为其带来合理的经济收益。但由于其离开了集体经济组织，从而也丧失了其原有的宅基地福利，而这种权利的丧失既不能从集体组织得到补偿，也不能将土地向集体以外的成员让渡获取更高的价格补偿。根据资源配置的效应最大化原则，迁出集体的农民大多会选择在迁出后仍然保留房屋从而占有着宅基地使用权，使一些本应当通过交易能够得到利用的宅基地被闲置，造成土地资源浪费（图4-2）。

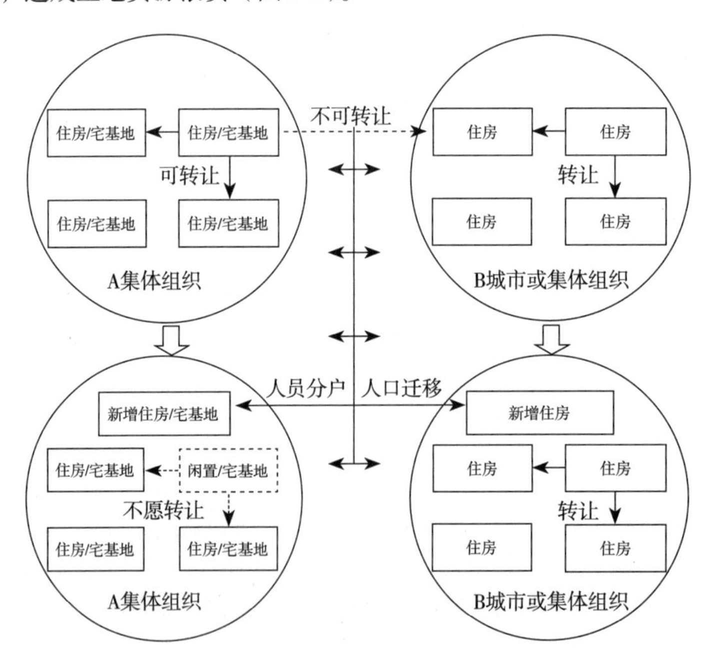

图4-2　农村住房资源配置分析图

① 胡乐明，刘刚. 新制度经济学[M]. 北京：中国经济出版社，2009.

对于本集体成员来说，在宅基地无偿使用的条件下，尽管对宅基地审批面积有着明确的规定，但由于产权未被明确界定，仍难以有效避免农民多占宅基地多占公共领域的资源，从而出现一户多宅的现象。

第二节　宅基地制度下的农村住房资源配置热点问题分析

在城市住房资源配置系统中，城市居民通过有偿取得国有土地、购买住房而获得房产价值并拥有完整产权的商品住房。在拥有完整的使用权、收益权和让渡权的基础上，能够自由地对房屋做出自住、出租和出售的处置，因此整个城市形成了建立在明确产权基础上的住房链条和有序合理的住房资源配置机制。与之不同的是，农村居民无偿获得宅基地，获得房产价值和有限的产权，却只能自住而不能够自由处置房屋，形成了不利于住宅资源合理配置的住宅闲置，以及违法违规的住宅出租和住宅出售现象。可以通过城乡对比，从宅基地制度在产权上的特殊性分析当前几个农村住房资源配置的热点问题（图4–3）。

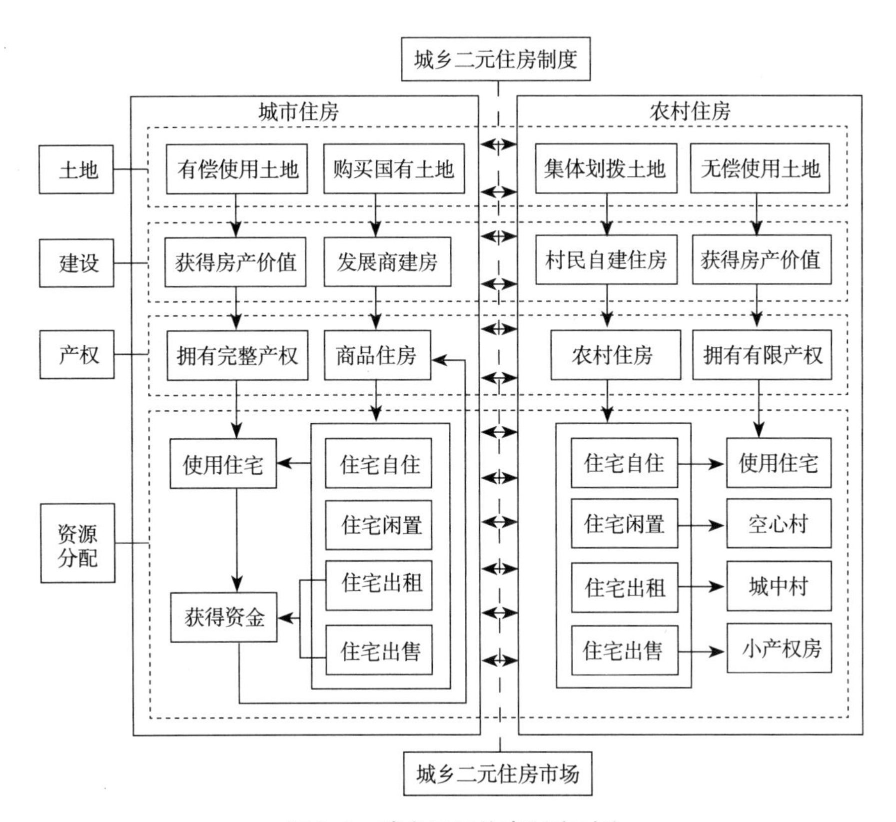

图4–3　城乡二元住房制度对比

一、“空心村”

近十年来，“空心村”一词频繁地进入人们的视线。

根据有关调查统计数据，全国村庄用地共2.48亿亩（1亩≈666.67平方米），其中宅基地占80%以上，约有2亿亩左右。约2亿亩的宅基地中，闲置荒芜宅基地竟达20%左右。[①]

1990～2015年，中国城市化水平从26.4%提高到56.1%，农村人口由84138万人减少到60346万人，减少了23792万人，而村庄用地却从1140.1万公顷增加到1401.3万公顷，增加了261.2万公顷。[②]可见，随着经济发展和城镇化水平提高，村庄用地的不集约趋势加剧（图4–4）。

一方面，由于缺乏让渡权，离开村庄进入城镇居住的人不愿放弃宅基地，让住房长期闲置。由于宅基地无限期使用的特点，造成土地资源的浪费。另一方面，长期在外打工的人虽然希望能进入城镇居住，但是由于缺乏让渡权，不能通过出售农村住房获得资金而作为进入城市的资本，造成钟摆式的住宅闲置。

其结果是，既浪费了国家的土地资源，也不利于农民的城镇化转移，城乡流动受阻。

图4–4 1990～2014年村庄用地面积（万平方公里）

资料来源：根据《中国城乡建设统计年鉴（2015年）》绘制

① 曹玉香. 农村宅基地节约集约利用问题研究[J]. 农村经济，2009（8）.

② 中华人民共和国住房和城乡建设部. 中国城乡建设统计年鉴2015[M]. 北京：中国统计出版社，2016.

二、“城中村”

随着近年来城镇化进程的加快，城市建设用地的扩张，城市边缘地带出现了不少“城中村”。一方面，村民利用优越的地理位置优势将本该自用的宅基地出租给城市居民，或是在自家宅基地上尽可能多盖房子出租，甚至建设四、五层高的楼房，最大限度地占有资源，形成“瓦片经济”。从某种程度上看，是利用无偿获得的权利换取有偿利益，使城市利益受损。另一方面，虽然地处城市建设地带，“城中村”大多仍然沿袭了传统村落格局，容积率低，土地的利用效率低。

因此，“城中村”具有双重外部性。“城中村”土地价值的提升和村民住宅出租收益的提高，得益于城市政府对城市的开发和投资。同时，由于“城中村”本身的低效利用和社会、经济、生态环境的问题，影响了周边土地的有效利用和经济价值。

其后果是，本该高效利用的城市土地却按照农村的模式运行，造成国家的土地资源配置的低效，同时，也阻碍了村民的市民化，城乡统筹发展受到制约。

三、“小产权房”

在城市近郊，一些村庄依托旧村改造，在解决自身村民上楼的基础上，进行部分住宅开发，并向城市居民出售。由于这些住宅依附的土地是农民的宅基地或农用地，属于农村集体土地，所以地面上的房屋产权也不完整，因此被称为“小产权房”，体现了宅基地在城乡之间的隐性流动。虽然国家自2004年起就出台了一系列的政策法规[①]，但是“小产权房”依然屡禁不止。

其后果是，农村居民依托无偿获得的土地非法获得土地收益，而城市居民的住房权益得不到保障。

另外，对征地拆迁中的补偿标准也存在较大争议。现行农民宅基地具有明显的福利性质，其商品属性和财产属性未被法律确认，地方政府和房地产商利用这种产权缺陷，在给农民补偿时往往只考虑房屋价值，未充分考虑宅基地的财产价值，宅基地征用以后的级差收益数倍增加，但与原住集体组织成员无关，造成时常因补偿措施难以满足农民需求而引发纠纷。

---

① 1999年，国务院办公厅发出《关于加强土地转让管理严禁炒卖土地的通知》，规定“农民的住宅不得向城市居民出售。也不得批准城市居民占用农民集体土地建住宅。有关部门不得为违法建造和购买的住宅发放土地使用证和房产证”。2004年国务院发布《国务院关于深化改革，严格土地管理的决定》，改革和完善宅基地审批制度，加强农村宅基地管理，禁止城镇居民在农村购置宅基地，明确提出严格限制城市居民购买农村住宅。

第三节 农村住房相关制度变革需求与政策建议

农村与城市相比，由于农村住宅产权的不明确，导致资源配置缺少流动，存在着配置效率低的问题。同时，在产权不明晰的制约下，城乡之间要素也缺少流动，存在着资源配置不合理的问题（表4–1）。应从城乡统筹的视野，通过城乡一体化的土地市场、住房制度、保障制度和户籍制度的变革，促进城乡资源的合理配置与高效利用（表4–2）。

村庄建设难点问题比较分析 表4–1

现象	产权	资源占有与分配
“空心村”	缺乏让渡权	村庄内双重占地； 城乡双重占地； 城乡资源浪费严重，城市发展受限
“城中村”	缺乏让渡权，收益权不明晰	村庄内掠夺性占地； 城乡资源配置效率低
“小产权房”	缺乏让渡权	城乡资源分配不合理

城乡统筹视野下的城乡二元住房制度 表4–2

<table>
<tr><th colspan="2">城乡制度</th><th>城市</th><th>农村</th><th>城乡统筹要求</th></tr>
<tr><td rowspan="4">城乡土地市场</td><td>土地制度</td><td>国有土地制度</td><td>集体土地制度</td><td>统一建设用地市场</td></tr>
<tr><td>土地市场</td><td>土地市场</td><td>隐性市场</td><td>集体用地进入市场</td></tr>
<tr><td>土地利用现状</td><td>高效配置</td><td>建设用地粗放</td><td>节约利用土地</td></tr>
<tr><td>土地利用潜力</td><td>建设用地紧张</td><td>土地整理潜力巨大</td><td>统筹城乡土地资源</td></tr>
<tr><td rowspan="2">城乡住房市场</td><td>住房供给与更新</td><td>提供住房买卖、租赁服务的房地产市场</td><td>无法通过市场配置住房资源</td><td>建立城乡一体化住房制度</td></tr>
<tr><td>住房保障体系</td><td>包括保障性住房在内的多元住宅体系</td><td>住房发挥保障性作用</td><td>建立城乡住房保障体系</td></tr>
<tr><td rowspan="2">城乡人口流动</td><td>住房地点选择</td><td>基于市场的资源配置，居民拥有流动自主权，地点自定</td><td>基于计划的资源分配，居民无法流动，居住在所在村庄中</td><td>合理自主地选择居住地</td></tr>
<tr><td>人与住房的关系</td><td>人与住房不具备必然联系。人口流动促进资源流动和配置</td><td>人与住房产生必然联系。人口固化，阻碍了城镇化步伐</td><td>建立与人口流动相适应的城乡一体化的户籍制度</td></tr>
</table>

一、建立完善的城乡土地市场，促进土地资源的集约利用

土地是不可再生的稀缺资源，是全社会的资源和财富，城乡土地市场的完善有利于促进土地资源的集约利用（表4–2）。

一方面，由于当前宅基地的流转受到限制，退出机制无法有效实施，造成建设用地粗放的弊端。另一方面，二元化的城乡土地市场似乎并未阻止农村隐性土地市场的出现。[①]

由于农村集体建设用地的规模和数量巨大，农村土地资源配置市场化已成为与城市土地资源市场化相衔接的系统工程。国家已经通过一系列的政策规定引导农村集体所有建设用地与城市土地市场衔接（表4–3）。与其隐性、非法流转，不如让集体建设用地直接进入市场。按照新制度经济学的观点，通过制度的建立，可以减少产权界定的成本，有利于限制、规范人们的争夺与竞争行为。各方可以通过自愿、平等的交易寻求最佳的权利配置。

可见，其土地制度改革的思路是赋予宅基地完整的使用权，完善宅基地的登记和发证工作，完善宅基地退出和补偿机制，探索宅基地的入市流转办法。

国家关于宅基地流转的主要政策规定演变（2004~2015）　　表4–3

时间	政策规定名称	内容	影响
2004	《国务院关于深化改革严格土地管理的决定》	在符合规划前提下，村庄、集镇、建制镇中农民集体所有建设用地使用权可以依法流转	中央文件第一次明确提出集体建设用地使用权流转的政策[②]
2006	国土资源部《关于坚持依法依规管理节约集约用地支持社会主义新农村建设的通知》	稳步推进集体非农建设用地使用权流转试点，不断总结试点经验，及时加以规范完善	与新农村建设相配套的政策引导，鼓励各地进行试点
2008	国土资源部《关于进一步加快宅基地使用权登记发证工作的通知》	于2009年完成全国范围内宅基地使用权的登记和发证	为农村宅基地流转做好基础准备工作
2008	《中共中央关于推进农村改革发展若干重大问题的决定》	提出“依法保障农户宅基地用益物权”	进一步在全国范围内确立了保障农村宅基地流转的政策导向
2010	国务院《关于2010年深化经济体制改革重点工作的意见》	深化土地管理、户籍制度改革，建立城乡统一的建设用地市场和人力资源市场	对于消除城乡协调发展的体制性障碍十分关键
2010	国土资源部《关于进一步完善农村宅基地管理制度切实维护农民权益的通知》	落实土地用途管制、改进计划分配方式、满足农民建房的合理用地需求以及探索宅基地管理新机制创新	标志着制度创新的开始

① 黄明华，等. 村庄建设用地：城市规划与耕地保护难以承受之重[J]. 城市发展研究，2008（5）.

② 李文谦，董祚继. 质疑限制农村宅基地流转的正当性[J]. 中国土地科学，2009（3）.

续表

时间	政策规定名称	内容	影响
2013	十八届三中全会《中共中央关于全面深化改革若干重大问题的决定》	保障农户宅基地用益物权，改革完善农村宅基地制度，选择若干试点，慎重稳妥推进农民住房财产权抵押、担保、转让，探索农民增加财产性收入渠道	鼓励开展宅基地制度试点
2014	中共中央、国务院印发《关于全面深化农村改革加快推进农业现代化的若干意见》	推动修订相关法律法规。完善农村宅基地管理制度，针对目前我国农村宅基地立法的滞后，应尽快出台《农村宅基地管理条例》	推动宅基地相关法律法规的制定
2015	《中共中央关于制定国民经济和社会发展第十三个五年规划的建议》	维护进城落户农民土地承包权、宅基地使用权、集体收益分配权，支持引导其依法自愿有偿转让上述权益	推进城乡间资源流动

二、建立完善的城乡住房制度和保障制度，促进城乡资产的高效配置

住房是人们财产的重要组成部分，建立完善的城乡住房制度和保障制度，有利于城乡资产的高效配置（表4–2）。

当前，由于产权的不完整，宅基地使用权的转让和抵押受到限制，尤其是对土地流转的约束使房地产物权没有得到充分体现，使得农村的不动产难以进入市场进行交易。一方面，农村的宅基地出现大量闲置。另一方面，城镇化进程中农民无法获得进入城市生活的资金。出现“农村住别墅，城里住窝棚”的差异现象。城乡住房市场呈现出农村住房无价闲置而大城市房价快速上涨的局面，阻碍了城乡资源的高效配置。

伴随城市化的进程，出租房屋已成为城郊接合部和发达地区农民最主要的收入来源。按照新制度经济学的观点，富有灵活性的让渡权能够使所有者在无限的时域内计划资源的使用，关心资源在不同时期的配置效率。[①]

因此，应赋予农民宅基地及其房屋所有人以完整的物权，正视住宅商品化是城市化进程中农民财产权利的不可分割的部分[②]，建立与城市房地产相衔接的农村宅基地使用权制度与住房制度，保障广大农民的土地财产利益，建立城乡一体化保护的财产制度，促进城乡资产的高效配置。

---

① 胡乐明，刘刚．新制度经济学[M]．北京：中国经济出版社，2009.

② 黄明华等．村庄建设用地：城市规划与耕地保护难以承受之重[J]．城市发展研究，2008（5）.

三、建立完善的城乡户籍制度，促进城乡人口的有序流动

城市化的进程本质上是城乡人口的流动，建立完善的城乡户籍制度，有利于促进城乡人口的有序流动（表4–2）。

我国城市化已进入加速发展时期，城乡人口跨区流动规模急剧扩大。目前，有大约2亿农民工往返于城乡，而且每年还有大量的人口从农村流向城市、从落后地区流向发达地区。囿于城乡户籍限制，由于农村宅基地与住房无法流动，农村集体经济组织成员权的自然取得或丧失势必产生资源要素配置以及城乡社会保障等方面的一系列矛盾和问题。①

当前中国社会已不再是过去封闭型的静态社会，农民的流动和迁徙已成为社会常态，二代农民工更趋向于在城市中生活。对于那些准备向城镇迁移的农民，如果限制其将房产向非集体成员转让，一方面影响他们筹集一笔进入城市安身立业的最低资本金，从而阻碍人口城市化进程；另一方面他们进城之后继续将农村的房产保留在手中，不利于农村土地的减量提质。

目前，广州、重庆等大城市纷纷进行户籍改革试点，以促进与城镇化进程加快相适应的人口流动和城乡人民的安居乐业。

小结

诞生于20世纪60年代的宅基地使用制度是以城乡二元户籍制度为基础、限制城乡人口流动为初衷、实现重工业优先发展战略为最终目标而做出的一种制度安排，对农村住宅建设产生了重大的影响。宅基地的无流动性、无偿和无限期使用的特性不仅造成了大量宅基地的闲置与无序扩张的矛盾，宅基地使用权的非流转性也阻滞了农村剩余劳动力的转移，成为破除城乡二元社会结构和推进城市化进程的障碍。

城市化不断推进、人口流动加速、户籍制度逐步改革和农村社会保障体系的日渐完善，为宅基地使用制度和农村住房制度的变革提供了现实基础。在国家管理的前提下，要逐渐完善农民的宅基地产权，引导和规范宅基地合理流转，提高农村宅基地有效利用，促进城乡要素的合理配置和有序流动。通过建立完善的城乡土地制度、住房制度和保障制度，既可以促进农村住房建设的健康发展，也可以更加有效地抑制大城市房价上涨过快的趋势，推动城乡经济和社会和谐的均衡发展。

---

① 吴次芳，靳相木. 中国土地制度改革三十年[M]. 北京：科学出版社，2009.

第5章　农村集体土地制度下的人地关系

《城乡规划法》定义的“城乡规划”包括“城镇体系规划、城市规划、镇规划、乡规划和村庄规划”，将“乡规划”、“村庄规划”与“镇规划”和“城市规划”分离开，并明确区分了建设用地规划许可证和乡村建设规划许可证的核发规定[①]，凸显了国家法律对城市和乡村分别实行的国有土地制度和集体土地制度二元城乡差异的重视。

第一节　集体土地制度影响下的城乡规划

一、城市扩张的巨大需求

随着城镇化进程的加快，城市建设用地迅速增加（图5-1）。随之而来的是城市扩张带来的用地矛盾日益尖锐，对农村集体建设用地[②]的需求不断增加。不少地方通过在乡村规划建设中大搞“迁并”、“并居”、“上楼”等，以求节约农村集体建设用地，满足城市发展需求，但是农地征用、失地农民安置引发的社会矛盾日趋凸显。城市急速扩展过程中如何合理利用集体土地成为政府亟待解决的难题。

---

①《中华人民共和国城乡规划法》第三十六、第三十七、第三十八、第三十九、第四十条均明确指出基于国有土地使用权的建设用地规划许可证核发规定。第四十一条指出，“在乡、村规划区内进行乡镇企业、乡村公共设施和公益事业建设的……核发乡村建设规划许可证”。

② 根据《中华人民共和国土地管理法》第四十三条，农村集体建设用地主要是指村民住宅、乡镇企业、乡（镇）村公共设施和公益事业用地。

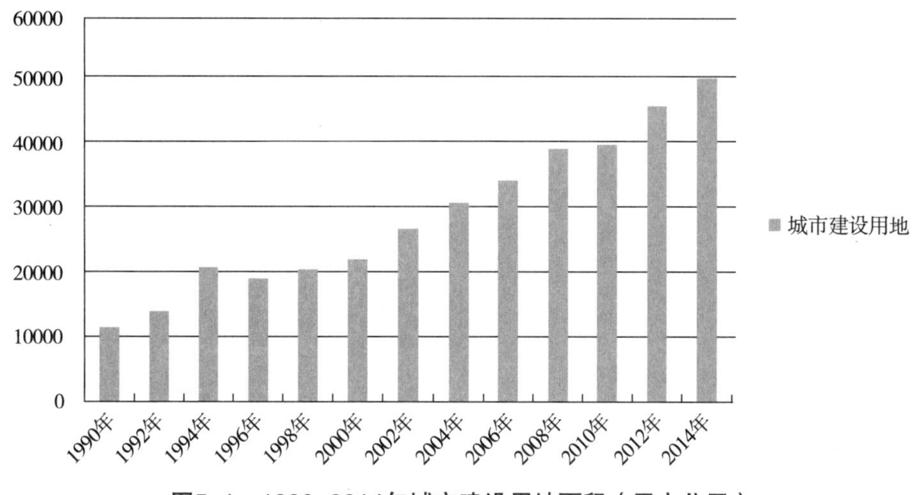

图5–1　1990~2014年城市建设用地面积（平方公里）

资料来源：根据《中国城乡建设统计年鉴（2015年）》绘制

二、乡村建设的严峻现实

近年来农村人口向城市转移和迁徙的速度加快。虽然每年约有900万农村人口转移到城市，但农村居民点用地呈现不减反增态势，土地低效闲置，浪费严重，乡村建设杂乱，管理薄弱，“空心村”现象日益突出，不利于新农村建设的有序推进（图4–4）。2015年，村庄用地总量为14.01万平方公里，是城市建设用地总量的2.7倍。①

三、城乡用地的松散“拼贴”

在城乡接合部地区，由于集体建设用地与国有土地不相衔接，“城中村”、“小产权房”等现象早已成为社会关注的热点问题，在城市近郊呈现“拼贴”现象，城市规划范围内形成众多集体土地的“飞地”。同时，供销社、粮库等国有用地也混杂在集体用地中，成为集体用地规划中的“天窗”。而且，由于城乡人口流动与土地流动不一致，过去只是城市近郊区呈现的局部“拼贴”现象如今已扩展到广大农村地区。城市社区出现多种产权用地并存的现象，而乡村社区造成大量土地闲置（图5–2）。在发达地区，这种现象愈加凸显。

① 中华人民共和国住房和城乡建设部. 中国城乡建设统计年鉴2015[M]. 北京：中国统计出版社，2016.

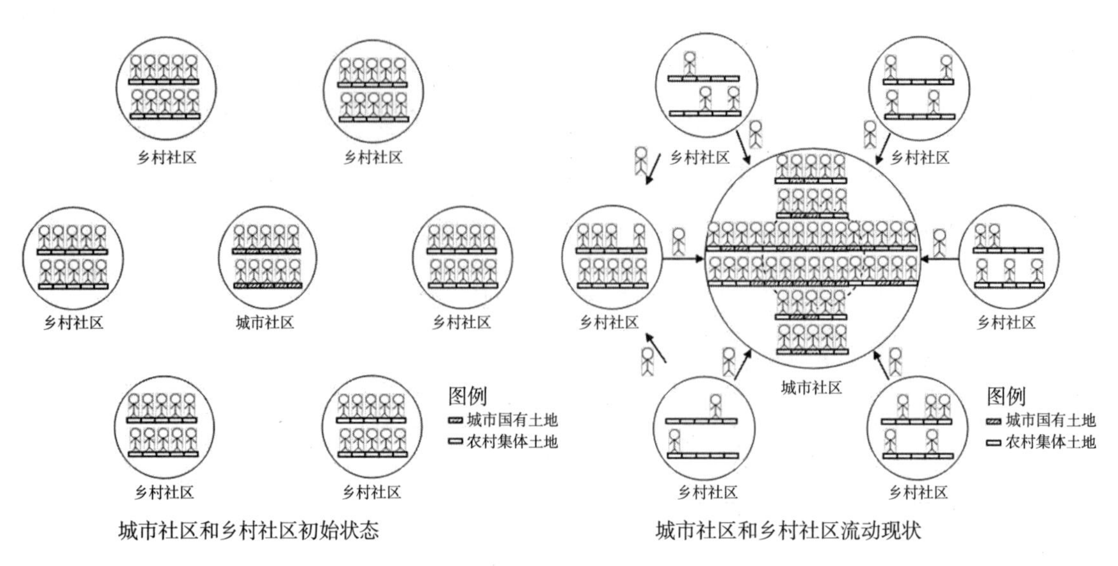

图5-2 城乡"人""地"要素流动现状示意图

第二节 农村集体土地制度下的乡村规划建设热点问题分析

近年来，"农民上楼"引发的社会事件频发，其核心焦点就是基于集体建设用地的城乡规划建设矛盾。

一、"农民上楼"的缘由——以"地"为起因

随着城市经济的飞速发展，国家严格控制的城市建设用地指标早已远远不能满足各个地方的城市扩张需要。正是在这种背景下，2004年10月，国务院颁布《关于深化改革土地管理的决定》，明确"鼓励农村建设用地整理，城镇建设用地增加要与农村建设用地减少相挂钩"，开始在各地试点城乡建设用地"增减挂钩"制度①，参与试点的省份达到24个。其总体目的明确：让农民上楼，节约出的宅基地复

① 按照《城乡建设用地增减挂钩试点管理办法》的规定，"增减挂钩"是指，"将拟整理复垦为耕地的农村建设用地地块（即拆旧地块）和拟用于城镇建设的地块（即建新地块）等面积共同组成建新拆旧项目区，在保证项目区内各类土地面积平衡的基础上，最终实现增加耕地有效面积，节约集约利用建设用地，城乡用地布局更合理的目标"。也就是将农村建设用地与城镇建设用地直接挂钩，若农村整理复垦建设用地增加了耕地，城镇可对应增加相应面积建设用地。通过增减挂钩获得的建设用地指标实行有偿供地所得的收益，"要用于项目区内农村和基础设施建设，并按照城市反哺农村、工业反哺农业的要求，优先用于支持农村集体发展生产和农民改善生活条件"。挂钩试点工作应以保护耕地、保障农民土地权益为出发点，以改善农村生产生活条件，统筹城乡发展为目标，以优化用地结构和节约集约用地为重点。

垦，换取城市建设用地指标。于是，全国各地农村出现了规模浩大的拆村运动[①]。

二、"农民上楼"的矛盾所在——对"人"的忽视

这一思路的本意是通过农民集中居住，节约出部分农村建设用地，置换到城镇使用。土地指标进入城市后价格提高，政府再利用土地出让金补贴农村建设。各地为获得更多土地收益而积极行动，但某些地方在执行过程中出现偏差。不少地方政府擅自扩大城乡建设用地"增减挂钩"试点的范围，甚至违背农民意愿强拆强建、大肆圈占农村集体土地，换取城镇建设用地的指标；但给予腾退土地的农民的补偿，不但标准偏低，而且未按政策所要求的将挂钩所产生的收益主要用于农业和农村发展，而是将增加的耕地面积直接置换成城市的建设用地指标进行开发，收益归政府支配。结果出现了片面追求建设用地指标、不考虑农村生计发展、不尊重农民意愿、不顾条件大拆大建、对农民补偿不到位的情况，甚至导致恶性的强拆事件。也就是违背农民意愿强行"撤村并居"，不少农民"被上楼"[②]、"被进城"。发生在农村的强拆愈演愈烈，在某些地方"增减挂钩"政策越界执行近乎失控，这场扩大化的"农民上楼"运动引起了国务院的关注[③]。

村民在"被上楼"过程中对村庄规划建设缺乏话语权和选择权，村集体的作用缺失，村集体和村民的利益也得不到有效保障。

三、"农民上楼"的焦点——"人""地"关系

在"被上楼"现象中出现被动局面的大部分源自政府"要地不要人"的搬迁策略，即要农村集体建设用地却忽视农民。在搬迁规划建设中，缺乏对农民、对土地保障功能的关注，忽视农民个体利益与集体利益以及国家利益的合理分配，而只关注于建设用地和建筑面积的置换，造成农民不仅无法从土地城乡置换的巨大差价中获得任何长期或者短期的利益，而且永远失去了土地，只是获得了用宅基地置换来的一套基于农村集体土地的不具备完整产权的楼房，造成失地失业而又不具有社会保障的农民再也难以回到乡土，从而彻底失去具有保障作用的土

---

① 资料来源于《南方周末》、《新京报》、新华网、百度网等。

② 根据百度百科中的词条解释，"被上楼"是指各地为了换取城镇建设用地指标，将农民的宅基地复垦来增加耕地，从而强迫农民搬出平房，搬上楼房住。

③ 2010年11月10日，温家宝总理主持国务院常务会议，就"规范农村土地整治和城乡建设用地增减挂钩试点"进行专门讨论，"规范"成为增减挂钩政策的主题词。

地，割断了农民与土地的固有联系。

总之，在“农民上楼”过程中，只关注了农村集体建设用地中的“地”，而忽视了与农村集体建设用地密不可分的“人”——农民。农村集体土地制度与城市国有土地有很大差异，其中最重要的就是“土地”与“人”的紧密联系。

第三节　基于制度分析的农村集体土地制度

农村集体土地制度中“土地”与“人”紧密相连，互为依附关系。农民依附于村集体，村集体又与集体土地相互依附，而土地又与社会保障相依附，形成了特有的“人”“地”关系，这是城市国有土地制度中不具备的特殊性质。当“土地”发生流转时，尤其是城乡间流转时，无论是乡村间，还是城乡间，都必然会涉及附着在其上的“人”的流动和相应的社会关系、社会利益和社会保障的变化。如果只是片面地流转了土地而不顾及人，容易带来社会问题。

一、“地”——城乡二元土地制度和市场体系

一方面，集体土地与国有土地的城乡二元土地制度和市场体系给土地的城乡统一配置、利用和规划造成障碍。我国现行的土地制度是20世纪80年代初实行农村经济体制改革时建立起来的，其特点是城乡产权分离[①]。国有土地产权清晰，可在市场正常流动，通过市场供需关系调节和平衡土地价格。相比之下，我国现行农村集体土地产权不清晰，所有权不具备自主性、完整性与自治性，它是一种残缺而且异化的所有权。法律虽规定农村土地归农民集体所有，但是它受国家对农村集体土地的管制权与征收征用权等国家公权力的过度控制，在一定程度上也制约了农村土地用益物权流转制度的发展[②]。同时，由于集体使用权受到流转的限制，土地价格无法建立在商品化、市场化的基础上，土地难以通过市场进行配置，从而增加了集约化经营的成本，给投融资制度的建立造成了障碍，也限制了城乡土地的统一规划和利用。

另一方面，农民个体的宅基地的所有权和使用权不明确，限制了资源流动和配置。我国农村集体土地产权是一种使用权与所有权相分离的制度安排。农村宅

---

① 根据《中华人民共和国土地管理法》第八条，“城市市区的土地属于国家所有。农村和城市郊区的土地，除由法律规定属于国家所有的以外，属于农民集体所有；宅基地和自留地、自留山，属于农民集体所有”。

② 杨代雄．农村集体土地所有权的程序建构及其限度——关于农村土地物权流转制度的前提性思考[J]．法学论坛，2010（1）．

基地使用权是指农村居民在集体所有的土地上建造住宅及其附属设施的权利。农民虽然对宅基地上的房屋拥有使用权和所有权，但是却对其必须附着的宅基地没有所有权。也就是说，房屋的所有权与其附着的宅基地所有权不统一。这种权利的不确定性为各类纠纷埋下隐患。也就是，村民虽然无偿获得宅基地使用权，但是也很容易被以集体的名义收回使用权。这就是宅基地权利屡被侵害的主要原因。在“被上楼”事件中，大多数农民都是用原有的宅基地置换为楼房中住房的使用权。在此过程中，农民个体的宅基地概念已经完全丧失，也无法还原（图5-3）。另外，对征地拆迁中的补偿标准也存在较大争议。现行农民宅基地具有明显的福利性质，其商品属性和财产属性未被法律确认，地方政府和房地产商利用这种产权缺陷，在给农民补偿时往往只考虑房屋价值，未充分考虑宅基地的财产价值，宅基地征用以后的级差收益数倍增加，但与原住集体组织成员无关，造成时常因补偿措施难以满足农民需求而引发纠纷。

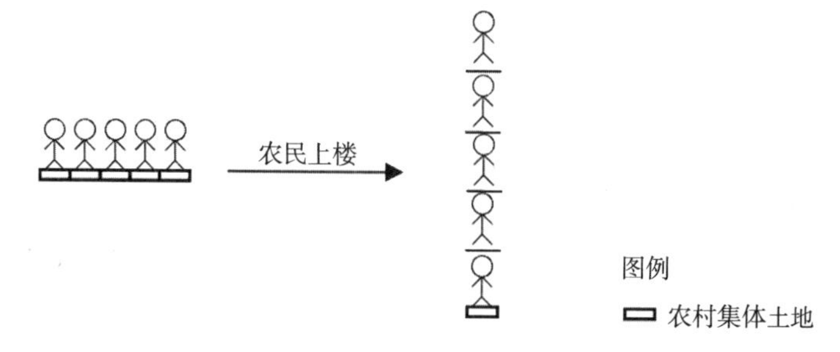

图5-3　“农民上楼”宅基地变化示意图

二、“人”——农民个体和双重代理身份下的村集体

集体土地制度中的核心词汇是“集体”。“集体”包括了诸多“个体”以及代表所有个体的“集体”。“个体”与“个体”之间，“个体”与“集体”之间的关系以及主体的多样和复杂造成利益的多元化。

（1）谁属于“集体”——集体经济组织成员及其权利

从物权共有关系看，我国农村的集体组织属于“总有”组织。所谓总有，即成员资格不固定的团体，以团体的名义享有的所有权；其基本特征是团体的成员身份相对确定但不固定，团体的成员因取得成员身份而自然享有权利，因丧失成员身份而自然丧失权利。自然人加入某一个成员资格不固定的团体时，对其他成员的现有财产权利必然有所损害，但是依总有的法理，其他成员却没有对新成员的加入行使否决的权利。随着城镇化进程的加快，自改革开放以来，我国农村人口跨区迁移不断增多，人口流动非常频繁，一个村、组范围内居住成员的身份日益复杂。集体成员的取得和丧失问题日益凸显。随着地价的提升，在以土地为主的农村集体资产收益分配中，农村集体经济组织新成员能否享有土地的权益，在经济比较发达地区已成为一个引发纠纷的突出问题。农村集体经济组织中享有土地收益分配权的成员资格确定，已成为当前集体土地产权管理中亟待解决的一个新的难点[①]。而当村庄合并形成新社区后，新的社区集体组织的确立也成为难点。

（2）谁代表“集体”——集体所有权主体的代表及其作用

按照《物权法》第60条的规定，土地属于村农民集体所有的，由村集体经济组织或村民委员会代表集体行使所有权，分别属于村内两个以上农民集体所有的，由村内各集体经济组织或者村民小组代表集体行使所有权。我国现行法律关于农民集体土地所有权主体的规定是明确的，但是对所有权主体的代表没有明确界定。从《村委会组织法》来看，村集体组织应是农村基层社区群众的自治性组织，其有义务维护村民的合法权益。村委会、集体经济组织等村社机构是农民集体的代表机关。前者是行政主体，后者是经济主体，其负责人是农民集体的法定代表人。依据民法的基本原理，作为代表机关，其成员的职务行为应当以实现集体的利益为目的，他们的行为代表了集体的行为。但是，事实并非如此简单。村集体组织的运作过程往往不能真正体现集体成员的意志[②]，村集体组织是村民自治组织，但由于需要协助乡镇政府开展工作，却很大程度上扮演了政府代理人的角色。它夹在上级政府与村民之间，具有了政府代表和农民代表的双重身份，存在双重代理的性质[③]。然而这种双重身份带来了下述的矛盾：不维护村民的利益，村集体会遭到村民的离弃；但如果不执行政府指派的工作和任务，村集体就面临失去来自正规组织所赋予的合法性和权威性，这种矛盾也构成了村集体行动的基本约束[④]。总之，由于村级基层组织代理人的缺位，村集体组织在乡村规划建设中大多并不能承担起代表农民利益进行谈判和公平分配土地收益的任务。

---

① 谭峻．我国集体土地产权制度存在的问题及应对之策[J]．农村经济，2010（4）．

② 杨代雄．农村集体土地所有权的程序建构及其限度——关于农村土地物权流转制度的前提性思考[J]．法学论坛，2010（1）．

③ 王培刚．当前农地征用中的利益主体博弈路径分析[J]．农业经济问题，2007（10）．

④ 王媛，贾生华．中国集体土地制度变迁与新一轮土地制度改革[J]．江苏社会科学，2011（3）．

三、"人""地"关系——乡村规划中的利益分配

城乡土地制度的这些差异，造成乡村规划与城市规划巨大的差异性和特殊性，决定了乡村规划在编制上应有别于城市，妥善处理"人""地"关系。

首先，乡村规划中需要调整的资源要素限制因素多。不仅基于农村集体土地制度的农业生产组织方式、农村生活方式、服务设施配套建设和服务的运作方式具有自身特点，而且由于"人"与"地"依附性强，流动性不统一，给规划中的土地利用调整带来困难（图5-4）。而乡村长远发展中所涉及的土地使用权流转、农民生计以及土地保障等问题更是乡村规划面临的挑战。其次，乡村规划中的利益分配因涉及多样的利益群体而使各方利益的诉求多元而复杂，包括个体与个体利益、个体与集体利益，以及集体与国家利益等各个方面。由于乡村土地的所有权属于集体，而使用、经营权又分散到每家每户，利益主体多元，这就使得规划编制既要考虑村集体的长远发展，又要保障每一户村民的利益，同时还要协调政府及开发商的利益，能否协调好利益群体之间的关系成为乡村规划能否实施的重要前提。再有，主导利益分配的乡村规划编制主体不清，与城市有着巨大的差别。城市规划的编制主体是城市政府，由政府组织编制；乡村规划的编制主体本应是农村土地的所有者——村集体，但大部分村集体缺乏主动组织编制规划的动力。即使是由上级政府组织进行规划编制，但是由于主体代表不清，其主体地位仍然难以得到体现。

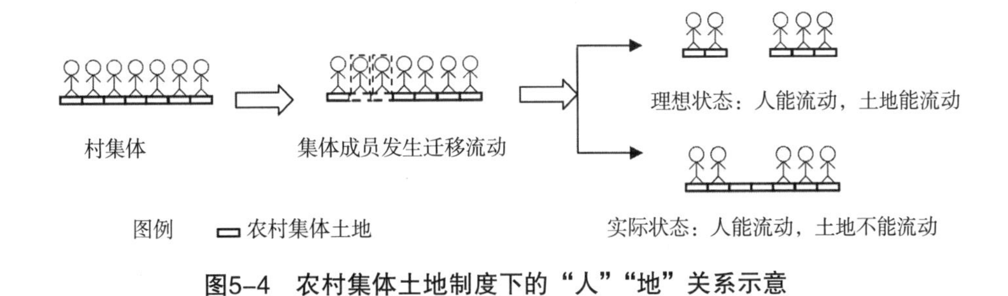

图5-4　农村集体土地制度下的"人""地"关系示意

第四节　农村集体土地制度的变革需求和规划对策建议

城乡规划的实质是对以土地利用为核心的空间资源及其隐喻利益的一次再分配过程。城镇化加速时期，集体建设用地在城乡间再分配已演变各方的利益博弈[①]。

---

① 王勇，李广斌. 苏南乡村聚落功能三次转型及其空间形态重构——以苏州为例[J]. 城市规划，2011（7）.

应顺应农村集体土地制度的变革需求，完善有利于城乡和谐发展和有序流动的政策措施，制定有利于城乡建设健康发展的规划对策。

一、积极推进产权明晰的农村集体土地制度改革

从乡村规划的作用对象看，明晰产权关系是集体土地制度改革的最根本、最基础的工作①，也是乡村规划的前提条件。新一轮土地改革路径以确权为始点，以流转来放活，最终实现土地市场化交易。

首先，产权明确有利于降低土地资源流转的交易成本，有利于促进城乡间各项资源要素的流动，城乡规划可以充分发挥其统筹调配城乡资源的作用。其次，产权的界定有利于明确乡村规划中的各项用地，包括农民宅基地、公共设施以及产业设施用地等集体用地，增强规划的可操作性。再有，产权明晰有助于乡村规划的公众参与。当一个人没有明确、稳定、独享的财产需要保护时，就会缺乏参与政治进程的动力。拥有了个人产权的农民在与各方进行利益博弈时，也就拥有了作为平等主体讨价还价的能力，并具备了对拥有公共权利的各级政府进行有效制衡的条件，这时，农民才有了真正参与乡村规划的动力和权力。

二、建立体现农民自主地位的乡村治理结构

完善有效的乡村治理结构是构建农村社会和谐稳定的基石，是乡村规划建设的重要保障。

一方面，需要逐步完善基于村民自治的乡村治理结构。《中华人民共和国村民委员会组织法》中规定，村民自治是指农民通过自治组织依法办理与村民利益相关的村内公共事务，从而实现村民的自我管理、自我教育和自我服务。村民自治的主体是农村社区的居民，客体是农村社区的公共产品。建立村民自治模式的出发点就是为了更好地提供农村社区的公共产品。乡村规划作为公共产品的重要组成部分，与村民利益密切相关，理顺乡村社区的权利体系是促进乡村建设的有效机制。

另一方面，随着撤村并点进程的日益加快，完善新型乡村社区的社会建设迫在眉睫。村民自治制度是建立在集体经济组织基础上的。当若干村庄合并后，新型乡村社区建立，会出现集体经济组织中的“经济”组织与社区组织中的“社会”

① 王媛，贾生华. 中国集体土地制度变迁与新一轮土地制度改革[J]. 江苏社会科学，2011（3）.

组织不一致性的情况，因此，新型农村社区需要探索建立与之相适应的新型社会治理结构。

三、构建适应新型城乡关系的乡村规划利益共同体

需要构建一个围绕土地的利益共同体，树立城乡统筹视野下的利益分配格局，创新利益分配方式。

首先，提倡参与式发展和治理，通过促进各项要素的有序流动来重构乡村空间。充分尊重集体土地所有权与农村的土地发展权，让农村享受农地非农化所带来的巨大收益，促进要素的合理流动。针对集体土地制度中“人”“地”关系特点，既关注地，也关注人。在农村集体土地所有权、土地承包经营权、宅基地使用权、集体建设用地使用权确权的基础上，积极推动土地流动，为农民迁移提供更大的自由空间。通过产业规划引导农村生计的持续发展。在各项要素有序流动的基础上，通过规划空间布局和空间管制引导乡村节约用地，促进城乡空间的健康协调发展（图5-5）。

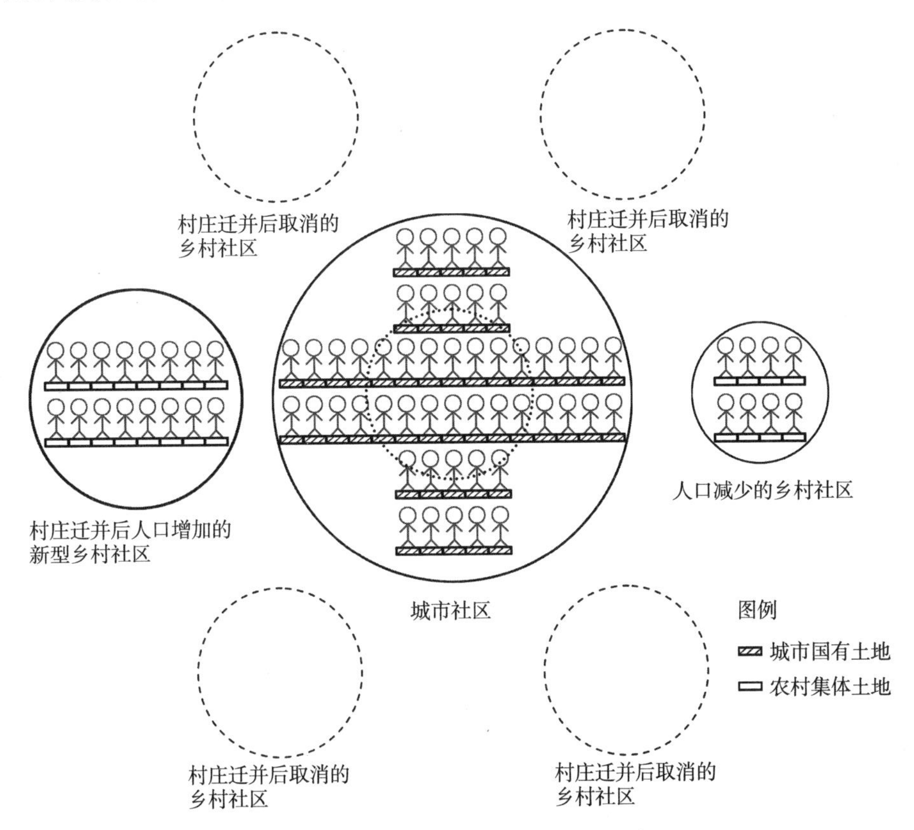

图5-5　城乡“人”“地”要素流动示意图

其次，关注多元群体权益的保护，构建围绕土地的利益共同体。土地资源配置的本质是权利的分割、分配与交易，要分析开发过程中土地使用所蕴含的社会利益关系，因为土地使用关系的任何改变都意味着社会利益的再调整。市场经济下的土地利用除要保障城市空间资源的分配效率外，更应保护社会各个群体的合法财产权益，让“政府—市民—农民—开发商”等共同享受农地转用所带来的收益[①]。同时，也要充分重视个体利益与集体利益的分配。

再有，明确乡村规划编制主体，重视公众参与，使之成为程序性的制度设计。一方面，通过明晰产权、增强集体经济活力等方面加强村集体编制规划的主动性。另一方面，通过公众参与这一程序性的制度设计来实现各方利益的均衡，以便处理好村集体与农民个体的关系，以及村集体与上级政府之间的关系，并促进公正合理地处理乡村规划中各方利益的划分与分配。

小结

城市化加速时期，城乡空间格局发生巨变，城乡规划面临“重构”。一方面应重视基于农村集体土地制度的乡村规划问题，积极推进产权明晰的农村集体土地制度改革，努力构建体现农村自主地位的乡村治理结构，为乡村规划打下良好基础；另一方面，更应重视新的城乡关系下城乡空间的发展特征，构建适应新型城乡关系的乡村规划利益共同体，促进城乡互动共赢发展格局的建立。随着农村集体土地制度改革的不断推进，城乡土地市场的变革将会进一步深刻地影响城乡规划。

① 魏立华，袁奇峰. 土地紧缩政策背景下土地利用问题研究述评——基于城市规划学科的视角[J]. 城市问题，2008（5）.

第6章 农村土地用途管制和用地类型划分

土地是最重要的生产要素之一。党的十八届三中全会通过的《中共中央关于全面深化改革若干重大问题的决定》提出建立城乡统一的建设用地市场，“在符合规划和用途管制前提下，允许农村集体经营性建设用地出让、租赁、入股，实行与国有土地同等入市、同权同价”。明确了深化农村土地制度改革的方向、重点和要求，对于缓解城乡建设用地供需矛盾、优化城乡建设用地格局、提高城乡建设用地利用水平、促进城乡统筹发展，都将产生广泛而深远的影响。

现有规划和用途管制是否能够适应现代农业发展和农村社会经济转型的需要？农村集体经营性建设用地如何规划？这些都是值得深入探讨的问题。

第一节 乡村规划面临的土地利用困境

一、建设用地和非建设用地的用途管制不明确

首先，当前乡村规划大多重“点”的规划，轻“域”的规划，对全域各类土地使用的空间范围界定不清，与土地规划衔接不够，用途管制不明确，对非建设用地的空间发展引导不足，导致规划难以有效指导乡村发展。乡村地区是落实“三农”问题的重要载体，尤其是与农业发展息息相关。但是当前的空间布局规划大多只是将重点放在镇区、乡政府驻地和村庄居民点的规划，关于农业发展、农业生产方式及设施布局的内容却非常薄弱。而随着现代农业的发展，工厂化作物栽培、畜禽养殖、农产品存贮销售、休闲农业等新型农业产业形式出现巨大的发展需求。但是，多种形式的以发展现代农业之名的“农业”，造成了大量耕地变为建设用地，增大了耕地保护的难度。单纯以地面硬化程度来对农用地进行管制已难以奏效，一方面不能有效保护耕地，另一方面也会制约现代农业的

进一步发展。[①]

其次，乡村规划大多重空间城镇化、轻乡村生态保育。以城市的四区划定、三废环保标准简单套入乡村规划，对具有农村地区鲜明特征的农业生态本底，适宜农村地区的低成本、低冲击生态规划建设内容考虑很少；对生态底线分析不充分；对历史文化遗产保护，传统文化的挖掘、保护与传承关注不足；忽视农村地区传统文化特色、乡村自然景观等特色要素的传承。

二、农村集体建设用地的类型划分不明确

目前，村庄规划大多参考城市规划方法，按照居住用地、公共设施用地、道路广场用地、工业用地等进行用地类型划分与规划，并根据空间布局的合理性要求与现有用地进行调整。但是，这些土地中哪些属于村民个体使用支配，哪些属于村集体使用支配，公共空间如何界定，空闲地如何使用，工业用地使用期限是否限定，都缺乏细致的土地权属分析，未能提出相关规定予以指导。由于规划未能充分考虑到农村集体建设用地使用权与所有权的特殊性，宅基地纠纷、村民个体随意侵占公共空间私搭乱建、空闲地闲置等诸多情况时有发生，影响乡村规划的实施。

其次，农村集体经营性建设用地划分不明确。目前的乡村规划仍然沿用城市规划办法，大多笼统按照居住、公共设施、道路广场、工业等性质划分用地，无法体现经营性建设用地的实质内容。乡村地区的公共设施包括哪些，哪些是政府提供的公益性服务内容，哪些是市场提供的服务性内容，尤其是与现代农业发展相适应的农业生产性服务方面的内容尚不明确。

第二节　农村土地特征对乡村规划的影响

一、农村地区土地用途的多元特征

一方面，“两规”[②]衔接成为乡村规划的关键问题。《城乡规划法》的修订强调了对镇、乡、村规划的重视，将“乡规划”、“村庄规划”与“镇规划”和“城市规划”分离开。但是，长期以来按照城市规划理论进行的乡村规划仍然与农村地区发展不相适应。其根本原因在于城市与乡村发展基于不同的产业构成。作为农

① 赵庆利. 现代农业背景下的农地管理[J]. 中国土地，2010（7）.

② “两规”指城乡规划和土地利用规划。

业大国，以农业为主要产业基础的乡、村的生产生活与土地这一农业生产要素紧密关联，乡村规划也必然会涉及农用地和建设用地两部分用地，而不仅仅局限于建设用地。城市规划大多是在已经划定的大范围规划建设区内进行规划，边界明确且规整，而乡村规划面对的是农用地与建设用地交错的规划基底，根据土地用途管制的要求，必须与土地利用规划紧密关联（图6–1）。作为我国粮食安全保证和生态环境保护的重要基础，农用地受到耕地红线和生态底线的严格管控。由于我国目前“两规”分别由住房和城乡建设部及国土资源部主管，在具体编制、审批、实施和管理中“两规”之间的矛盾和冲突比较突出，且一直没有很好地解决。[①]虽然近年来部分地方进行了规划国土的部门合并以及开展“两规合一”的工作，但是无论是国家标准，还是地方标准，城乡规划与土地利用规划还不能相统一，用地分类标准不一，造成规划的诸多矛盾与问题。

另一方面，现代农业的发展对乡村规划和土地管制提出了新的要求。现代农业是未来乡村发展的重要产业。农业与不同产业之间交叉渗透、融合发展，形成加工农业、旅游农业、生物农业等新型产业业态。随着农业产业链的延伸，农业生产性服务业涵盖农业产前、产中和产后全过程，包括良种服务、新型农技服务、农资连锁经营、农机作业服务、信息服务、金融服务和农产品加工、物流等诸多方面。农产品市场信息服务、高端市场营销服务、储藏保鲜服务、冷链物流服务、农产品质量检验检测服务等新兴农业生产性服务面临空前发展机遇，也对乡村规划提出新的要求。当前，地方的普遍做法是将农业生产及辅助设施、水产养殖、畜禽养殖、工厂化作物栽培、农产品贮存销售、观光农业、休闲旅游农业等都纳入现代农业发展的范畴。现行政策规定，除了农业附属设施的管理和生活用房等永久性建筑物的用地，须依法办理农用地转用审批手续、按照建设用地管理外，凡未使用建筑材料硬化地面、

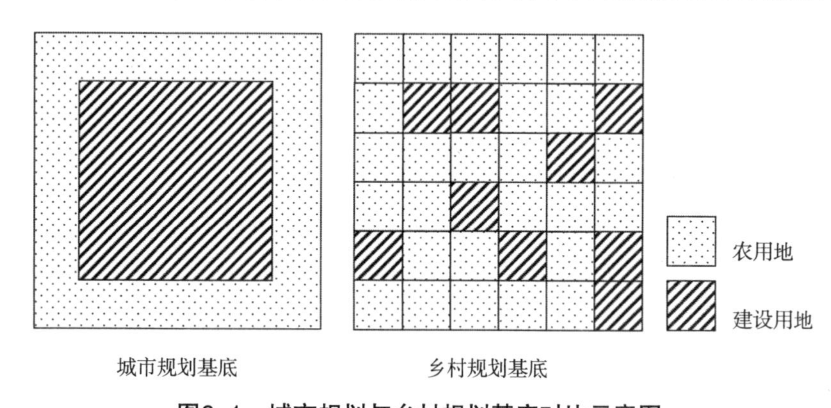

图6–1　城市规划与乡村规划基底对比示意图

① 张亚丽等. 基于规划协调的乡镇土地利用统一分类研究[J]. 地域研究与开发，2011（5）.

或虽使用建筑材料但未破坏土地并易于复垦的畜禽舍、温室大棚和附属绿化隔离带等用地，以及农村道路、农田水利用地，均可作为设施农用地办理用地手续。[①]但从目前实际情况看，随着现代农业发展的客观需求越来越高，单纯以地面硬化程度来对农用地进行管制面临很大困难，对以发展现代农业为名的项目用地合法性难以界定。各地往往为了加快现代农业发展而将硬化了地面的农业基础设施或修建的永久性建筑物等按照设施农用地办理用地手续，并且仍将农业结构调整占用耕地按照原地类统计，造成建设用地规模隐性扩大，实际耕地隐性减少，严重威胁了耕地红线。同时，农用地管理制度尚缺乏对现代农业发展用地范围、生产设施用地和附属设施用地的规模、比例，以及审核、监管程序的明确规定，导致此类用地难以监管和规范，也给一些地方借发展现代农业之名圈占土地进行其他非农经营带来可乘之机。[②]

针对现代农业发展的要求，中央提出要“研究制定支持农产品加工流通设施建设的用地政策”[③]，同时，粮食安全又要求国家对耕地保持最严格的土地控制。如何在同时满足两个方面要求的基础上落实乡村规划和土地用途管制是亟待解决的重要问题。

二、集体建设用地类型的多元特征

农村集体建设用地包括“农村集体经营性建设用地”和“农村集体非经营性建设用地”。但是，在各项规定中，尤其是在乡村规划相关标准中尚未与之相对应。《城乡规划法》中规定，在乡、村庄规划内进行乡镇企业、乡村公共设施和公益事业建设及农村村民住宅建设，不得占用农用地。因此，可将农村集体建设用地划分为农村居民宅基地、乡镇企业用地和公共公益事业建设用地[④]（图6-2）。乡镇企业用地可以被认为是“农村集体经营性建设用地”。那么，如何界定乡镇企业用地？如果不对乡镇企业用地加以界定和控制，就会出现乡镇企业用地无限制地增加然后转化为集体经营性建设用地的局面。在农村集体经营性建设用地可以入市的政策背景下如何保障公共公益事业建设用地需求？

近年来，城市规划不断完善和发展，逐渐适应由计划经济向市场经济的转变，计划经济条件下传统意义的公共服务设施不断细化为公益性和商业性公共服务设

① 国土资源部关于促进农业稳定发展农民持续增收推动城乡统筹发展的若干意见（国土资发[2009]27号）.

② 赵庆利. 现代农业背景下的农地管理[J]. 中国土地，2010（7）：59.

③ 中共中央、国务院《关于加快推进农业科技创新持续增强农产品供给保障能力的若干意见》（2012年中央一号文件）.

④ 陈锡文等. 中国农村制度变迁60年[M]. 北京：人民出版社，2009.

施。在修订后的《城市用地分类与规划建设用地标准》（GB50137-2011）中，已将公共服务设施划分为A、B两大类，其中A类为公共管理与公共服务设施用地，包括行政、文化、教育、卫生等机构和设施的用地，是指政府控制以保障基础民生需求的服务设施，一般为非营利的公益性设施用地。B类为商业服务业设施用地，包括商业、商务、娱乐康体等设施用地，是指主要通过市场配置的服务设施，包括政府独立投资或合资投资的设施（如剧院、音乐厅等）用地。可见，通过用地分类的细化，在城市规划中已较为明确地划分出公益性与商业性设施用地，以便与社会经济发展相适应。

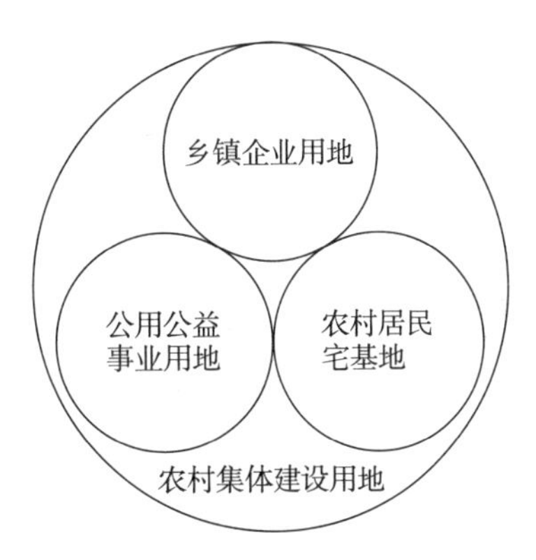

图6-2　农村集体建设用地构成

在乡村规划中，现行的《镇规划标准》（GB50188-2007）中，仍沿用C类公共设施用地的用地标准，包括行政管理用地、教育机构用地、文体科技用地、医疗保健用地、商业金融用地和集贸市场用地。在M类生产设施用地中分为一类、二类、三类工业用地和农业服务设施用地。其中M4为农业服务设施用地，指各类农产品加工和服务设施用地，不包括农业生产建筑用地。可以看出，尚未对公益性与商业性用地做出明确划分。在2014年起开始实行的北京市地方标准《城乡规划用地分类标准》（DB11/996-2013）中，规定C2为村庄公共服务设施用地，指为村庄提供基本公共服务的设施用地，包括村务管理、文化、教育、体育、医疗等设施用地，以及农机站、兽医站、农具存放处等农业生产设施用地。C3为村庄产业用地，指村集体用于生产经营的各类建设用地，包括小超市、小卖部和小饭馆等配套商业用地，村庄信用、保险、集贸市场、旅游服务设施等村庄商业服务业设施用地，以及村庄独立设置的生产设施与物资中转仓库、专业收购和存储建筑、堆场等设施用地。后者中“村庄产业用地”虽然与乡镇企业用地有所不同，但对于更好地界定“农村集体经营性建设用地”进行了有益的尝试。

第三节　农村土地特征影响下的乡村规划应对

一、加强对农地的用途管控，实现建设用地与非建设用地的统筹布局

第一，加强管控，推进“两规”合一，维持乡村良好生态环境，保障耕地红线和生态底线。依托镇、乡、村的资源条件类型和生态环境建设目标，控制和引

导各种资源（如土地、山林、水体和景观等）的利用方式和强度，建立可持续发展的空间管制规划。根据生态环境、资源利用、公共安全等基础条件划定生态空间，确定相关生态环境、土地和水资源、能源、自然与文化遗产等方面的保护与利用目标和要求，综合分析用地条件划定镇、乡、村域内禁建区、限建区和适建区的范围，提出镇、乡、村域空间管制原则和措施。

第二，依托镇、乡、村的区位环境条件、地域内的土地资源条件和适宜的农业生产方式，进行生产型、生产服务型和服务型农业用地空间配置的土地利用规划。承担不同农业不同功能的功能区具有各自的空间布局特点。生产型农业用地，主要承担农业生产活动，强调生产功能，根据土壤条件等自然因素，可分为林地、耕地、园地（花卉苗圃、经济作物）、设施农业用地（工厂化作物栽培、养殖用畜禽舍、水产养殖生产设施用地）等；在生产服务型用地中，如农产品加工制作和仓储物流区域，从事与农业生产活动相关的非农业生产活动，产后服务，包括农产品包装、加工、冷藏、储存、运输等内容，用地以建设用地为主。服务型用地中，如科普展览和休闲农庄区域，自然景观与人工景观相结合，注重空间景观特色塑造，突出自然景观与人工景观相结合，呈现农用地与建设用地复合使用的特点。因此，需要在规划中合理布局各类用地。

第三，加强引导，建立与现代农业相适应的用地分类标准。现代农业是转变经济发展方式的重大任务。从传统农业向现代农业转变是农业发展的必由之路。通过土地流转实现适度规模经营，提高农民组织化程度和农业社会化程度的服务水平是发展方向。应积极探索针对现代农业发展需要的农产品加工、物流、仓储、农机具维修等公共生产性服务设施，以及休闲农业等的配套服务设施布局和指标。一是现代农业发展用地的范围应当予以界定。温室大棚、畜禽舍、简易看护房、农资仓库等直接生产设施和附属设施属于现代农业发展用地范围，应按设施农用地办理手续。但以农业为依托兴建的拥有餐饮、住宿、大型停车场、会议场所等的农业观光、休闲、旅游园区则不能列入农用地范围，应严格按照建设用地审批手续办理。二是现代农业生产设施和附属设施用地的规模、比例应当予以规定。对各类农业设施特别是附属设施的规模及其占项目用地的比例制定控制性标准，并根据不同地区农业发展的类型和特点做出指导性规定。①

① 赵庆利．现代农业背景下的农地管理[J]．中国土地，2010（7）.

二、明确建设用地类型划分，处理好农村集体经营性与非经营性建设用地的关系

第一，尽快明晰农村集体建设用地各项产权，在乡村规划中加强对集体建设用地权属的现状分析，增强规划的可实施性。产权的界定有利于明确乡村规划中各项用地的现状情况，包括农民宅基地、公共公益设施及乡镇企业用地等集体用地，提升规划的可操作性。同时，通过明确村庄中农民宅基地用地范围，有助于界定村庄公共空间和空闲地范围。公共空间是农村社区的重要场所，是农村居民日常娱乐休闲、人际交往和节日集会等活动的空间，有利于增强村民的集体感、参与感与归属感。空闲地的大量存在不仅浪费了土地，也由于缺乏管理造成环境脏乱。一方面，通过基于产权界定基础上的规划管制，防止出现村民通过私搭乱建随意侵占公共空间的情况；另一方面，通过规划建设，合理利用公共空间和空闲地，提升和优化村庄空间格局与品质，提高土地利用效率，不断改善人居环境。

第二，完善与经营性、非经营性建设用地相对应的乡村规划用地分类标准。在城乡公共服务设施均等化进程加快的背景下，乡村地区的教育、医疗卫生、文化体育公共生活性服务设施有了长足发展，在相关规划标准中日益有所体现。而公共生产性服务体系的健全是农业发展的必要条件，随着各级农业技术推广、动植物疫病防控、农产品质量监管等公共服务机构的不断增多，需要建立与农业公共生产性服务体系相适应的规划标准，并与生活性服务设施一起构成乡村地区公共公益事业用地体系，以更加明确农村集体经营性建设用地的范畴。在不增加农村集体建设用地总量、保障村民宅基地和公共公益设施用地需求的基础上，积极推进农村集体经营性建设用地的规划与流转，促进集体建设用地的高效和集约利用，以实现农村地区建设的健康发展。

小结

城乡规划的实质是对以土地利用为核心的空间资源的一次再分配过程。土地利用格局是社会经济活动需求在空间上的反映。新形势下的乡村规划，应顺应我国农村地区发展的切实需要，尤其要与农村土地特征相适应，与现代农业发展的需要相适应。要处理好建设用地和非建设用地关系，以及农村集体用地中经营性建设用地与非经营性用地的关系，系统地完善乡村地区的空间布局规划。只有这样，才能既保证我国的耕地红线和生态底线，又能推进农村再次焕发出新的活力，促进乡村地区的持续发展。

第7章　人地关系的探索——新型农村社区

我国已经进入城镇化快速发展时期，城镇化水平超过50%。全面加快城镇化步伐，已经成为经济结构战略性调整的关键环节之一，也是全面建成小康社会的重要基础。新型农村社区正是在近年来这一背景下迅速发展的，针对村庄目前存在的过度分散、土地利用不集约、不能适应城镇化发展等矛盾和问题，各地不断探索以城乡统筹为目标的新型农村社区建设模式，对现有农村居民点加以整合，以促进城镇化的健康发展。"以中心村为核心，以农村住房建设和危房改造为契机，实现农村社区建设全覆盖；以新型农村社区建设为抓手，积极稳妥推进迁村并点，促进土地节约、资源共享，提高农村的基础设施和公共服务水平"；"逐步实现农村基础设施城镇化、生活服务社区化、生活方式市民化" ①新型农村社区，既有别于传统的农村居民点，又不同于城市社区，它是由若干村庄合并在一起或由某个行政村为主，统一规划、统一建设而形成的新型社区。新型农村社区建设，以节约土地，提高土地生产效率为动力，实现集约化经营为主导，提高农民生活水平为目标，营造一种新的社会生活形态。

第一节　新型农村社区建设的核心问题

一、农村居民点的变动与农业生产方式紧密相关

农业经营方式的转变和产业模式的转变会推动新型农村社区的建设。1978年改革开放以来确定的农村家庭联产承包责任制，在当时大大提高了农民的积极性，粮食连年大丰收。但是，随着农业现代化的发展，现行的土地制度逐渐表现

---

① 《中共山东省委山东省人民政府关于大力推进新型城镇化的意见》，2009.

出其固有的传统农业性质和计划经济的痕迹，在某种程度上开始制约农业和农村的长远发展。[①]比如，容易造成小而分散的农田经营情况，无法形成规模经营，也导致集体难以统一布局、耕作和提供服务，甚至难以改造农田基础设施。随着农业产业化和现代化进程的加快，农地经营方式和农业生产方式也不断发生变化。如果农地经营仍是分散经营，居民点也必然与之相适应；如果农地实现规模经营，或者已经实现产业转型，土地的集中或者农民主要收入不再依附于土地，必然会引发农村居民点的重组，推动新型农村社区的建设，以适应新的生产方式。

二、新型农村社区建设与农村集体土地制度紧密相连

与城市土地属国有建设用地不同，农村土地属集体所有。农村土地包括建设用地、农用地和其他用地。

首先，农村集体土地问题的复杂性，突出表现为集体土地所有权和使用权的分离。对于集体来说，虽然拥有所有权，但是必须将土地按政策分给每个农户，所有权在经济上没有得到体现，从而使集体的所有制观念和统一管理的职能被弱化。对农户来说，虽然拥有使用权，但承包权的不稳定使其从事农业的积极性大大降低：一方面，希望进一步扩大经营规模的农民难以在公平、公正、公开的条件下获得土地，即使获得了土地也由于产权问题无法进行长远的投资；另一方面，想另择他业的农民也无法在确保自己利益的前提下，自主转让土地权益。这种矛盾的长期存在，将制约农村经济的发展，加剧农民与土地联结的惯性，使得农村的兼业化现象长期存在。同时，农村社区建设中宅基地置换难的问题、缺乏过渡建设用地的问题，都与此相关。

其次，农村土地问题的复杂性还表现在各项用地所承载的社会功能上。例如，宅基地不仅承载了农民的居住功能，某种程度上，农村宅基地上产生的庭院经济也承载了一部分社会保障的功能；对于承包地来说就更为复杂，不仅承载了农民就业功能，还承载了其生存保障及其他社会保障。这些因素需要在新型农村社区建设中给予认真考虑。

因此，必须慎重对待新型农村社区建设中的土地问题，有两个核心的基本要求：节约利用土地资源和土地置换中的村民搬迁“无缝”过渡。前者是建设新型农村社区的目标之一，而后者关系到建设的顺利实施。无论各地开展何种形式的新型农村社区建设，必然要先占用一部分土地资源，村民迁居后再通过原宅基地

① 朱静怡. 农村社区规划建设研究——以无锡锡山区为例[D]. 东南大学硕士学位论文. 2006.

复垦补偿先前占用的土地资源。换言之，新型农村社区的建设用地都是通过置换得来的，虽然各地土地置换的流程不尽相同，但大体思路一致：先占后补，占补平衡，增减挂钩。①

第二节 新型农村社区建设实践

一、四川省成都市——“拆院并院”

为了缓解城市发展用地需求的压力，同时提高农村土地使用的合理性和有效性，在保障农民权益，尊重自然，尊重人文，尊重科学的前提下，成都市以“拆院并院”带动村民向中心村集中，村民向中心村集中带动土地向规模经营集中，土地向规模经营集中带动产业发展，产业发展带动新农村建设的产业支撑。而其复垦的土地原则上不再分散到户，而是由村社集体经济组织统一管理、统一招商或统一发包，开展农用地规模经营。通过发展产业，拓展农民稳定收入的渠道，农民以土地经营权入股的方式，成为公司股东，参与公司经营管理，并享受公司的收益分红。

成都市在以“拆院并院”推进新型农村社区建设中，依据土地利用总体规划，将拟复垦、整理为耕地的集体建设用地（即拆旧地块）和拟用于城镇建设的地块（即建新地块）共同组成拆旧建新项目区，通过拆旧建新和土地复垦、整理，最终实现项目区内建设用地总量不增加，耕地面积不减少、质量不降低，并使用地布局更合理。

据统计，成都市农民宅基地占地120万亩左右，人均占用土地150㎡，通过实施综合整理和拆院并院，农民适当集中居住，可腾出约50万亩土地。

在推进村民集中居住的过程中，成都市因地制宜，采用多种安置方式供村民选择。如双流县鼓励“拆旧建新”项目区农民根据自身经济状况、从业状况，自愿选择购买商品房、统建集中安置和自建集中安置的方式，引导分层次向城市、城镇和中心村集中，促进向非农产业转移（图7–1）。

成都市“拆院并院”的做法要点包括：设置拆旧建新项目区，把增减挂钩指标限定在一定范围内流转，这一点是与《城乡建设用地增减挂钩试点管理办法》

---

① 新型农村社区建设实践案例介绍部分根据网络资料整理。其中四川省成都市“拆院并院”资料来自http://www.zgkjcy.com/qknews.asp?new_id=3842和http://baike.baidu.com/view/4164451.htm；江苏省江阴市新桥镇资料来自http://www.mlr.gov.cn/xwdt/jrxw/200507/t20050729_69283.htm；浙江省嘉兴市“两分两换”资料来自http://mall.cnki.net/magazine/article/CYYT201103027.htm；天津市华明镇资料来自于内部资料。

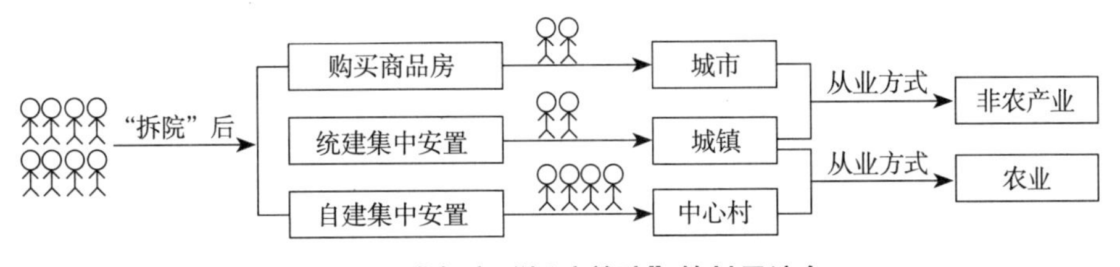

图7-1　成都市"拆院并院"的村民流向

的要求相契合的；原宅基地复垦后，并没有分散到户，而是由村集体统一管理，这就为土地适度规模经营创造了必要的基础条件；此外，"拆旧"形成的建筑垃圾用于铺平田间道路，体现了资源节约利用；低保户由集体出资建设安置房，体现了对弱势群体的照顾。这些做法对其他地区具有一定的借鉴意义。

其积极作用在于，通过"拆院并院"，从空间上优化土地功能布局，土地利用效率得到大大提升，促进了农业的现代化经营和城市化进程，农村经济得到飞跃式发展，实施"拆院并院"后的农村地区主要着力于发展本地的特色农业、规模农业及旅游业；与此同时，通过配套实施农民集中居住，农村居住环境得到显著改善，农民的生活品质得到明显提升；此外，城乡社保和其他社会保障体系逐步实现全面覆盖。

但是在实施过程中也暴露出一些不足之处。一方面，宅基地复垦后，虽然规划由村集体统一管理、统一招商、统一发包，用于规模化经营，但由于项目实施初期规模经营并没有实现，容易造成复垦土地暂时无法带来经济效益。甚至有些地区把复垦的耕地重新分给农户，依然摆脱不了小农经济的制约。另一方面，"拆院并院"工作要求先拆后建，这需要很长的一个过渡阶段，农民需要到处投亲靠友，或者住在临时搭建的棚屋里，导致其生活条件相对艰苦。此外，在项目实施后，如不能在一定时段内发挥土地流转所带来的优势，发展特色产业、形成支柱产业增加当地群众收入，群众虽体会到了生活方式改变带来的便利，但因支出增加、耕作距离变远、新建房屋的支出、物价上涨与没有改变的收入所形成的反差，将会改变他们对"拆院并院"的看法，并引发对引导项目实施的基层政府的抱怨。

二、江苏省苏南地区——"三集中"

改革开放以来，苏南地区由于乡镇企业发达，工业化进程发展较快，经济也得到了迅速发展。在此期间，苏南农村经济社会发展先后经历了三次历史性跨越。第一次跨越，是改革开放后推动城乡工业化进程，形成了"苏南模式"；20世

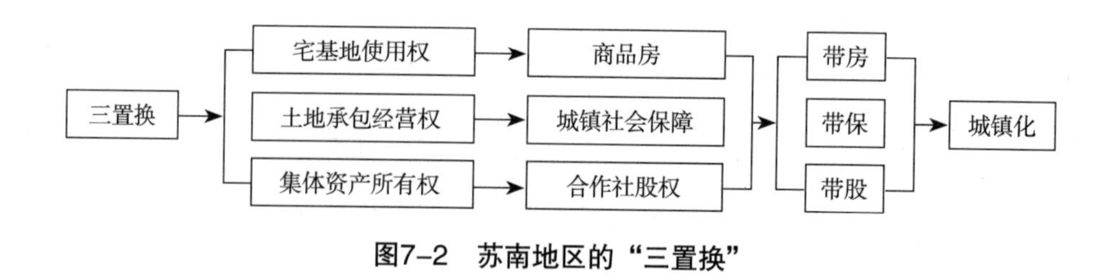

图7–2 苏南地区的"三置换"

纪90年代苏南大力发展外向型经济，带动苏南农村实现了第二次跨越，经济发展的质量、速度令人瞩目；近年，苏南地区通过"三置换"和"三集中"使苏南城乡一体化发展迎来新的跨越（图7–2）。

三次跨越表现在乡村空间演化上，则分别是20世纪80年代的"工业生产+农业生产+生活居住"三位一体，20世纪90年代的"工业向工业园区集中"，近年来的"三集中"。

苏南地区农村由此率先迈出了农民集中安置的步伐。结合各自实际，主要通过以下三种方式引导农民集中居住。第一种，建设拆迁安置点。主要针对离城市距离比较近的农村地区。采用面积补差价的方法把农民安置在城市近郊或城区的拆迁户定向销售房，按原有面积换算可换取定向销售房相同的面积，如需要购买面积较大的房屋，只需按照约定价格或者低于同类商品房的价格支付多出面积差价即可，农民生活质量得以改善并可享受更多的生活便利，而且其居住的房屋为商品房性质，具备市场交易的资格。第二种，建设集中统建安置点。这种建设模式是由镇、乡或行政村之间统筹规划、设计、建设、管理集中居住点的一种模式。集中建好居住点以后，把住房卖给或置换给拆迁户或者需要扩建住房的用户，按照每户人口实际数量确定置换面积，农民只要支付很低的建设成本价就可以拥有各方面设施比较完备的住房，而且相应的道路等基础设施建设和医院等配套设施均由政府和当地财政出资修建，唯一的条件就是农民搬迁后，原来的宅基地必须交给政府统一规划处理，一般会用作复耕，并由集体耕种。第三种，建设自建安置点。与集中统建安置点类似，自建安置点也是由镇、乡或行政村统一规划、统一设计出各种不同的户型，这笔规划设计费用一般由各级政府支付，农民可根据各家各户的实际情况自行挑选合适户型出资修建，自主选择性强，当地也可根据自己的实际情况给予一定的补贴，但农民住进新居后，原宅基地所占土地要交回集体统筹规划。

以江阴市新桥镇为例。新桥镇在苏南地区开展"三集中"的背景下，将全镇土地划分为三个功能区，即工业集中区、生态农业区和商贸居住区，每个功能区都是连成一片的。在建设新型农村社区、推进农民集中居住的过程中，资金实力雄厚的新桥镇面临的最大问题不是资金问题，而是土地问题，因为不可能实施先拆迁后安置的方法，这就需要一笔用于周转的土地储备。

新桥镇为此争取了400亩的启动土地指标，先在这400亩土地上建设农民公寓式住宅，等几个村子集中搬迁、集中安置后，再把腾出来的宅基地整理出来进行置换，进行新一轮的开发。这样，就让农民在拆房进镇的过程中实现“零过渡”。

新桥镇土地置换值得借鉴之处在于，以启动指标为保障，采取“连片拆迁、整体安置”的办法，对有条件的自然村进行整体拆迁安置，既加快了集中步伐，又因此腾出土地复垦，实现土地有效转换，形成了拆迁、复垦、建设的良性循环。此外，这些宅基地在未复垦之前，已经确定由当地的某企业承包开辟生态农业园，保障了规模化经营的实现。

项目也存在一些不足之处，位于镇区的农民安置房的土地仍属集体所有，农民只有居住证，没有土地使用证和房产权证，所以无法进入市场流通，农民权益在一定程度上没有得到充分补偿。

三、浙江省嘉兴市——“两分两换”

近年来，随着嘉兴市经济快速发展和城乡一体化加速推进，大批农村劳动力实现了从第一产业向第二三产业转移就业，并有相当一部分已在城镇置房定居，农民的生产、生活方式已发生了深刻变化。但由于土地使用制度、户籍制度和社会保障制度等方面的束缚，农业小规模兼业经营、农民建房散乱和农村宅基地闲置等问题得不到有效的解决，严重影响了现代农业发展、农村新社区建设和工业化、城市化进程，成为制约城乡一体化的突出瓶颈。

基于上述情况，嘉兴市推行“两分两换”政策，用这种方式鼓励农民退出土地，向城镇集聚（图7–3）。“两分两换”，是指宅基地和承包地分开、搬迁与土地流转分开，在依法、自愿的基础上，以宅基地置换城镇房产、以土地承包经营权置换社会保障。土地置换后，不改变土地所有权性质和土地用途。土地流转后，农民凡是非农就业的，三年内必须实现养老保险的全覆盖；对已经进入老龄阶段的农民，逐步提高养老保险的待遇。这种政策，首先是让农民的资产获得承认，实现土地的大规模经营，提高生产效率；其次，通过置换方式让农民进城，在打破城乡壁垒、提高城市化和工业化水平的同时，让进城农民不至于成为流民，或是产生城市贫民窟；再次，用社会保障来置换农民的土地承包经营权，杜绝了某些农村人口冲动转让土地、然后挥霍一通沦为贫民的现象发生。

嘉兴市的做法相对彻底，基本取消了农业户口，土地置换方面则是把原有的

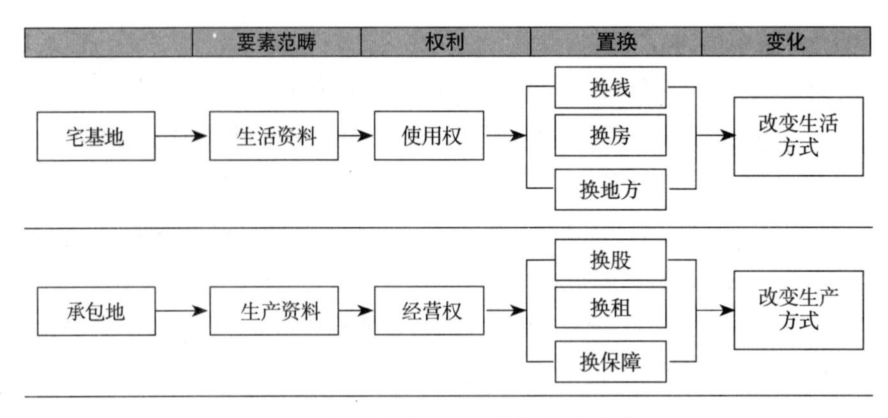

图7-3 嘉兴市“两分两换”的基本做法

农村宅基地置换为城镇建设用地，在城镇集中建设新社区安置农民，原村庄复垦为耕地，然后把多余出来的土地指标挪到城市近郊用于工商业开发。

嘉兴市“两分两换”的土地置换流程相对简单，但也为土地流转后重新发包、农业招商引资和农民就业等问题留下了隐患，并且节余的土地指标大多用于城镇开发，并没有增加耕地面积。

四、天津市——“以宅基地换房”

自2005年开始，天津市政府为了加快全市小城镇建设，推进农村城市化，促进城乡统筹发展，结合天津市社会经济发展的特点，提出了小城镇建设“以宅基地换房”的新思路，其核心内容是城乡建设实行城市建设用地增加与农村建设用地减少挂钩。

“以宅基地换房”指在国家政策框架内，坚持承包责任制不变、可耕地面积总量不减少，充分尊重农民自愿，高水平规划设计和建设一批有特色、利于产业聚集和生态宜居的新型小城镇。农民用自己的宅基地，按照规定的置换标准无偿换取小城镇中的一套住宅，迁入小城镇居住，同时由村、镇政府组织对农民原有的宅基地统一组织整理复垦，实现耕地占补平衡。规划建设的新型小城镇，除了规划农民住宅小区外，还要规划出一块可供市场开发出让的土地，并以土地出让获得的收入平衡小城镇建设资金。具体来讲，就是在农民自愿的基础上，用村民现有宅基地统一置换新建小城镇的楼房，实现农民向城镇集中，工业向小区集中，耕地向种植大户集中，农民由一产向二、三产业转移，可以明显改善其居住环境，提高文明程度，并使之分享城镇化成果。

华明镇是天津市“以宅基地换房”指导思想下进行规划建设的第一个示范镇。

围绕华明镇的建设，天津市政府从相关部门抽调专门人员，开展了有关小城镇建设管理制度、扶持政策和运作模式等14个专题研究，形成了一整套体现创新要求、协调配套、具有可操作性的理论、政策和制度体系，以指导全市推进农村城市化工作，促进城乡统筹发展。

华明镇镇域内所有村庄的建设用地达804公顷，通过编制华明示范小城镇规划，将镇域所有建设用地指标都集中到津汉公路以北、杨北公路两侧562公顷的地块内，但需要占用耕地314公顷，这些土地可通过土地周转指标实现。在规划方案中，233公顷土地用于建设镇内搬迁居民的安置住区和公共设施，为此需投入资金约37亿元，通过向银行抵押贷款获得。该批住宅已于2007年7月建成，4万多农村居民先后入住；329公顷土地用于商业开发，目前已建成中央生态公园、新移民产权住区和花园商务区等商业地产。与建设前相比，全镇域共复垦出耕地363公顷，实际新增耕地49公顷，实现了城镇建设用地增加和农村建设用地减少的土地平衡。与此同时，用于商业开发的329公顷土地所获取的收益保证了政府对农村居民安置住区建设投入的资金平衡。这种“双平衡”也是被后来其他示范小城镇建设实践所证明了的必不可少的条件（图7–4）。

实践证明，“华明模式”是目前国内在新型农村社区建设方面较为成功的探索。首先，它提出了我国发达地区农村加快实现城市化的新模式，创造了农村集体土地重新整合、农村建设用地流转和集约利用的新途径。其次，集中建设农村居民安置住区，能够改善农村居民的居住环境，实现农村居民住宅的商品化和产权化，大幅提高了农村居民的财产性收入和非劳动所得。第三，它开辟了农村建设用地重新整合、流转和集约利用的新路子，是解决城市土地资源紧张和小城镇建设资金制约的有效途径，对于推进社会主义新农村建设和改变城乡二元经济结构，具有重要的现实意义。

此项目的可借鉴之处在于，大都市近郊区是我国农村城市化进程高速发展的区域，农民的生活方式城市化速度严重滞后于生产方式的城市化速度，主要受到土地和资金两大瓶颈的制约，华明镇的实践为解决这两大瓶颈提供了思路。

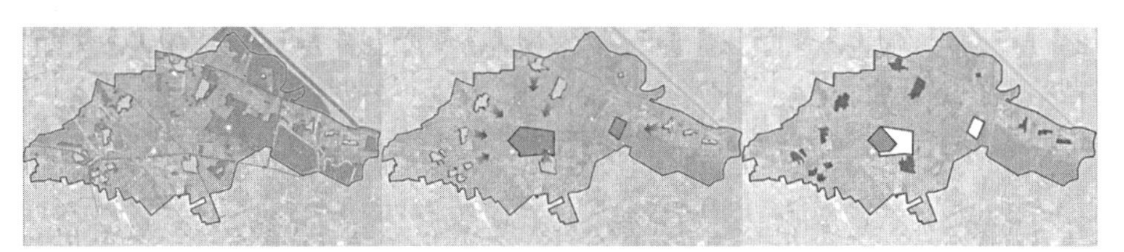

12个农村居民点4万农民　→　全部集中到小城镇生活　→　原有农村建设点复垦耕地

图7–4　华明镇涉及的村庄迁并示意图

第三节　新型农村社区建设的启示

我国的新型农村社区规划建设尚处于探索阶段，加之社会经济发展差异，各地的实践模式各不相同。虽然各地建设农村社区的具体方式有所不同，但这些地方的探索实践提供了如下的经验和启示：

一、以政府为主导，推进农村社区建设

政府在农村新型社区建设中扮演着协调、沟通和支持等多个角色。政府各项政策机制的健全是推进农村社区建设的保障。制度和政策制定、项目运作、产业引导、资金保障、宣传动员等方面均需要政府的大力推动。在当前形势下，政府主导是新型农村社区建设的主要方式。

二、促进土地规模化经营以推进新型农村社区建设

土地规模化经营是提高农业生产效率的根本途径。土地资源的规模化经营，必须建立在保护农民根本权益和切实保护耕地的基础之上。在农民权益和耕地得到有效保护的前提下，采取合适的方式加快土地承包经营权、农村集体建设用地的流转，推动土地规模化经营，提高土地资源效益。通过土地规模化经营带动新型农村居民点的建立。

三、农业产业转型是新型农村社区建设的动力

农业产业化是农业发展的必然趋势。各地根据实际情况，挖掘地方特色资源，延伸农业产业链，提高农产品的产值和附加值，增加农民收入。不能就农村论农村，要体现“以工带农”和“城乡互动”。随着农业生产效率的提高，农村剩余劳动力的转移成为农村社区发展的关键。农村的发展需要工业和三产的支撑和带动，以促进农村剩余劳动力向非农产业转移。只有农村人口充分流动和就业，才能推动新型农村社区建设的持续发展。

四、城乡统筹资源配置是新型农村社区发展的基础

建设新型农村社区的主要目的就是要加快缩小城乡差距，改善农村居民的生

产和生活条件，其中很重要的部分就是公共设施和保障体系的城乡统筹配置。社会保障体系、基础设施和公共服务设施的均等化是农村社区发展的基础。一方面，应建立健全农村地区的社会保障体系；另一方面，应完善农村基础设施和公共服务设施，促进农民生产和生活方式的转变。

五、新型农村社区建设需要土地制度创新

开展新型农村社区建设，必然涉及农村土地性质的变更与调整，同时也必然对土地制度的创新做出一定探索。如一些地方把耕地集中起来由集体统一经营或承包给种田大户，或以镇村为单位，成立土地股份公司，村民用土地换股份，参与分红，尤其是后者，在我国很多省份都有实践。但无论现行的土地制度如何完善，在我国当前的社会经济发展水平之下，都必须坚持土地公有制，并稳定以家庭联产承包责任制为核心的土地制度，这一点关系到农村社会的稳定和国家的安定。需要进一步实践和探讨的是如何建立有效的土地流转机制和利益分配机制，稳定承包权，促进农民有序转移到新型农村社区。

小结

新型城镇化是以城乡统筹、城乡一体、产城互动、节约集约、生态宜居、和谐发展为基本特征的城镇化，是大中小城市、小城镇、新型农村社区协调发展、互促共进的城镇化。建设新型农村社区，农民既不远离土地，又能享受城市化的生活环境，以满足随着经济社会的发展变化，农村居民对加强社会建设、提高公共服务水平等改善居住条件和生产生活环境的新的更高要求。新型农村社区的建设有利于推动城镇化的健康发展，并将不断探索新型城镇化的发展道路。同时也应看到，各地在探索新型农村社区建设中既有经验也有教训，仍然存在着不少误区。因此，应该根据实际情况，因地制宜地建设发展新型农村社区，以促进乡村地区的持续健康发展。

第三篇 基于现代农业的乡规划

2006年，中央“一号文件”，首次将发展现代农业列入其中，现代农业已成为国家未来农业发展的战略目标。国家“十二五”和“十三五”规划纲要中，明确提出加强农业基础地位，促进经济增长向依靠第一、第二、第三产业协同带动转变。作为农业发展承载体的广大乡村地区，将在未来现代农业发展中起到至关重要的作用。

北京是发展都市型现代农业具有典型代表性的地区之一。北京市“十二五”发展规划中，明确提出积极推进都市型现代农业发展，加快转变农业发展方式。顺应现代农业发展趋势，统筹发展三大产业，已成为影响北京郊区广大乡村地区经济社会发展的重要因素。

北京市远郊区有100多个乡镇，其中乡15个（另有檀营满族蒙古族乡被划入密云新城规划范围），分别是通州区于家务回族乡；房山区霞云岭乡、南窖乡、佛子庄乡、大安山乡、史家营乡、蒲洼乡；平谷区黄松峪乡、熊儿寨乡；怀柔区长哨营满族乡、喇叭沟门满族乡；延庆区大庄科乡、香营乡、刘斌堡乡、珍珠泉乡。大多地处偏远山区，距离北京市50~100公里的范围圈内，其中8个乡位于北京市生态涵养保护区规划范围，经济基础较弱，具有乡的典型特征。

本篇主要以北京远郊区县15个乡为例，分析乡规划面临的现实问题，探索现代农业发展背景下，乡域规划、乡政府驻地规划、乡公共服务设施规划及现代农业科技园区的规划策略。

在规划标准研究中，由于目前尚未有针对乡规划的国家标准，《镇规划标准》（GB50188-2007）指出，“乡规划可按本标准执行”。因此，乡的规划标准考虑与《村镇规划标准》（GB50188-93）及《镇规划标准》的区别与衔接，根据乡的特点和发展需要进行有针对性的探讨。

第8章　乡域规划

第一节　乡的产业发展和定位

一、现代农业是我国农业发展的趋势

伴随工业化、城镇化深入推进，我国农业农村发展正在进入新的阶段，呈现出农业综合生产成本上升、农产品供求结构性矛盾突出、农村社会结构加速转型、城乡发展加快融合的态势。当前我国经济发展进入新常态，正从高速增长转向中高速增长，如何在经济增速放缓背景下继续强化农业基础地位、促进农民持续增收，是必须破解的一个重大课题。

2015年，国务院《加快转变农业发展方式的意见》指出，把转变农业发展方式作为当前和今后一个时期加快推进农业现代化的根本途径，以发展多种形式农业适度规模经营为核心，以构建现代农业经营体系、生产体系和产业体系为重点，着力转变农业经营方式、生产方式、资源利用方式和管理方式，推动农业发展由数量增长为主转到数量、质量效益并重上来，由主要依靠物质要素投入转到依靠科技创新和提高劳动者素质上来，由依赖资源消耗的粗放经营转到可持续发展上来，走产出高效、产品安全、资源节约、环境友好的现代农业发展道路。需要创新农业支持保护政策、提高农业竞争力。在资源环境硬约束下保障农产品有效供给和质量安全，提升农业可持续发展能力。

都市型农业是现代农业的一种重要类型，是以生态绿色农业、观光休闲农业、市场创汇农业、高科技现代农业为标志，以农业高科技武装的园艺化、设施化、工厂化生产为主要手段，以大都市市场需求为导向，融生产性、生活性和生态性于一体，高质高效和可持续发展相结合的现代农业。在经济发展不平衡的状况下，农业生产领域的人力资本首先在城市及城市化地区聚集，再加上这些地区

所具有的其他优势，都市型现代农业便率先在大城市及城市化地区兴起和发展。北京是都市型现代农业的发源地之一。

二、适应现代农业发展的乡发展方向

都市型现代农业是一种全新的农业发展模式，是一种城乡融合、并不断向第二、三产业渗透的复合型产业，反映了工业化和城市化高度发展后人类对现代农业的一种探索，同时也表明现代农业已成为现代都市文明的内在需求。都市型现代农业的兴起是现代社会经济发展的必然趋势。都市农业功能多样，不但为城市提供各种优质、新鲜的农副产品；还为市民创造优美的生态环境，为城市提供绿色生态屏障；为人们休闲旅游、体验农业、了解农村提供场所。都市型现代农业不仅追求经济效益，而且追求生态效益和社会效益，具有经济功能、生态功能、社会文化功能。因此建设和体现都市型现代农业需要满足以上需求，明确自身职能定位。

乡的都市型现代农业建设根据产业经济发展要求应因地制宜。依据城市总体规划和各区职能定位，结合本地区自然禀赋优势来发展本地区的优势、特色产业。利用现代化的物质手段和区域内独特的优势农业资源，开发和生产出质量好、附加值高、市场竞争力强、符合市场需求的农产品及其加工品，具有绿色或无公害特点的特殊农产品类型。应结合自身特色，以现有经济产业发展为基础，进行职能优化定位。应以现代农业生产为基础，充分利用原有第二产业的生产加工优势或者第三产业旅游服务优势进行产业联合，进行农业生产、深加工或者依靠农业发展服务行业。

北京远郊区县经济产业发展与其他地区相比相对落后，发展建设也处于全市比较低的水平，因此以都市型现代农业建设发展的乡，需要考虑其经济和产业的承载能力，不能一蹴而就，也不能平均发展，应考虑到每个乡不同的经济水平，有针对性、有选择性地重点发展，以起到带动、示范和帮扶作用。如房山区蒲洼乡在农产品加工上具有一定的基础和经验，可以重点发展农产品加工；平谷区黄松峪乡的旅游资源丰富，可以大力发展风景型旅游；地处平原的通州区于家务回族乡区位和农业基础好，可以重点发展农业科技园区等。

第二节 乡的职能类型

随着现代农业的发展，传统农业面临转型提升，乡的发展也应以一产为依托，积极促进一产与二产、三产的融合发展。

一、一二产业结合为主型（以农业加工为主导产业）

以农业加工为主导功能的乡，其都市型现代农业产业经济发展以农业加工为导向，以农产品生产加工企业和农业科技园区作为其主要的发展模式，通过延伸产业链来进一步提高农业的综合经济效益。

（1）职能定位

以农业加工为主导功能的乡，具有良好的农产品生产、加工、配送产业基础，有利于品牌农业加工配送功能的体现和拓展。例如房山区史家营、大安山等乡，原是依靠煤炭资源开采发展经济，有一定的工业建设和发展经验。

因此，以农业加工为主导功能的乡，其职能应该定位于农产品生产加工和农产品配送。在此基础上将农产品生产和加工推向市场，继续在品牌农业上做文章，拓展和体现加工配送业的优势。

（2）产业设施建设

以农业加工为主导功能的乡，需要考虑建设品牌农业生产和加工园区、现代化的农产品交易配送中心、生态保护系统工程、产业链延伸工程、产业生产合作组织和农民农业科技培训基地等。通过组织实施配套的专项工程建设，为本地区品牌农业生产、加工、配送提供保障，也为生态和社会功能的兼顾奠定坚实的基础。

二、一三产业结合为主型（以农业服务为主导产业）

地处生态涵养区的乡环境资源优势明显。以农业服务为主导功能的乡，应以社会服务为导向，以休闲观光农业园区、风景和民俗旅游作为其主要的发展模式，通过发展精品农业、园区观光农业、休闲旅游业来提升都市型现代农业的科技示范、观光休闲和农耕体验等社会服务功能。

（1）职能定位

以农业服务为主导功能的乡，农业生产和自然人文资源较丰富，一方面能够提供大量优质的农产品，围绕农产品打造观光休闲产业，另一方面丰富的人文历史资源进一步充实了乡的文化和内涵。例如延庆区刘斌堡乡的养殖小区加农户模式，怀柔区长哨营乡的满族文化村等，表现出远郊区县乡发展农业生产和观光旅游的良好基础。

以农业服务为主导功能的乡，职能包括两个方面，即生态经济农业和特色休闲旅游。生态经济农业包括特色林果业、绿色生态养殖业和种业；特色休闲旅游包括农业观光休闲产业和自然人文资源观光休闲产业。

自然环境优美的乡适合发展生态特色旅游产业。例如长哨营满族乡和喇叭沟门满族乡均位于怀柔区北部，乡域范围内大部分以山地为主。应在已有旅游业基础上，进一步发挥景观资源优势，加强生态特色建设，拓展旅游产品，提升服务设施水平。长哨营满族乡未来需优化第一产业，突出特色生态农业，着重发展旅游辅助产业，如旅游纪念品、地方土特产品、民俗文化艺术品的生产加工等，同时大力发展第三产业，突出发展满族民俗旅游业，利用长哨营满族乡丰厚的满族文化特色和丰富的自然景观（山、植被、原野等），开展各种民俗体验、参观教育、观光游览等活动，利用满族乡的知名度和文化内涵，向游客展示满族的民俗民风。喇叭沟门满族乡全乡林区面积达290.3平方公里，占全乡面积的96%，有原始森林600亩，原始次生林180平方公里，覆盖全乡面积60%。依托优厚的自然环境，喇叭沟门满族乡应重点打造旅游服务业。依托怀柔区喇叭沟门国家森林公园，发挥其野生动植物资源丰富、森林覆盖率居全市之首、区内极具开发价值的120多处自然景观的优势，重点打造国家级森林公园旅游产业。

具有历史文化底蕴的乡还可以依托自身资源优势开展特色旅游产业，并与第一产业相结合。例如房山区南窖乡，地处房山区中部山区，乡政府驻地南窖距区政府驻地29.5公里（图8-1）。南窖乡优越的地理环境和适宜的气候条件，孕育了广袤而丰富的森林植被。林木繁茂，绿化覆盖率高，自然风光秀丽，空气环境好，是个天然的巨型“氧吧”。盛产多种林果，林果资源丰富，品质优良。传统的林果产品以磨盘柿、良乡板栗、核桃最具代表性，其中尤以清汤磨盘柿和良乡板栗最为闻名。南窖乡历史久远，自古是商贾云集之地。南窖村、水峪村由于成村较早，已有七八百年的历史，经过历史沧桑演变，沉积了浓厚的地域风情和民俗文化。南窖乡应充分发挥生态优势，注重涵养生态与保育，发展历史文化、休闲观光与林果采摘相结合的旅游产业，并在发展特色林果种植的基础上，积极拓展生态产品和有机食品的生产、加工、销售产业（图8-2）。

（2）产业设施建设

以农业服务为主导功能的乡，需要考虑建设区域性专业批发市场、旅游观光的标准体系、旅游观光信息平台、生态保护系统等。通过这些产业配套建设体现农业生产及观光的优势和特色，能够拓展更广阔的客源市场，也是保障休闲观光的都市型现代农业发展的基础条件。

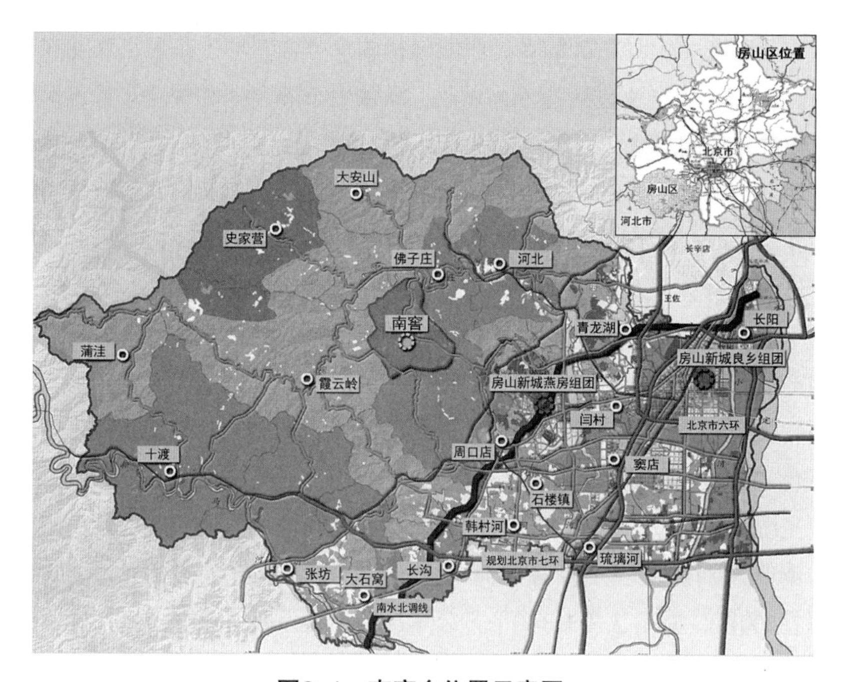

图8-1　南窖乡位置示意图
资料来源：《房山区南窖乡乡域规划（2006-2020）》

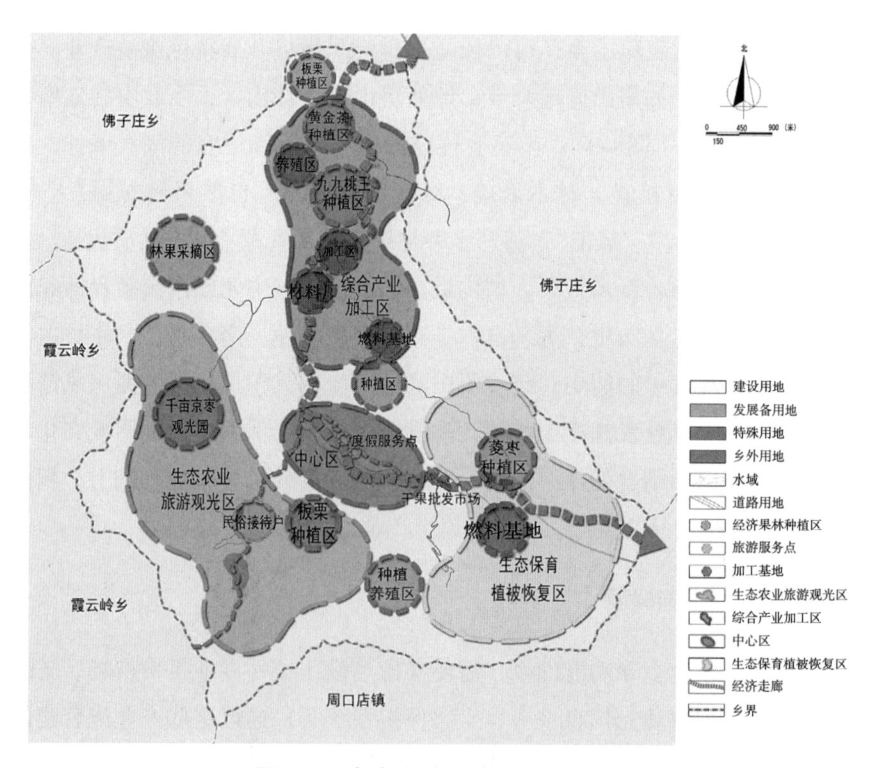

图8-2　南窖乡乡域功能结构规划图
资料来源：《房山区南窖乡乡域规划（2006-2020）》

三、一二三产协调发展型

地处平原地区的乡具有良好的区位条件和发展优势。可依托已有的一产基础，大力发展现代农业，推动一、二、三产协调有序健康发展。

（1）职能定位

在农业资源较为丰富的基础上，发展现代农业科技园区，提升农业科技含量，加强育种、繁育、新品种研发、展示等多种服务体系建设。例如通州区于家务回族乡，是一个以平原为主的远郊乡，顺应现代农业发展的宏观背景，依托资源优势和北京打造种业之都的政策优势，以乡中心区和种业科技园区为重点，着力打造集一、二、三产业于一身的国家种业总部基地。结合种业科技园的建设大力发展第三产业休闲度假产业，服务中心城、通州新城和亦庄新城；将乡政府所在地打造成为种业园区发展提供公共设施和基础设施支持的功能相对完善的中心区。适度扩展南部工业区，转型升级为服务于现代农业设施的高端制造业，解决居民就业问题。着力建设与种业相关的产业项目，以配合和支持种业总部基地的建设，实现一、二、三产的协调发展。

（2）产业设施建设

应注重建设服务于现代农业科技园区的各项设施，包括现代农业生产、加工设备机械的制造基地，农产品交易服务基地，农产业研发与推广基地等。

第三节　“多规”衔接

乡域规划与经济、社会和土地等多方面要素有着密切的联系，因而乡域规划也与许多其他规划相关联。因此，乡域规划的制定需要与国民经济及社会发展规划、土地利用总体规划等有关规划相衔接，实现“多规合一”。

一、“多规合一”的目的

为了解决多个规划无法衔接的问题，2013年召开的中央城镇化工作会议提出，要在县市探索国民经济和社会发展规划、城市总体规划、土地利用规划等“多规合一”。“多规合一”是在一级政府一级事权下，强化国民经济和社会发展规划、城乡规划、土地利用规划、环境保护、文物保护、林地与耕地保护、综合交通、水资源、文化与生态旅游资源、社会事业规划等各类规划的衔接，确保“多规”确定的保护性空间、开发边界、城市规模等重要空间参数一致，并在统一的空间信息平台上建立控制线体系，以实现优化城乡空间布局、有效配置土地资源、促进土地节约集约利用、提高政府行政效能的目标。

国家发改委、国土部、环保部和住建部四部委2014年联合下发《关于开展市县“多规合一”试点工作的通知》(以下简称《通知》)，提出在全国28个市县开展“多规合一”试点。要求统筹考虑国民经济和社会发展规划、城乡规划、土地利用规划和生态环境保护等相关规划目标，研究“多规合一”的核心目标，合理确定指标体系。合理规划引导城市人口、产业、城镇、公共服务、基础设施、生态环境和社会管理等方面的发展方向与布局重点，探索整合相关规划的控制管制分区，划定城市开发边界、永久基本农田红线和生态保护红线，形成合力的城镇、农业和生态空间布局，探索完善经济社会、资源环境和控制管控措施。

市县层面的“多规合一”探索为乡规划的“多规”衔接指明了方向。

二、与国民经济和社会发展规划相衔接

国民经济和社会发展规划一般由各级政府的发展与改革委员会组织编制。包括短期的年度计划、中期的5~10年计划和10年以上的长期计划，一般包含国民经济和社会发展等两部分内容。国民经济和社会发展规划是对城乡在较长一段历史时期内经济社会发展的全局安排。它规定了经济和社会发展的总目标、总任务、总政策和发展的重点、所要经过的阶段、采取的战略部署和重大的政策与措施。

国民经济和社会发展规划对乡域规划有一定的指导作用。与乡域规划关系密切的是国民经济和社会发展计划中的有关生产力布局、人口、城乡建设以及环境保护等部分的发展计划。乡域规划需依据国民经济和社会发展计划所确定的有关内容，合理确定乡域发展的规模、发展速度、发展方向和发展内容等。同时，近期建设规划中的重点项目也应与发展与改革委员会的项目库相衔接，以便顺利实施。

三、与土地利用总体规划衔接

乡域规划和土地利用总体规划既存在着很多相同的部分，又各有侧重。因此，在做乡域规划时应与乡土地利用总体规划相衔接，以确保城乡协调发展。具

体可在如下四个方面进行衔接。

（1）**规划期限的衔接**

在制定乡域规划时，应将近期规划和远期规划分别与土地利用规划相衔接，确保规划时间和目标的统一性。

（2）**规划范围的衔接**

城乡规划一般是对城乡建设区进行重点规划，而土地利用规划则是对行政区域范围内的建设用地、农业用地和未利用地进行规划。因此，在制定乡域规划时，要加强对乡全域范围内的规划安排。

（3）**建设用地布局和规模的衔接**

由于统计部门的不同、统计方法的区别以及统计指标的差异，再加上用地分类标准不统一，城乡规划与土地利用总体规划中建设用地的规模往往不一致，这也导致了在对建设用地进行规划安排时有所差异。因此，在做乡域规划时应着重与土地利用规划统一统计指标，进而在建设用地布局和规模上进行衔接。

（4）**农业用地规模和空间布局的衔接**

土地利用总体规划对农业用地有统一安排，农业用地规划布局是土地利用总体规划的重要内容，其中对耕地的严格保护，尤其是对基本农田的建设与保护是土地利用规划的一项战略重点和重要目标。乡的规划建设涉及大片基本耕地和农田，因此，乡域规划的制定应与土地利用总体规划在用地规划和空间布局上进行有效衔接。尤其要注意与各类控制管制分区的衔接，包括城市开发边界、永久基本农田红线和生态保护红线，以便形成合力的城镇、农业和生态空间布局，探索完善经济社会、资源环境和控制管控措施。

第四节　用地布局

建设用地与非建设用地的利用与保护亟须规划引导，在制定乡域规划时，既要对城镇建设用地进行合理规划，同时也要考虑好占地面积比例更大的农田、山体、林地、水域等非建设用地的规划。

一、合理布局乡域建设用地

作为城乡规划的一项重要内容，合理规划近远期各类建设用地，是乡域规划中的重要组成部分。其中既包括农村居民点的规划建设，也包括乡政府驻地的建设用地的规划建设。

（1）完善产业布局体系，构建乡域整体发展格局

乡域产业布局体系应紧密围绕乡的职能定位，完善产业整体发展格局，安排产业发展各项设施。以现代农业发展为动力，组织农业采摘观光、休闲娱乐、科技创新等现代农业园区，安排农产品繁育、种植、加工、流通、销售、技术服务与推广、设备制造、交易市场、旅游服务各项设施，并注重生态环境保护和资源集约利用，实现乡域整体的健康快速发展，构建区域发展合理格局。例如北京市通州区于家务回族乡，应以通州国际种业科技园区建设为核心，将农业科技园的建设与休闲旅游产业相结合，重点打造都市农业产业轴、高科技农业体验轴，以及沿河农业观光带，并依托现有村庄的农业采摘园，打造文化创意“第五季”、创意经济蓝莓园、西垡村蔬菜种植园、北虫草生产加工园、喜丰悦樱桃采摘园、神仙千亩果品采摘园等六大园区为主的多园区建设，实现全域产业的协调发展。

（2）协调乡域内建设用地，统筹布局各类用地

乡域内的建设用地应以乡政府所在地为中心区域，合理安排中心区、产业园区和农村居民点等。针对乡域内建设用地相对分散的现状，应着力整合现有空间，提高土地的集约利用率，加强产业区和生活区之间的联系。新的建设项目尽可能依托现有建设区，并与之相邻建设，以便实现基础设施共享，有利于项目的尽快建设发展。

同时，也要充分体现乡村特色，避免照搬城市做法的大尺度集中连片。各个片区的公共服务配套要均衡覆盖并有所侧重，规划联系通道。

（3）整合农村居民点，合理规划农村社区

目前，农村居民点建设普遍存在着分散发展、土地闲置等问题。在乡域规划中需要适度整合现有居民点，实现土地集约利用。但是在整合过程中要尊重村民意愿，深入研究村庄经济社会发展特点，明确实施的路径与策略，完善保障措施。

二、积极引导非建设用地空间发展

以往，城乡规划重点研究的是城镇建设用地。但是，作为拥有大片非建设用地的乡来说，在做乡域规划的时候，对非建设用地的空间安排也是非常重要和必要的。例如，位于北京市延庆县东北部山区的刘斌堡乡，辖区面积121.89平方公里，山地占80%以上，建设用地仅为1.57平方公里，除一小部分特殊用地和乡外单位用地外，大部分均为非建设用地。针对刘斌堡乡120平方公里左右的非建设用地，在空间规划引导时应着重加强山地生态涵养林的建设，尤其是提高山阳坡干旱地的植被覆盖率；加强季节河流、山地排洪沟的防护绿地建设，防止水土流失，涵养水源；保护农田、进行浅山地区果园建设，生态建设与农业经济相结合。具体可划分为山地生态保护区、水土保持涵养区、生态农业建设区，其中在生态农业建设区中可重点规划建设生态农业、节水农业及观光农业。

房山区南窖乡乡域面积4018.88公顷，乡域内建设用地149.7公顷。大量的非建设用地需要合理的空间规划引导（图8-3）。

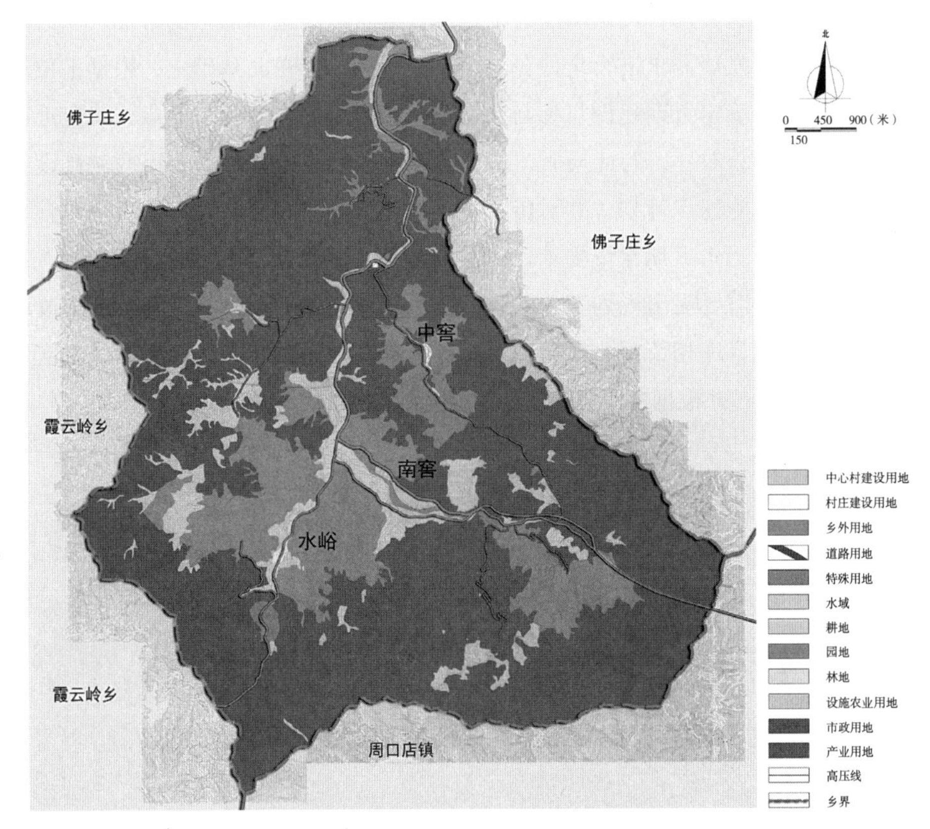

图8-3　南窖乡乡域用地规划图

资料来源：《房山区南窖乡乡域规划（2006-2020）》

三、加强乡域规划弹性空间，确保规划的可实施性

（1）制定乡域规划时留有一定的弹性空间

以往不少规划都遇到过规划审批下来时内容就已过时或与实际发展趋势脱节的尴尬局面，导致规划失效。总体规划所提出的空间政策、土地利用等不适应城乡建设的具体情况，起不到控制或引导的作用，或未达到预期的效果，或者在实践中被重大调整和修改，归根到底是由于乡域规划面临着种种“变化”的挑战。我国正处在城镇化快速发展时期，社会经济变迁剧烈。城乡之间要素互动频繁，乡村地区发展加快。城乡规划作为一项公共政策，多方参与日益加强，各方利益博弈更为凸显。这些都给乡域规划带来了一定的不确定性。因此，需要增加乡域规划的弹性，从而真正有效地指导城乡规划建设。

（2）重视近期建设，确保规划的可实施性

近期建设规划是推动乡域规划实施的重要内容。首先，需要对近五年规划进行全面回顾与分析评价，提出本次近期建设规划中需改进和加强的方面。同时对新的发展形势、发展需求进行全面分析、调查研究，并在此基础上，根据上位规划和相关规划，确定近期建设目标与重点。根据近期建设目标与重点，确定近期重点发展区与建设时序。与此同时，提出建设用地供应计划和重要市政基础设施与公益性公共设施建设计划，并对传统村落保护、危旧房改造与人居环境改善、生态环境保护等提出近期建设要求。其次，为提高近期建设规划的可操作性，保障规划的实施，需要提出规划实施的政策建议及投资计划与估算，与发展与改革委员会制定的项目库相衔接。根据乡发展现状条件和建设时序，制定第一年度乡域规划实施计划，并根据建设侧重点考虑是否编制相关专项规划。

第五节　制度保障

乡域规划与农村集体产权制度和村民自治制度等社会经济制度紧密相连。需要紧密围绕农村集体产权改革，以保证规划的顺利实施。

一、与农村集体产权制度改革相适应的农村土地利用方式

转变农业发展方式，发展适度规模经营是突破资源瓶颈的有效方法，也是现代化农业的根本要求。现代农业的发展正在促使过去那种农户个体经营土地的方

式转变为规模化、专业化的合作社等方式。在土地利用方面，应积极引导土地承包经营权流转，转变农业发展方式，创新农村土地流转制度，建立健全土地承包经营权流转市场。

中央指出，要深化农村集体产权制度改革，落实农村土地集体所有权、农户承包权、土地经营权“三权分置”办法。在保持集体土地所有权和农户承包经营权不变的情形下，将经营权从承包经营权中分离出来。经营权可以不受身份的限制，任何人均可取得，并可以自由转让和抵押。这样，通过将经营权从承包经营权中分离，农户在保留承包经营权、继续坚持承包经营权不得抵押并严格限制转让的同时，通过经营权的形式实现了承包地的抵押和转让，这为推行现代化大规模农业或者设施农业创造了条件。

积极推行农村土地入股，使土地资本化，让农民向土地要收益。充分发挥基层组织的作用，使农村土地流转有序进行。建立农村社会保障体系，以保障土地流转后农民后续的利益。通过给农民发放土地使用产权证、建立农地产权交易市场和推进农村合作社建设，在土地所有权、承包权和农地性质“三不变”的前提下，探索一种适合农村土地改革的新办法。

同时，在土地流转方面，政府应加强对流转行为的监督和规范。在严格遵守农村土地承包法、农村土地承包经营权流转管理办法的前提下，规范全乡农村土地流转。制定相关农村土地承包经营权流转规则，从流转主体、流转方式、流转程序等几个方面对农户的土地流转行为进行规范。同时，制作并向农户提供全乡统一的转让、转包、出租、互换及流转委托书等不同的合同示范文本，对流转双方可能涉及的一些权利、义务、违约责任等进行明确，最终合理地分配土地资源。

二、与农村集体建设用地制度改革相适应的建设用地集约利用

在建设用地方面，应合理管控农村集体建设用地，确保土地转租、转包等符合乡域整体规划。农村集体经济组织使用乡土地利用总体规划确定的建设用地，兴办企业或与其他单位、个人以土地使用权入股、联营等形式共同兴办企业的，必须符合土地利用总体规划和乡域规划，涉及占用农用地的，必须先依法办理农用地转用审批手续，用地规模必须符合有关企业用地标准和乡域规划对整个空间的安排。

建立城乡统一的建设用地市场。在符合规划和用途管制前提下，允许农村集体经营性建设用地出让、租赁、入股，实行与国有土地同等入市、同权同

价。缩小征地范围，规范征地程序，完善对被征地农民合理、规范、多元保障机制，盘活农村建设用地。在充分保障农户宅基地用益物权、防止外部资本侵占控制的前提下，落实宅基地集体所有权，维护农户依法取得的宅基地占有和使用权。建立市场化的因地制宜的征地补偿办法，把实现被征地农民的“可持续生计”作为征地安置政策的基本目标，探索宅基地的有序流转与有偿使用。

小结

作为以农业为主要职能的乡，要在新型城镇化的城乡关系背景下，积极发展现代农业，促进传统农业转型升级，推动一、二、三产的协调发展。乡域规划不仅要从乡的产业发展和职能定位出发进行建设空间的规划，也要注重整个地域空间的统筹利用。探索与农村集体建设用地制度改革相适应的建设用地集约利用方式。通过“多规”衔接，注重生态空间的保育、维护与合理利用，完善各项基础设施，促进产业发展，以不断改善乡的环境与空间品质，实现经济、社会和生态的协调发展。

第9章　乡政府驻地规划

第一节　乡政府驻地的职能

乡政府驻地在乡的发展中发挥着重要作用，需明确其发展职能。

一、乡政府驻地在发展都市型现代农业中的影响

乡政府驻地对乡发展都市型现代农业具有较大的影响，这是因为一方面其是乡域中心，另一方面基础建设条件好，容易带动地区的发展。其作用主要体现在以下三个方面。

（1）市场环境

乡政府驻地（集镇）是基于市场交换基础上发展起来的，是农业生产要素市场和农产品销售市场体系的重要环节。它们是我国乡村体系的基础，又是农村居民点体系的核心，是城乡之间的联系纽带。相对于一般乡村，乡政府驻地交通、通信、供水、供电、商业网点、住宿娱乐等设施较为完备，功能较为齐全，有利于形成较强辐射力的市场，有利于都市型现代农业的聚集和发展。这不仅可以在广大的农村形成运行成本低、效率高的地区性中心，而且有利于将全国甚至全球的大市场延伸到农村每个角落，逐步建立起结构布局合理、功能齐全的现代农业市场网络体系。

（2）行政管理

农业生产具有风险大、管理难、收益慢等特点，在市场化进程中，农业产业化有赖于持续稳定的政策支持，也有赖于和谐的农村社会组织管理。乡政府驻地

地区是我国政权体系的基础，具有较为健全的行政管理机构和一定的基层管理能力，对于稳定农业生产和农村社会秩序、推动农业现代化进程具有十分重要的意义。同时，从加强市场监管、普及基础教育、健全农村医疗卫生体系、建立农村社会保障体系方面来看，乡政府驻地在这些政策方面的发展和完善对于促进都市型现代农业建设具有深远的影响和意义。

（3）基础设施

都市型现代农业是一种结合一产、二产和三产的综合性农业，具有现代农业性质，科技含量较高，要求该地区的各项基础配置设施建设完善、交通可达性好、自然环境优良，包括住宿娱乐、商业网点、交通、通信、水电等方面的建设都是推进现代农业生产的基础条件。乡政府驻地与乡域范围内其他村庄相比，基础设施建设相对较好，拥有完善的教育医疗、商业金融、市政工程的设施，可以更加有效地推动都市型现代农业的建设和发展。

二、乡政府驻地的职能

乡政府驻地在乡的经济产业发展中处于中心地位，是全乡政治、经济和文化的中心。在产业设施建设上，乡政府驻地应积极满足都市型现代农业在住宿娱乐、农业生产加工和销售方面对该地区的要求；在生活服务设施建设上，乡政府驻地应进一步完善其配套基础设施，包括公共设施、道路交通、工程设施及绿地的建设，满足人们的日常生活需求。

因此，乡政府驻地的职能是以发展现代农业为背景，建设适应都市型现代农业发展的乡域中心，完善相关产业设施和生活服务设施。

三、不同职能类型乡对建设用地的需求

乡的社会经济发展需要产业建设的推动，各类产业设施建设需要一定的建设用地来落实。因此，不同类型的乡，发展都市型现代农业的建设用地需求必然存在差异。

以农业生产为主导的乡，其产业建设围绕农产品生产、深加工和物流运输开展，以建设生产园区、加工企业、配送中心等设施为主，建设用地重点在生产设施用地和仓储用地等用地；以农业服务为主导的乡，其产业建设围绕农产品销售、旅游服务开展，以建设销售市场、餐饮住宿和休闲娱乐等设施为主，

建设用地重点在公共设施用地、居住用地中混合用地等用地；以一、二、三产业相结合发展的乡，其产业建设围绕现代科技园区开展，以建设科技研发、会展交易、教育科普等设施为主，建设用地重点在教育机构、文体科研、商业金融等用地。

第二节　乡政府驻地建设用地分类

参照《镇规划标准》中对用地的统一分类，建设用地共分为8大类。

一、居住用地（R）

根据调研，虽然各乡政府驻地建设用地中均包含居住用地，但用地的分类不尽相同，有的划分到一级大类，有的划分到二级小类，包括附属的中小学教育设施用地。农村地区的人口稀少、分布广泛，集中度相对城镇较低，社会经济发展水平也相对较低，在公共设施用地配置完善的基础上，是否需要在居住区内再次将用地细分三级小类用地值得商榷。结合乡政府驻地的社会经济发展特点，建议居住用地分类到二级用地R1、R2。同时，居住用地应尽量利用周边的公共服务设施，减少自身配套设施的建设，避免重复投资和建设。

发展都市型现代农业中重要产业之一是民俗旅游，根据地理学二级学科旅游地理学对民俗旅游的定义“一种以体验异域风俗为主要动机的旅游”可以看出，民俗旅游是指人们离开惯常住地，到异地去体验当地民俗的文化旅游行程。北京远郊区县乡以都市型现代农业为发展背景，具有休闲观光产业建设优势，催生对外来人员的短期吸纳和滞留，引发当地农民通过审批自发建设对外居住设施，形成“民俗旅游户”。民俗旅游户是指农民利用自家院落开展民俗旅游接待的住户，它具有自住与出租住房、提供餐饮的特殊性质，介于居住用地与商业金融用地之间。由于提供对外住宿和餐饮功能是在农民自住的基础上展开，该类用地仍然以居住为主，属于居住用地，又因为其带有商业性质，可以划归为居住用地中商住混合用地R3。

农村的住宅建设随着地区的社会经济发展，不仅仅停留在1~3层的低层住宅，为了集约用地，住宅建设也出现多层及高层住宅。因此，乡政府驻地居住用地规划标准建议划分如表9–1。

居住用地的划分 表9-1

	代码	居住用地
R	R1	一类居住用地
	R2	二类居住用地
	R3	商住混合用地

二、公共设施用地（C）

公共设施用地在《镇规划标准》中的定义为“各类公共建筑及其附属设施、内部道路、场地、绿化等用地”，在《城市用地分类与规划建设用地标准》（GB50137-2011）中的公共设施分为两大类，其中A类为公共管理与公共服务设施用地，包括“行政、文化、教育、体育、卫生等机构和设施的用地，不包括居住用地中的公共服务设施”。B类为商业服务业设施用地，包括“商业、商务、娱乐康体等设施用地，不包括居住用地中的服务设施用地”。乡公共服务设施用地划分既考虑与《镇规划标准》的衔接，也考虑与《城市用地分类与规划建设用地标准》的关系。

公共设施用地中需要关注的是旅游设施用地。现状乡政府驻地公共设施用地中包含旅游设施用地。旅游用地是旅游地内最基本、最广泛的具有旅游功能的各种土地的总和。狭义的旅游用地是指县级以上人民政府批准公布确定的各级风景名胜区内的全部用地，供人们进行旅游活动，具有一定经济结构和形态的旅游对象地域组合。广义的旅游用地就是旅游业用地，即在旅游地内凡能为旅游者提供游览、观赏、知识、乐趣、度假、疗养、娱乐、休息、探险、猎奇、考察研究等活动的土地。旅游服务用地并未在《镇规划标准》中单独列为一个小类。根据调研，乡的现状用地中的旅游服务用地是服务于旅游设施产业的建设用地，比如旅游景点的配套售票点、餐饮住宿等用地。此类用地与分类中的“商业金融用地”有所重复，而且功能上也更类似“商业金融用地”，因此不建议在乡政府驻地公共设施用地中单独划分旅游服务用地，应将其归于商业金融功能类用地。

将文化设施用地、体育用地从《镇规划标准》中的文体科技用地中单列出来，将科研用地与教育用地归并成教育科研用地。考虑到社会发展的实际需要，将养老服务机构、儿童福利院、社会救助站等机构列入医疗保健用地。增加文物古迹用地，以加强对乡村历史文化遗产的保护。考虑到乡村中集市贸易仍然占有重要地位，故单独设置小类（表9-2）。

公共设施用地的划分　表9-2

	代码	公共设施用地
C	C1	行政管理用地
	C2	教育科研用地
	C3	文化体育用地
	C4	医疗保健用地
	C5	商业金融用地
	C6	集贸市场用地
	C7	文物古迹用地

三、生产设施用地（M）

生产设施用地是指独立设置的各种生产建筑及其设施和内部道路、场地、绿化等用地，被分为工业用地和农业服务设施用地。根据调研，15个北京远郊区县乡政府驻地的生产设施用地均未进行二级小类划分，也没有涉及农业生产和工业生产的区别。农业设施建设用地的分类较为复杂，有的分类为非建设用地，还有的分类为产业发展用地，有的分类为水域及其他用地。

参照《镇规划标准》，M类生产设施用地按照污染程度划分为M1、M2、M3三种，分别为“对居住和公共环境基本无干扰和污染”、“对居住和公共环境有一定干扰和污染”、“对居住和公共环境有严重干扰和污染”的工业用地。

农业服务设施用地是乡生产设施用地中的重要组成部分。根据都市型现代农业的特性及上文对一、三产业主导型乡的职能定位，以农业服务为主导产业的乡，一方面要进行农产品生产建设，包括农业科技示范园、温室大棚、观光采摘园等，另一方面要围绕农产品生产建设配套服务产业，包括餐厅、住宿、停车场、农产品交易所等，综合来看，它们都属于围绕农产品生产的服务型产业。

参考天津市2009年制定的设施农业用地明细表（表9-3），可以看出天津市将农业服务设施用地分为农业生产用地和附属设施用地，附属设施用地划分为附属设施农用地和附属设施建设用地。

天津市设施农业各类用地表 表9–3

<table>
<tr><th colspan="2">用地类型</th><th>内容</th></tr>
<tr><td colspan="2" rowspan="4">农业生产用地</td><td>直接用于种植的塑料大棚、地膜覆盖、中小拱棚、温室等用地</td></tr>
<tr><td>畜禽舍和塘底未固化的水产养殖用地</td></tr>
<tr><td>宽度小于2米的田间道路（含机耕道）、沟渠、田坎、防护林等用地</td></tr>
<tr><td>依附于大棚、温室，面积不超过16平方米的简易看护房和农机具仓储房用地</td></tr>
<tr><td rowspan="5">附属设施用地</td><td rowspan="2">附属设施农用地</td><td>宽度大于2米（含2米）、小于5米的田间道路用地</td></tr>
<tr><td>地表未固化的附属设施用地，如简易看护房、员工食堂、农产品分拣包装房、临时育种育苗房、临时产品展示场所、农机具仓储房、停车场、农厕等用地</td></tr>
<tr><td rowspan="3">附属设施建设用地</td><td>餐饮、住宿、售票、接待、娱乐、会议场所、研发、产品展示厅、农产品加工、交易场所等用地</td></tr>
<tr><td>宽度大于5米（含5米）的道路用地</td></tr>
<tr><td>地表固化，面积超过16平方米（含16平方米）的建筑（构筑）物用地</td></tr>
</table>

农业服务设施用地包括各类农产品加工包装厂、农机站、兽医站等，不包括农业中直接进行生产的用地，如温室大棚、各类种植和养殖厂（场）等（表9–4）。

生产设施用地的划分 表9–4

	代码	生产设施用地
M	M1	一类工业用地
	M2	二类工业用地
	M3	三类工业用地
	M4	农业服务设施用地

四、仓储用地（W）

仓储用地是指物资的中转仓库、专业收购和储存建筑、堆场及其附属设施、道路、场地、绿化等用地。

因一、二产业为主导的乡以发展农产品加工、物流配送为主要产业，仓储用地随着农业成品及相关配套产品的大量产出必然存在，一、三产业主导的乡生产大量的农产品，也需要一定的库存用地W1。当然，目前乡的经济产业发展薄弱，未必需要建设完备的库存用地。建议借鉴《城市用地分类与规划建设用地标准》中对仓储用地分类的规定，增加露天堆场用地W2，以实现因地制宜、集约化利用建设用地。

结合农村地区自身的社会经济条件，建议仓储用地划分到二级小类（表9–5），可以与现状能够有效地过渡。同时，由于都市型现代农业经济是现代化的生态经济，不宜生产污染严重的产品，因此不宜设置危险品仓库用地。

仓储用地的划分 表9–5

	代码	仓储用地
W	W1	普通仓库用地
	W2	堆场用地

五、对外交通用地（T）

道路类用地被分为“对外交通用地”和“道路广场用地”。

对外交通用地是指铁路、公路、管道运输、港口和机场等地区对外交通运输及其附属设施的用地。以都市型现代农业为产业基础的乡，随着产业建设的发展，其对外交往将会越来越多、越来越频繁，对外的汽运站、火车站等将会有所发展，因此有必要设置对外交通用地，满足未来的对外交通需求。对外交通用地划分到二级小类，分别是公路交通用地T1，其他交通用地T2（表9–6）。

对外交通用地的划分 表9–6

	代码	对外交通用地
T	T1	公路交通用地
	T2	其他交通用地

六、道路广场用地（S）

对内交通的道路广场用地包括道路、广场和停车场用地。其中，《镇规划标准》和《城市用地分类与规划建设用地标准》中对社会停车场库用地划分不同，《镇规划标准》将其纳入广场用地，而《城市用地分类与规划建设用地标准》则将其列为S3用地。

以都市型现代农业建设为产业发展方向的乡，其对外开放性、联系性和互动性都将逐渐加强，对外来人口的吸纳和滞留能力增大，有必要针对外来人口和活动设置足够的停车用地，因此建议将社会停车场库用地单独列为一类，满足未来增长需求。

道路广场用地的分类见表9–7。

道路广场用地的划分　　表9–7

	代码	道路广场用地
S	S1	道路用地
	S2	广场用地
	S3	社会停车场库用地

七、工程设施用地（U）

工程设施用地是指各类公用工程和环卫设施以及防灾设施用地，包括其建筑物、构筑物及管理、维修设施等用地。

根据现状调研，目前大多数乡均未规划防灾设施用地。近年来全球自然灾害频发，国家对各地区的防灾减灾规划非常重视，尤其是农村地区社会经济水平低，基础建设薄弱，对自然灾害的抵御能力差，更需要针对防灾减灾建设相应设施，配备相应的设备，减少受破坏程度。因此防灾设施用地应该予以充分重视。

给水、排水、供电、邮政、通信、燃气、供热、交通管理、加油、维修、殡仪等设施用地统一纳入公共工程用地。分类结果如表9–8。

工程设施用地的划分　　表9–8

	代码	工程设施用地
U	U1	公用工程用地
	U2	环卫设施用地
	U3	防灾设施用地

八、绿地（G）

绿地分为公共绿地和防护绿地。

根据调研，大多数乡均未规划防护绿地。防护绿地是指用于安全、卫生、防风等的绿地，根据都市型现代农业产品的生产及加工需求，必须要保证生产过程的高效、节能和无污染，因此相应的隔离绿地必须设置以减少干扰和污染。因此防护绿地需要纳入绿地用地中（表9–9）。

综上所述，以都市型现代农业为职能定位的北京远郊区县乡政府驻地建设用地配置的用地类别如表9–10。

绿地的划分　表9–9

	代码	绿地
G	G1	公共绿地
	G2	防护绿地

乡建设用地分类和代号　表9–10

类别代号		类别名称	范围
大类	中类		
R		居住用地	各类居住建筑和内部小路、场地、绿化等用地；不包括路面宽度等于和大于6米的道路用地
	R1	一类居住用地	以一至三层为主的居住建筑和间距内的用地，含宅间绿地、宅间路用地；不包括宅基地以外的生产性用地
	R2	二类居住用地	以四层和四层以上为主的居住建筑和间距、宅间路、组群绿化用地
	R3	商住混合用地	自住并提供住宿、餐饮等商业活动的居住建筑和间距内的用地，含宅间绿地、宅间路用地
C		公共设施用地	各类公共建筑及其附属设施、内部道路、场地、绿化等用地
	C1	行政管理用地	政府、团体、经济、社会管理机构等用地
	C2	教育科研用地	托儿所、幼儿园、小学、中学及专科院校、成人教育及培训机构、科研事业单位等用地
	C3	文化体育用地	文化、图书、展览、纪念、宗教、体育场馆等设施用地
	C4	医疗保健用地	医疗、防疫、保健、休疗养、福利院、养老院等机构用地
	C5	商业金融用地	商业及餐饮、旅馆、商务、娱乐康体等用地
	C6	集贸市场用地	集市贸易的专用建筑和场地；不包括临时占用街道、广场等设摊用地
	C7	文物古迹用地	具有保护价值的古遗址、古墓葬、古建筑、石窟寺、近代代表性建筑、革命纪念建筑等用地；不包括已作其他用途的文物古迹用地

续表

类别代号		类别名称	范围
大类	中类		
M		生产设施用地	独立设置的各种生产建筑及其设施和内部道路、场地、绿化等用地
	M1	一类工业用地	对居住和公共环境基本无干扰、污染和安全隐患的工业用地
	M2	二类工业用地	对居住和公共环境有一定干扰、污染和安全隐患的工业用地
	M3	三类工业用地	对居住和公共环境有严重干扰、污染和易燃易爆的工业用地
	M4	农业服务设施用地	各类农产品加工和服务设施用地，如农技站、兽医站等及其附属设施用地
W		仓储用地	物资的中转仓库、专业收购和储存建筑、堆场及其附属设施、道路、场地、绿化等用地
	W1	普通仓库用地	存放一般物品的仓储用地
	W2	堆场用地	露天堆放货物为主的仓库用地
T		对外交通用地	乡对外交通的各种设施用地
	T1	公路交通用地	规划范围内的路段、公路站场、附属设施等用地
	T2	其他交通用地	规划范围内的铁路、水路及其他对外交通路段、站场和附属设施等用地
S		道路广场用地	规划范围内的道路、广场、停车场等设施用地，不包括各类用地中的单位内部道路和停车场地
	S1	道路用地	规划范围内路面宽度等于和大于6米的各种道路、交叉口等用地
	S2	广场用地	公共活动广场用地，不包括单位内的广场用地
	S3	社会停车场库用地	公共使用的停车场和停车库用地，不包括其他各类用地配建的停车场库用地
U		工程设施用地	各类公用工程和环卫设施以及防灾设施用地，包括其建筑物、构筑物及管理、维修设施等用地
	U1	公用工程用地	给水、排水、供电、邮政、通信、燃气、供热、交通管理、加油、维修、殡仪等设施用地
	U2	环卫设施用地	公厕、垃圾站、环卫站、粪便和生活垃圾处理设施等用地
	U3	防灾设施用地	各项防灾设施的用地，包括消防、防洪、防风等
G		绿地	各类公共绿地、防护绿地；不包括各类用地内部的附属绿化用地
	G1	公共绿地	面向公众、有一定游憩设施的绿地，如公园、路旁或临水宽度等于和大于5米的绿地
	G2	防护绿地	用于安全、卫生、防风等的防护绿地

第三节　乡政府驻地规划建设用地标准

一、人均建设用地指标

通过对北京远郊区县乡人均建设用地面积的现状分析来看，乡的人均建设用地面积与国家规定的标准不符，与国家标准相比过高。这一方面是受农村地区自身的现实情况所影响，比如人口稀少、基础设施建设少、工业企业少，另一方面也说明了农村地区的土地集约化利用程度没有达到最优，存在建设用地浪费和粗放使用的情况。因此，对乡的人均建设用地面积应该制定合理的规范指标，以与乡的发展要求相符。

作为远郊区县乡，经济水平低、农民认识薄弱、村庄改造搬迁难度大，应该允许其在最大限度内做出人均建设用地调整，降低改造难度。按照因地制宜、集约利用原则，人均建设用地指标应控制在150平方米/人以内。边远地区和少数民族地区中地多人少的地区，可根据实际情况适当增加人均建设用地指标。

二、建设用地比例

建设用地比例根据现状分析和与镇区、城区对比，以及上文对乡的用地分类划分来看，建设用地比例的划分建议以五类用地为主，包括居住用地、公共设施用地、生产设施用地、道路广场用地、绿地，其他类用地受这五类用地影响较大，波动范围较大，不具有直接制定比例的必要，可以考虑进行建设用地的组合设定。

建设用地比例的确定与人均建设用地面积相关，每一类别的建设用地比例与每类建设用地人均建设用地面积相关。

（1）居住用地

居住用地作为地区最重要的用地，承担人口集聚的作用，它是其他用地的基础。目前乡政府驻地的现状居住用地所占平均比例高达57.8%，仍然占据乡政府驻地的主要用地，比《镇规划标准》规定的一般镇区居住用地上限43%高出约15%。

未来乡政府驻地的发展，将是集合全乡政治、经济、文化和居住的中心地区，尽管随着产业建设和基础设施建设的增加，对居住用地有一定的压缩影响，但全乡人口集聚的方向依然是乡政府驻地，未来居住用地的面积将不会有太大减少，因此居住用地比例的下降范围不宜很多。

根据北京远郊区县乡未来的增长人口计算，居住用地面积所占比重达到28%~46%，结合规范标准中的浮动范围一般为10%，建议居住用地所占建设用地的比例为32%~42%。

（2）公共设施用地

公共设施用地提供人口基本的社会服务，现状乡政府驻地的公共设施用地平均比例偏低，尚不足10%，且浮动范围较大。鉴于未来乡受到都市型现代农业产业发展的推动，基础设施建设投入逐渐加大，因此建议其范围参考镇区12%~20%。

（3）生产设施用地

目前北京远郊区县乡的生产设施用地占地比例约为10.7%，与城市工业用地规范标准15%~25%相比低于其下限。由于是在都市型现代农业发展背景下建设远郊区县乡，其现代农业产业建设应该成为地区的主要用地之一。

根据城市规划建设用地标准，工业用地人均建设面积不宜超过30平方米/人，工业建设用地比例不宜超过30%。郊区应因地制宜、合理扩展生产设施用地规模，乡以都市型现代农业发展为基础，产业建设开展较多，建议乡政府驻地生产设施用地人均建设用地面积不超过25平方米/人，宜为15~25平方米/人，以围绕农业产业开展一、二、三产发展，其生产设施用地面积所占比例为12%~20%。

（4）道路广场用地

道路广场用地目前平均占地面积比例为11%，属于镇区11%~19%的比例区间下限，但浮动范围大。随着乡的经济产业发展，对外需求增加，道路广场建设必然成为重点建设用地之一，建议参考《镇规划标准》10%~18%为宜。

（5）绿地

北京远郊区县乡的绿地面积普遍较少，现状占建设用地面积的4.7%，低于镇区规范标准。作为以都市型现代农业为产业发展基础的乡，其绿地建设应表现为其特色用地，应该在镇区规范8%~15%的标准上继续加大绿地建设，建议比例为8%~18%。

综上所述，都市型现代农业发展背景下北京远郊区县乡政府驻地的主要建设用地比例如表9-11。

北京远郊区县乡政府驻地建设用地所占比例　表9–11

类别名称	占建设用地比例
居住用地	32%~42%
公共设施用地	12%~20%
生产设施用地	12%~20%
道路广场用地	10%~18%
绿地	8%~18%

建设用地比例的制定与《镇规划标准》相比提高了居住用地比例，突出了生产设施用地的地位，略微降低了道路广场用地比例，提高了绿地所占的比例（表9–12），这与都市型现代农业的产业发展相互吻合，也更突出了乡在都市型现代农业发展背景下的建设发展具有自身特色，与镇区建设用地具有一定的差异性。

与镇区建设用地比例的对比　表9–12

用地分类	镇区各类用地占建设用地比例（%）	乡政府驻地各类用地占建设用地比例（%）	差异点
居住用地（R）	28~38	32~42	根据乡政府驻地特点，适度加大居住用地比例
生产设施用地（M）	—	12~20	突出设置生产设施用地比例，符合乡以都市型现代农业产业为发展背景的特点
道路广场用地（S）	11~19	10~18	降低道路广场用地比例
绿地（G）	8~12	8~18	提高绿地比例，符合都市型现代农业的生态环境

其他用地包括仓储用地、对外交通用地与市政设施用地，均受主要用地影响较大，应根据实际情况进行规划。

小结

乡政府驻地是乡的核心地区，其规划建设的水平决定了整个乡域的发展。乡政府驻地多由村庄集镇发展而来，现状较为复杂，在规划中不仅要考虑面向未来的长远发展，合理规划居住、公共设施、生产设施、仓储、对外交通、道路广场、工程设施、绿地等各项用地，也要考虑现实的发展基础，因地制宜地开展规划建设。同时，也应注意到乡地处乡村地区，因为发展条件所限，建筑及用地呈现多功能性的特点，用地性质多元且复合，在规划中要注重当地的实际情况，有针对性地提出规划策略。

第10章　乡公共服务设施规划

第一节　乡公共服务设施现状特点

一、多数乡与城市通勤距离较远，无法与城市共享公共服务设施

北京15个乡主要位于远郊区县，与北京市中心距离较远（图10–1），最近的于家务回族乡距中心城区30公里，而最远的蒲洼乡和长哨营满族乡达到了120公里，各乡距中心城的平均距离达到了87.13公里。与新城的平均距离也有38.25公里。据测算，在北京87.13公里的通勤距离约为3小时左右，一般认为人口当日通勤的极限为70公里。因此多数乡由于区位关系较难共享城市或者新城公共服务设施。

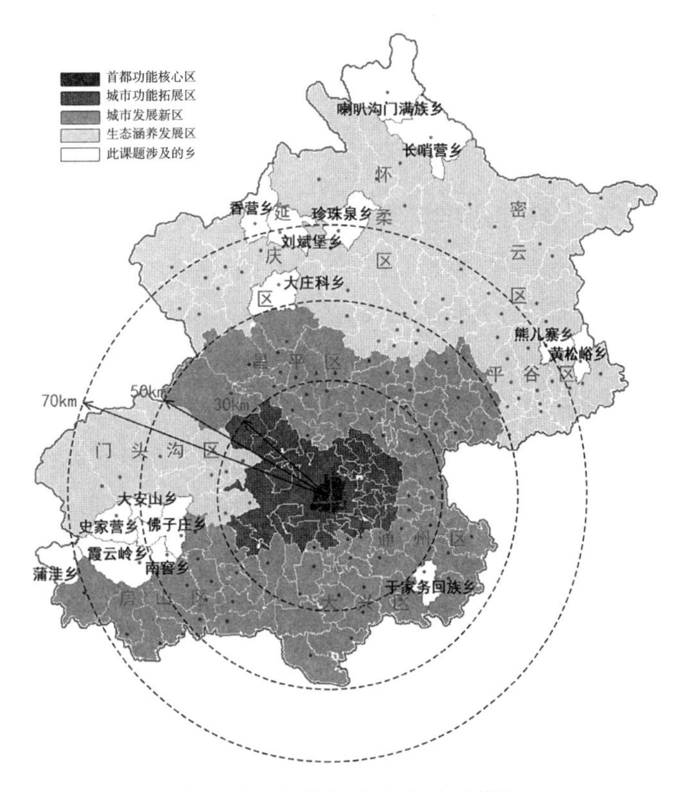

图10–1　北京15个乡分布示意图

二、乡人口密度低，现状公共服务设施使用效率不高

北京市域范围内由内向外分为平原、浅山区和深山区，全市平均人口密度为719.48人/平方公里，从市中心到郊区，从平原到山区，人口密度呈圈层减少态势。而北京的15个乡人口密度为73.85人/平方公里，只是北京市平均人口密度的10.26%（表10-1）。

北京各地区人口密度统计表　　表10-1

区域名称	辖区面积（平方公里）	人口（万人）	人口密度(人/平方公里)
北京市平均	16410.54	1180.70	719.48
首都发展核心区	92.39	225.70	24429.05
城市功能拓展区	1275.93	495.30	3881.87
城市发展新区	6295.57	299.00	474.94
生态涵养发展区	8746.65	160.70	183.73
北京地区15个乡	1919.61	14.19	73.85

资料来源：根据北京统计局网站数据计算

公共服务设施的受众对象是人，北京市农业乡人口密度低，造成对公共服务设施的需求小而散，乡的公共服务设施很难高效利用。

三、乡建设用地不集约，公共服务设施用地比例偏小

北京作为经济快速增长地区，建设用地压力较大，但乡建设用地使用粗放。据调研统计，北京市乡现状建设用地总和为4665.05公顷，人均建设用地高达199.27平方米（表10-2）。与镇规划标准相比，现状乡公共服务设施用地比例很小，平均只占建设用地的1.60%，最大的熊儿寨乡公共服务设施也只占建设用地的9.96%，不能达到一般镇区公共设施用地的比例要求（表10-3）。究其原因一方面在于乡公共服务设施长期欠账；另一方面，我国农村长期形成的村民住宅占地较多，住宅用地不集约，乡居住用地占建设用地的指标偏高。

北京市农业乡建设用地及公共服务设施用地情况统计表　　表10-2

所在区县	名称	乡域面积（平方公里）	建设用地（公顷、平方米/人）		公共服务设施用地（公顷、平方米/人）		公共用地占建设用地比例（%）
			现状	人均	现状	人均	
通州区	于家务回族乡	65.7	763.5	302.02	25.06	9.91	3.28

续表

所在区县	名称	乡域面积（平方公里）	建设用地（公顷、平方米/人）		公共服务设施用地（公顷、平方米/人）		公共用地占建设用地比例（%）
			现状	人均	现状	人均	
房山区	霞云岭乡	218	420.23	401.86	2.01	1.92	0.48
	南窖乡	40.16	167.97	230.16	2.78	3.81	1.66
	佛子庄乡	148.69	414.54	284.85	2.89	1.99	0.70
	大安山乡	62.29	124.93	139.21	2.47	2.75	1.98
	史家营乡	110.6	869.9	805.46	6.25	5.79	0.72
	蒲洼乡	86.43	188.82	417.37	1.66	3.67	0.88
平谷区	黄松峪乡	64.4	87.5	150.52	3.05	5.25	3.49
	熊儿寨乡	59.2	78.03	173.4	7.77	17.27	9.96
怀柔区	长哨营满族乡	241.47	138.14	137.21	6.83	6.78	4.94
	喇叭沟门满族乡	302	129.97	185.3	3.6	5.13	2.77
密云县	檀营满族蒙古族乡	2.73	103.3	257.41	3.97	9.89	3.84
延庆县	大庄科乡	126.57	152.41	262.23	2.03	3.49	1.33
	刘斌堡乡	121.9	157.21	202.83	2.04	2.63	1.30
	香营乡	117	745.1	847.67	1.78	2.03	0.24
	珍珠泉乡	144.3	123.5	320.36	2.61	6.77	2.11
合计		4293.35	4665.05	199.27	74.79	3.19	1.60

资料来源：根据实地调研统计资料得出

镇建设用地构成比例　　表10-3

类别代号	用地类别	占建设用地比例（%）	
		中心镇区	一般镇区
R	居住用地	28~38	33~43
C	公共设施用地	12~20	10~18
S	道路广场用地	11~19	10~17
G1	公共绿地	8~12	6~10
四类用地之和		64~84	65~85

资料来源：《镇规划标准》

四、乡公共服务设施类型不全、规模过小

根据调研现状，北京乡公共服务设施类型包括行政管理（乡委、乡政府）、教育机构（初级中学、小学、幼儿园）、文体科技（文化活动中心）、医疗保健（乡

级卫生院）、商业（农村商业银行）、集贸设施（集市）。从类型上看，缺少适应农村地区发展的旅游服务中心和农业技术培训学校；从规模上看，现状乡公共服务设施普遍规模偏小，人均面积与规模相当的镇和居住小区差距巨大。

五、社会经济发展对乡公共服务设施提出新的要求

随着城乡统筹的不断发展，北京市的民俗旅游业发展迅速，游客人次逐年提高。民俗旅游业的发展对统筹城乡经济、社会协调发展具有重要意义，也是具有较大潜力的朝阳产业。这对乡公共服务设施提出了新的要求，如“乡级旅游接待中心”等设施就是适应乡开展旅游业急需兴建的公共服务设施。另外为了提高农业生产的科技含量，需要对农民进行农业技术培训，迫切需要诸如“农业技术培训”的公共服务设施。但实际调研中这类公共设施十分缺乏。

第二节　乡公共服务设施配置要点及原则

一、辐射性

由于乡与市中心、新城通勤距离普遍较远，因此乡的公共服务设施配置原则应为：建设相对独立的公共服务设施，以乡政府驻地为中心辐射乡域内所有村庄，能基本满足乡域范围内居民对公共服务的需求。人口规模较小的乡可与周边镇共享中等教育设施。

二、适用性

在城乡统筹发展水平较高的形势下，乡公共服务设施配置类型及规模应针对新形势提出新要求，如针对发展乡村旅游业和提高农业科技水平，增加旅游接待中心、农业技术培训学校等服务设施。乡公共服务设施配置规模应基本达到与其人口规模相匹配的城镇居住区公共服务设施配置的标准，对功能类似的公共服务设施类型考虑适当兼容。

三、集约性

目前各乡都编制了乡总体规划，规划中力求对乡建设用地不集约的情况进行

改善，解决方式为迁村并点，将分布零散的建设用地整合到乡政府驻地周边，这将在一定程度上提高乡公共服务设施的辐射能力。应结合迁村并点工作，逐步将分散的、使用率不高的小型公共服务设施整合，集中在乡政府驻地周边。

第三节　农业乡公共服务设施标准初探

一、根据乡的人口规模确定公共服务设施配置层次和规模

现状乡域平均人口为1.4万人，乡政府驻地平均人口为0.12万人，与相关规划标准比较，其与居住小区和居住组团的人口规模相当（表10-4），因此乡公共服务设施配置可参考居住小区和居住组团的层次和规模配置。

北京市农业乡人口规模与居住区规模级别比较　表10-4

人口规模	北京市乡现状		城市居住区规划设计规范（GB 50180-93)(2002）		北京市总体规划（2004-2020）		北京市居住区规划标准（2002）		上海市居住区规划标准（1997）		深圳市居住区规划标准（2004）	
	级别	规模（万人）	级别	规模（万人）	级别	规模（万人）	级别	规模（万人）	级别	规模（万人）	级别	规模（万人）
1~2万	乡域	1.4	居住小区	1~1.5	功能社区	1.5~3	居住小区	1~2	居住小区	2	居住小区	1~2
<1万	乡政府驻地	0.12	居住组团	0.1~0.3	基础社区	0.3~1	—	—	居住组团	0.25	—	—

二、以医疗设施为例探究北京市农业乡医疗设施配置标准

医疗设施是与乡人口密切相关的公共服务设施。现状北京农村地区采用“县、乡、村”的三级卫生服务体系，目的是为加强乡级卫生院的服务质量，提高医务人员的行医水平，加强乡级医院和村卫生室、乡级医院和县级医院的有机联系。

根据现状调研统计，乡政府驻地均有一所乡级卫生院，平均建筑面积569平方米，千人床位数为0.69张/人（表10-5)。与相关规划标准比较（表10-6），乡的千人床位数总体水平较低，而每张床位所匹配的建筑面积和占地面积较大，用地不集约。

乡级卫生院配置情况　表10-5

所辖区县	乡名称	乡人口	占地面积（平方米）	建筑面积（平方米）	床位数量	千人床位数
通州区	于家务回族乡	25280	1200	867	16	0.63
房山区	霞云岭乡	10457	1890	789	6	0.57
	南窖乡	7298	2003	580	5	0.69
	佛子庄乡	14553	1654	690	8	0.55
	大安山乡	8974	980	650	6	0.67
	史家营乡	10800	800	650	6	0.56
	蒲洼乡	4524	650	350	5	1.11
平谷区	黄松峪乡	5813	700	500	5	0.86
	熊儿寨乡	4500	635	400	4	0.89
怀柔区	长哨营满族乡	10068	850	700	8	0.79
	喇叭沟门满族乡	7014	680	480	5	0.71
密云县	檀营满族蒙古族乡	4013	500	420	5	1.25
延庆县	大庄科乡	5812	800	500	4	0.69
	刘斌堡乡	7751	740	630	5	0.65
	香营乡	8790	740	600	5	0.57
	珍珠泉乡	3855	450	300	4	1.04
均值		8719	955	569	6	0.69

乡医疗设施与相关标准比较　表10-6

	北京乡现状（均值）	城市居住区规划设计规范 GB 50180–93（2002）	北京市居住区规划标准（2002）	深圳市居住区规划标准（2004）	中山市居住区规划标准（2004）	香港特别行政区居住区规划标准
床位数（个）	6.1	—	—	—	—	—
千人床位数	0.69	3~4	4	4	—	5.5
建筑面积（m^2/床）	93.9	30~60	66	60~70	30~60	—
占地面积（m^2/床）	157.4	38~83	115	10~120	38~83	82

由于农村人口和城市人口在医疗方面的要求差异不大，且乡域内居民到城市就医距离远，因此乡级卫生院应承担不低于城市同等规模的医疗需求。根据实际需求并参考相关标准，建议乡卫生院配置标准见表10–7。

北京市乡级卫生院配置标准 表10–7

千人床位数	建筑面积（m^2/床）	占地面积（m^2/床）	人均占地面积（m^2/人）
3	60	100	0.3~0.5

三、乡公共服务设施配置类型

公共服务设施主要包括行政管理、教育科研、文化体育、医疗保健、商业和集贸设施等，为了使乡域规划在配置公共服务设施过程中明确政府的作用和市场的作用，将乡公共服务设施分为“突出政府管理内容的刚性类型和市场调节内容的弹性类型”，其中行政管理、教育科研、文化体育、医疗保健设施归为刚性类型。商业及集贸设施归为弹性类型。充分考虑农业乡发展特点，提出符合乡发展要求的公共服务设施配置类型（表10–8）。

乡镇公共服务设施配置类型比较 表10–8

<table>
<tr><th colspan="2" rowspan="2">类别</th><th>镇规划标准（GB50118–2007）</th><th>乡规划标准</th><th rowspan="2">公共服务设施配置类型说明</th><th rowspan="2">性质</th></tr>
<tr><th>一般镇应设的项目</th><th>应设的项目</th></tr>
<tr><td rowspan="3">一</td><td rowspan="3">行政管理</td><td>党政、团体机构</td><td rowspan="3">人民政府</td><td rowspan="3">由于乡普遍规模较小，集中配置行政管理设施有利于节约集约利用资源，因此将镇规划标准中的各类行政管理设施集中于人民政府</td><td rowspan="6">突出政府管理的刚性类型</td></tr>
<tr><td>各专项管理机构</td></tr>
<tr><td>居委会</td></tr>
<tr><td rowspan="3">二</td><td rowspan="3">教育科研</td><td>初级中学</td><td>初级中学（周围地区初级中学可辐射该乡时，该乡可取消设置初级中学）</td><td rowspan="3">教育机构配置类型可参考镇规划标准，鉴于乡人口较少，临近城镇有规模较大的初级中学时，可考虑将学生统一安排到该区域就学，撤销该乡中学。农业技术培训中心是提高农民科技水平的重要部分，因此建议配置，可在小学中兼设农业技术培训中心</td></tr>
<tr><td>小学</td><td>完全小学（兼农业技术培训中心）</td></tr>
<tr><td>托儿园托儿所</td><td>托儿园托儿所</td></tr>
</table>

续表

类别		镇规划标准（GB50118–2007）	乡规划标准	公共服务设施配置类型说明	性质
		一般镇应设的项目	应设的项目		
三	文化体育	文化站（室）、青少年及老年之家	文化活动中心（兼旅游服务中心）	满足乡居民文化需求既是乡居民的自身愿望，也是乡发展旅游业的必然要求，因此建议配置乡文化活动中心，并兼作旅游服务中心	突出政府管理的刚性类型
四	医疗保健	计划生育站	乡级卫生院	除一般镇规划标准要求的医疗设施外，建议按照县、乡、村三级卫生体系要求配置乡级卫生院	
		防疫站、卫生监督站			
五	商业	百货店、食品店、超市	商业综合设施	根据市场要求布置商业设施，可将类型相似的商业设施按需求合理布置，适当整合。 农村商业银行虽属市场性、弹性控制类型，但其在乡村居民的生产生活过程中十分必要，因此建议各乡应设农村商业银行，可根据需求情况灵活掌握营业时间	突出市场调节内容的弹性类型
		生产资料、建材、日杂商店			
		粮油店			
		药店			
		燃料店（站）			
		文化用品店			
		书店			
		综合商店			
		理发馆、浴室			
		综合服务站			
		饭店、饮食店、茶馆等			
		银行信用社保险机构	农村商业银行		
六	集贸设施	百货市场	集市	建议集贸设施按市场需求合理布置，突出农业生产为主的乡村特色	
		蔬菜、果品、副食市场			

四、乡各类公共设施标准

按照上述制定乡医疗设施配置标准的研究方法，确定乡公共服务设施配置标准为：行政管理0.75~1.5平方米/人，教育科研2.35~3.0平方米/人，文化体育设施

0.5~1.2平方米/人，医疗保健设施0.3~0.5平方米/人，商业金融0.3~0.5平方米/人，集贸设施0.5~0.7平方米/人（表10–9）。

乡各类公共建筑人均用地面积指标（平方米/人）　表10–9

行政管理	教育科研			文化体育	医疗保健	商业金融		集贸设施	合计
人民政府	幼儿园	小学	初级中学	文化活动中心	乡级卫生院	商业综合设施	农村商业银行	集市	—
0.75~1.5	0.15~0.4	1.0~1.1	1.2~1.5	0.5~1.2	0.3~0.5	0.2~0.3	0.1~0.2	0.5~0.7	—
0.75~1.5	2.35~3.0			0.5~1.2	0.3~0.5	0.3~0.5		0.5~0.7	4.7~7.4

小结

城乡一体化的重要措施就是合理配置城乡公共服务设施，让协调、均等的公共服务设施引导资金、技术、人才等生产要素向农村地区合理流动。为使乡政府驻地更好地发挥集聚效应，公共服务设施的配置尤为重要。乡的公共服务设施是乡发展建设的重要部分，决定了乡的整体服务水平与质量。由于目前乡的发展水平所限，乡公共服务设施在用地比例、类型、规模等方面都存在不足，亟待进一步提升。因此，在公共服务设施规划中，尤其应该关注需要由政府提供的医疗、福利设施、教育、文化、体育等公共设施的规划，发挥规划作为公共政策工具对城乡发展起到的引领作用，以切实提高乡公共服务设施水平，造福人民。

第 11 章　现代农业园区规划

随着城乡一体化的推进，农业的发展已经和城市经济、社会、生态环境融为一体。城乡规划的重点已不仅局限于安排城市建设用地，而且转向城乡空间的统筹布局。2010 年中央“一号文件”强调要把发展现代农业作为转变经济发展方式的重大任务。为此，城乡规划应加强对适应现代农业发展理论的空间布局规划研究，以构筑城乡一体的发展格局。

2012年中央“一号文件”突出强调农业科技的重要性。指出实现农业持续稳定发展、长期确保农产品有效供给，根本出路在科技。要“推进国家农业高新技术产业示范区和国家农业科技园区建设”。我国现代农业园区[①]的实践与提出始于1994年。2009年底，我国地市级以上的农业科技示范园区已有800多个，县（市）级以上农业科技示范园区有4000多家[②]，其他各类农业园区不计其数。2012年1月，农业部正式认定101个第二批国家现代农业示范区[③]，明确创建国家现代农业示范区对于示范和引领我国现代农业建设的重大意义。其首要要求就是坚持规划先行。作为乡村地区农业发展转型的依托，各类现代农业园区规划也是乡规划的重要组成部分。但是，由于现代农业的综合性强，规划涉及农业、土地、空间布局、园林景观等诸多学科，以往规划内容或偏重产业，或偏重土地利用，学科交叉研究相对缺乏，加之尚无技术规范，现代农业园区发展规划的基本范式一直没

---

① 现代农业园区的名称不一，包括农业科技园、农业高新技术开发区农业示范区、农业示范园区、农业科技示范园区、农业观光园、休闲农业园区、生态农业园区等。

② 张云彬，蒋五一，曹中良．基于功能系统分析的现代农业园区规划方法研究[J]．华中农业大学学报，2010（6）.

③ 根据2010年《农业部关于创建国家现代农业示范区的意见》，从2010年开始，用五年的时间，在全国范围内创建一批具有区域特色的国家现代农业示范区，使之成为现代农业生产与新型农业产业培育的样板区、农业科技成果和现代农业装备应用的展示区、农业功能拓展的先行区和农民接受新知识新技术的培训基地，引领区域现代农业发展，加速中国特色农业现代化进程。

有形成，无法满足现代农业园区迅速发展的要求，亟待加强研究。

第一节　现代农业园区规划面临的问题

由于现代农业园区是近年来我国农业发展中出现的新的经济现象，目前现代农业园区规划建设存在发展定位不清晰、产业特色不突出、空间布局不明确等问题。

一、发展定位不清晰，选址不当

无论哪类农业园区，在规划中普遍存在着定位不够清晰的问题。对现代农业的内涵把握不够明确，就农业论农业，就园区论园区，园区选址未能充分考虑城乡发展的需要，有些园区距离城市过近，导致被过快的城市发展所吞噬，而有些园区距离城市过远，又造成无所依托而边缘化、破败化。主要问题体现在重视经济效益，而忽视社会效益和生态效益；重视园区内部建设完善，而忽视与外部区域的联系与协调；重视农业发展，而忽视农业、农村、农民之间的紧密关联以及城乡一体化的发展格局。

二、产业特色不突出，功能单一

一方面，虽然同为农业园区，但是由于农业的门类众多，农业发展的资源制约因素复杂，农业园区的主导产业门类也会不尽相同，规划中普遍存在主导产业门类特色不突出、多门类并举的问题；另一方面，作为现代农业园区，规划中对现代农业所体现的一产、二产、三产相结合的产业链规划不足，仍然按照传统农业规划方式，仅着眼于农业生产，而忽视多产业互动的产业特色体现。

三、空间布局不明确，特色丧失

传统农业园区的土地利用规划侧重于适应农业生产的空间布局方式，着重于粮油棉、蔬菜、花木苗圃、果园、畜禽养殖场、水产养殖场、食用菌种植园等的规划布局，但是现代农业园区需要提供的生产服务、科研、展示、科普、培训、旅游等功能在空间布局中如何体现却不明确。农业园区所提供的生态功能、景观功能在规划空间布局中难以落实。因忽视空间管制，造成农业园区特有的田园特色丧失。

第二节 现代农业园区规划的特点和要求

一、现代农业园区是转变经济增长方式的重要载体，体现城乡互动的发展理念

现代农业与传统农业有本质的不同。现代农业是农业与科技的融合。现代农业的发展过程是用现代科技与装备改造传统农业的过程，是用现代农业科技知识培养和造就新型农民的过程。现代农业是“大农业”，以一体化的经营方式进行资源配置和利益分配。农业产前、产中、产后紧密衔接，产加销、农工贸环环相扣。[①]2011年，我国城镇化率已经超过50%。随着城镇化的加速发展，农民日益减少，农业科技的发展，农业生产专业化、农产品商品化、农村服务社会化，以及农民的职业化会在长时期内从根本上改变和影响农民的结构、农业的生产方式和农村的发展，继而改变传统的城乡发展格局。

大力发展农业园区是推进现代农业发展、实现转变农业经济增长方式的有效途径。目前，我国已有国家级农业科技园区63个，国家级现代农业示范区152个，全国休闲农业与乡村旅游示范点203个（表11-1）。从总体上看，我国现代农业园区的发展历经了三个阶段[②]，职能定位逐渐拓展和深化。

主要现代农业园区概况 表11-1

农业园区类型	园区特征	园区内容	国家级园区数量
农业科技园区	由科技部门批准设立，以农业科技创新和技术示范推广为主要目标的农业园区	包括农业高新技术产业园区、农业科技示范园区、农业企业孵化园区等	国家农业科技园区3批共63个
农业产业园区	由农业部门批准设立，以农业产业化经营示范为主要目标的农业园区	包括农业产业园和现代农业示范区等	国家现代农业示范区2批152个
农业综合开发示范区	由财政部门批准设立，以对农业资源进行综合开发利用为目标的园区	包括土地整理项目和产业化经营项目等	—
观光农业园区	由农业部门和旅游部门批准设立，以农业休闲服务为主要内容的都市型现代农业园区	包括观光农场、市民农园、农业公园、教育农园、休闲农业园、休闲农庄等	全国休闲农业与乡村旅游示范点203个

资料来源：参考《农业园区规划设计》及国家农业部、科技部网站资料整理

① 曾磊，邢慧斌．产业融合视角下的现代农业示范区规划——兼论其旅游功能的拓展[J]．安徽农业科学，2011（33）．

② 王树进．农业园区规划设计[M]．北京：科学出版社，2011.

第一阶段（1994~2000年）为初创探索阶段。以1994年前后建立的北京中以示范农场、上海孙桥现代农业开发区为标准，各地纷纷建立以农业技术推广为目标、以设施农业为主体的农业科技园区或示范园区。以展示和应用世界先进农业设施和农业高新技术为主要内容。主要任务是新品种、新技术的引进示范和农业新技术的培训和服务。

第二阶段（2001~2009年）为规范发展阶段，以2001年国务院委托科学技术部和农业部牵头，联合六部委实施农业科技园区国家项目为标志，相继出台了一系列政策和措施，引导农业现代化发展，园区定位向产业培育、科技成果转化、物流配送等方面拓展。园区更加注重园区多种功能的开发，以开发高技术和开拓新产业为目标。

第三阶段（2010年以后）为成熟提高阶段。以2010年农业部认定第一批国家现代农业示范区为标志，作为梯度推进我国现代农业发展的重要举措。各级农业园区的网络体系逐步完善，园区定位向科技研发、交易展示、科普培训、旅游观光等方面进一步拓展深化。园区由示范为主向带动区域产业发展为主转变。在农业组织经营方式、科技进步、新型农民培养、服务体系建设、多元化投入和体制创新等方面进行探索，促进农业新技术的示范推广、农业产业化经营、增加农民收入、推动新农村建设（图11–1）。

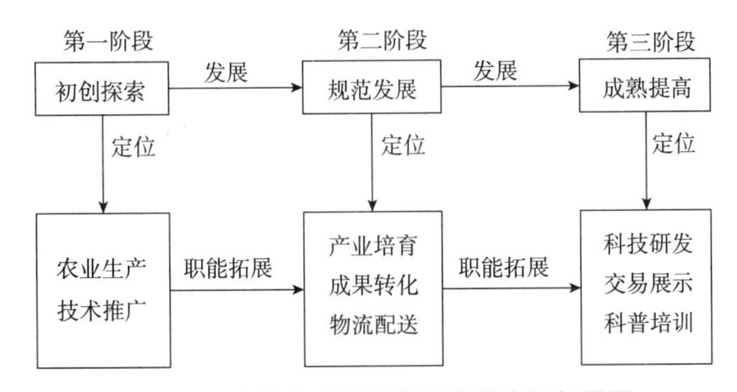

图11–1　现代农业园区发展阶段定位拓展图

因此，现代农业园区的规划已不仅局限在农业和园区内部，而是应该从城乡互动的视野进行统筹规划（图11–2）。要突破传统农业远离城市或城乡界限明显的局限性，实现城乡经济社会一元化发展。这就需要对现代农业园区给予适宜的选址位置和发展空间，充分发挥带动作用，以实现城乡生产要素的合理流动和组合。

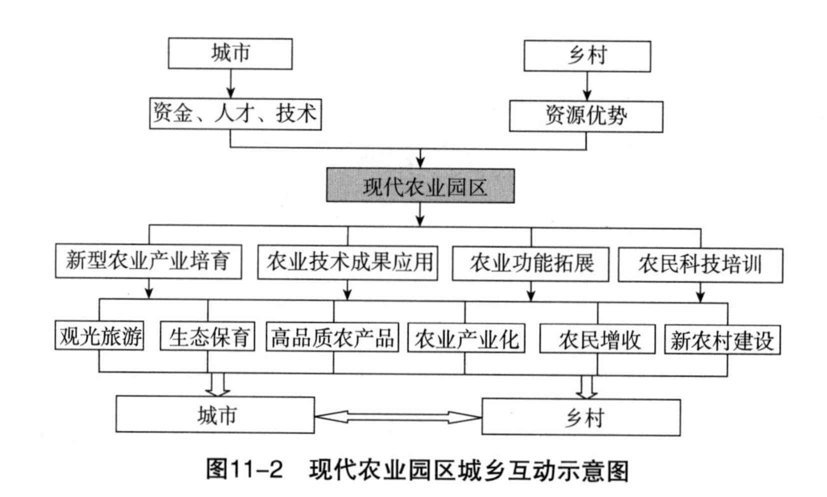

图11-2　现代农业园区城乡互动示意图

二、现代农业园区是以农业为依托的多功能园区，具有产业互动的功能格局

与工业园区大多只具有生产功能不同，农业园区一般具有生产、服务、游憩、生态等多项基本功能，以农业为依托，与科技、旅游、生态相结合，一、二、三产相融合，拓展产业链条。

通过科技与农业的互动，实现现代农业园区最基本的生产功能。现代农业可利用科技装备，研发推广农业科学技术，提高农业生产力水平，为城乡居民提供鲜嫩、鲜活的蔬菜畜禽产品、果品及水产品。通过旅游与农业的互动，实现现代农业园区的游憩功能。利用农业观光、参与农事劳动、体验民俗风情、获取农业科普知识等城乡资源的整合开发旅游资源，实现城乡互动和“农游合一”。通过生态与农业的互动，实现现代农业园区的生态功能。注重生态功能的延续，通过控制开发强度，降低环境负荷，保护生物多样性，营造优美宜人的生态景观，建设生态可持续的农业示范区。①

在此基础上，服务功能对整个农业园区起到支撑作用。服务功能是为农业生产的产前、产中、产后服务的功能。现代农业园区集科研、试验、物流、创意、会展等服务于一体，拓展农业业态，延伸产业链（图11-3）。

与现代农业园区的主导功能定位相对应，一般园区的主要功能板块包括生产加工功能、科研培训功能、科普教育功能、旅游休闲功能等。包括示范、试验、加工、仓储、物流、交易、研制、开发、孵化、培训、展示、教育、体验、品

① 张云彬，蒋五一，曹中良．基于功能系统分析的现代农业园区规划方法研究[J]．华中农业大学学报，2010（6）．

尝、观光、娱乐等多项功能。在不同的板块内，各项功能会有交叉，例如示范、展示功能在各个板块中都有体现，但是各有侧重和体现方式。这也为农业园区规划提出了更高的要求。

以农业生产加工、科技示范推广为主要功能的园区，产业定位主要以第一产业为主，与第二产业相结合；而以旅游观光功能为主的园区，产业定位主要以第一产业为主，与第三产业相结合（表11–2）。

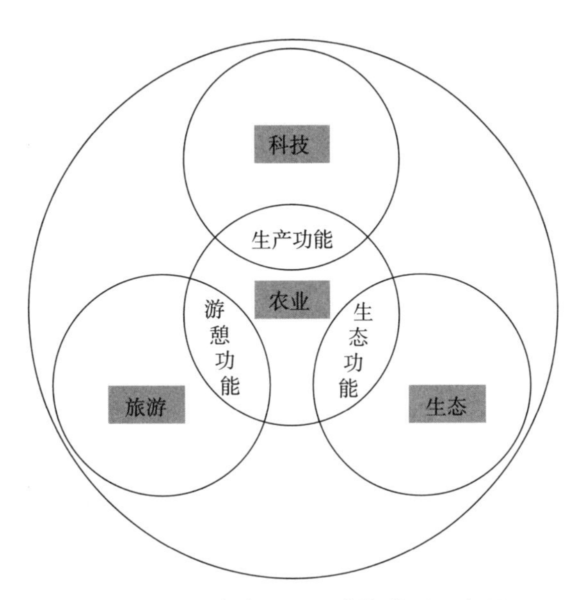

图11–3　现代农业园区功能关系示意图

现代农业园区功能分解　　**表11–2**

现代农业园区类型	生产加工					科研培训					科普教育			旅游休闲		
	示范	试验	加工	仓储	物流	交易	研制	开发	孵化	培训	展示	教育	体验	品尝	观光	娱乐
农业科技园区	●	●	○	○	○	○	●	●	●	●	●	○	○	○	○	○
农业产业园区	●	●	●	●	●	○	○	○	○	○	●	○	○	○	○	○
农业综合开发示范区	●	●	●	●	●	○	●	●	○	●	●	○	○	○	○	○
观光农业园区	●	●	○	○	○	○	○	—	—	○	●	●	●	●	●	○

注：●表示主要功能；○表示次要功能；—表示可无此功能

具体的项目类型比较多，比如：种植业中的有机（绿色）蔬菜、有机（绿色）瓜果、观赏花卉、经济作物等；养殖业中的渔业养殖、家畜禽养殖、珍稀家禽养殖、观赏性动物养殖等；加工业中的果蔬加工、肉蛋加工等；旅游业中的餐饮类、度假休闲类、疗养类等。[①]

三、现代农业园区是多种类型土地的综合利用，具有空间互动的景观特色

现代农业园区虽然是产业园区的一种形式，但是具有很大的特殊性。与以工业或高科技为主的其他产业园区相比，农业园区因其功能多元复合的特点，空间多样化，大多包括农用地和建设用地两种用地类别（表11–3）。

现代农业园区与工业园区对比分析 表11–3

	工业园区	农业园区
功能要求	生产为主，功能相对单一	功能复合
空间布局	空间匀质化	空间多样化
用地类型	建设用地	农用地、建设用地
规划重点	地块划分，道路交通	合理安排农用地和建设用地，保持景观特色

一方面，需要协调好农用地和建设用地的关系。由于早期的农业园区大多只是承担农业生产和科技成果转化示范的职能，使用农用地即可满足园区发展需要。但是近年来随着现代农业园区职能的不断拓展，各项服务功能日益增强，对建设用地的需求也不断增加。不同功能分区具有各自的空间布局特点，用地类型也日益丰富（表11–4）。在农用地中，根据土壤条件等自然因素，可分为林地、耕地、园地（花卉苗圃、经济作物）、设施农业用地（工厂化作物栽培、养殖用畜禽舍、水产养殖生产设施用地）等；在建设用地中，又可分为生产型用地和服务型用地等。因此，需要在现代农业园区规划中合理组织各类用地。

① 李晓颖，王浩. “三位一体”生态农业观光园规划探析[J]. 中国农学通报，2011（25）.

现代农业园区功能分区空间布局特点　表11-4

功能分区	具体分区举例	空间布局和用地特点
生产加工	农业生产区 科技示范区	以自然景观为主，围绕各项农业生产活动，展示农业科技成果，强调生产功能。用地以农用地为主
	加工制作区 仓储物流区	以人工景观为主，从事与农业生产活动相关的非农业生产活动和产后服务，包括农产品包装、加工、冷藏、储存、运输等内容。用地以建设用地为主
科研培训	科技研发区 交易会展区	以人工景观为主，注重节能和生态技术运用，体现科技与自然的结合。发展绿色生态建筑。用地以建设用地为主
科普教育	农业展示区	以自然景观为主。用地以农用地为主
	科普展览区	自然景观与人工景观相结合，注重空间景观特色塑造。复合用地
旅游休闲	田园风情区 农事活动区	以自然田园景观为主，展示农作劳动为主。用地以农用地为主
	休闲度假区 餐饮娱乐区	自然景观与人工景观相结合，注重空间景观特色塑造。复合用地

另一方面，需要维护和发扬农业园区特有的景观特色。21世纪是人与自然和谐发展的时代，农村和农业日益发挥国土保持、环境保护以及景观维持与培养的功能，是全社会的共同财富。现代农业园区虽然改变了传统农业的生产方式，但是其农业发展对于全社会的生态和景观作用不容忽视。在农业园区整体规划布局强调农业生产的高效性、实用性的同时，应注重保持其良好的生态环境和田园风光，并从旅游的角度出发，整合各种资源，满足观赏需求。

第三节　现代农业园区规划对策

针对现代农业园区城乡一体、产业关联、功能多样的特点，应基于互动理念、从多学科融合角度制定规划对策，以适应现代农业园区的发展需要。

一、以城乡统筹视角明确现代农业园区的发展定位，合理确定选址

应深入理解现代农业的内涵，把握现代农业园区的发展定位，以促进城乡协调可持续发展的价值取向指导园区规划，致力于经济、社会和生态的全面发展。以“大农业”的眼光看待现代农业的发展和现代农业园区的作用，充分体现农业生产专业化、农产品商品化、农村服务社会化的园区规划建设理念，应结合区域

的经济技术水平条件，规划相应的园区，做好现代农业的产业规划。重视园区与城市和周边区域的联系和协调，合理确定选址。选择交通和配套设施便捷，临近主要干道，有利于人流、物流畅通的地段，与城市保持适度的距离，既保证与城市的紧密联系，但也要避免距离城市过近而很快融入城市建设区；选择适宜于农业生产和配套工程建设及地形起伏变化不大的平坦地段；要充分考虑农业园区的特点，划定园区核心区、示范区、辐射区的范围并预留适当的发展空间；要充分结合新农村建设，依托现有农村社区，以强化园区的辐射带动作用，充分发挥园区服务于当地农民群体和农村社区的作用，解决当地居民就业，提高农民收入。

二、以产业融合视角突出现代农业园区的产业特色，促进功能完善

应深入分析现代农业园区发展的各项资源制约因素，明确园区的主导产业和特色，并细致分析园区的功能组成、功能组织和功能布局，突出一产、二产和三产的互动与联系，突出产业特色，将园区的生产、游憩、生态和服务功能有机结合。明确园区的功能分区，既要分析和划分各项功能，又要克服功能纯化所带来的空间单调的弊端，在功能的集中与分散之间取得均衡：将某些功能分解，与若干区块相组合、匹配；将若干功能从集中建设区中剥离出来，从而实现功能的叠合，增加园区活力。例如，展示功能，可以细化为农业技术示范展示和科普展示，既可以与科普展厅相结合，又可以将专门展馆和实景科普相结合。同时，重视园区为都市居民提供接触自然、体验农业及观光休闲与游憩的场所与机会的社会功能，以及营造优美宜人的绿色景观，改善自然环境，维护生态平衡的生态功能。

三、以空间互动视角落实现代农业园区的景观格局，加强空间管制

现代农业园区的空间布局规划要充分尊重以农业生产为主的功能特色和景观格局。一方面，由于现代农业园区的功能多元化，要合理制定园区人口发展指标，优化各项用地。需要综合统筹考虑并协调好农用地和建设用地的关系，细化农业产业用地的划分。根据项目类别和用地性质、项目之间的支撑与联动性、项目性质与空间属性的匹配性进行合理分隔，并使之有机关联。另一方面，要加强空间管制，充分考虑农业生产特点，划定禁建区与限建区，引导空间有序发展，避免园区不切实际的过度建设，保持农业园区景观特色。要重视园区景观规划设计，园区建筑要与环境融为一体，体量和风格应与所处的周围环境相协调。从农

业生产和观光旅游两者的不同需要出发，合理确定景观林、防护林以及苗圃的位置，并设计景观游线，有条件的园区还应根据季节变化设计不同的景观游线，以充分发挥农业园区的游憩功能。

四、创新管理体制和机制，促进现代农业园区持续发展

应充分尊重现代农业园区的发展特点，从城乡统筹角度出发创新园区的管理体制和机制。首先，应完善管理体制，加强协同合作，形成以农业部门为主，农业、科技、国土、规划、建设等多部门联动的综合管理体系，以顺应现代农业园区“大农业”的发展路径。其次，应加强制度保障，切实落实对农业园区实质性的农业投入，不断改善农业发展的各项设施和条件，以使现代农业园区发挥更大的辐射带动作用。再有，应创新和不断完善现代农业园区各类用地的使用和管理。随着现代农业园区功能的多元化，在按需配置部分建设用地的同时也应严格对建设用地使用的审批与管理，明确土地用途管制。结合现代农业园区规划建设，将区域内产业布局规划、农村居民点布局调整规划、土地资源整治规划相结合，不断优化区域空间结构，积极推进农村土地适度规模经营和集体建设用地流转，以解决现代农业园区的发展和配套设施建设空间问题，促进现代农业园区的持续健康发展。

小结

发展现代农业是我国当前转变经济发展方式的重大任务。现代农业是一个庞大的系统工程，影响到农业产业结构的调整、农村环境的建设和农民生活的改变，对城乡社会、经济的进步和文化、生态环境的保护具有重要的影响。现代农业园区作为现代农业展示的窗口，其规划带有极大的综合性，既不是单纯的农业产业规划，也不是单纯的土地利用规划，而是综合性的城乡规划，涉及农业技术、景观生态、旅游规划、风景园林、农业经济、城乡规划等诸多学科。因此，要做好现代农业园区规划就必须加强多学科的通力合作，加快相关编制标准或者导则的制定，以城乡互动、产业互动、空间互动的视角确定其规划理念、重点和内容，使得现代农业园区发挥综合效益，成为展示现代农业的舞台，以建立城乡一体互动发展的有序空间格局。

第四篇　乡村视角下的村庄规划

由于长期的城乡二元结构的分割和影响制约，村庄规划非常薄弱，盲目照搬城市规划的理论与方法，系统化、相互衔接的村庄规划编制体系尚未有效建立，造成了村庄和城市规划建设的脱节。随着国家城乡统筹的不断推进，人们逐渐意识到，乡村不再只是城市的附属品，而是与城市协调发展的区域。

《城乡规划法》明确了村庄规划的法律地位，但是村庄规划又不是孤立存在的，要避免就村庄论村庄，就乡村论乡村。应在充分尊重村庄规划具有乡村特色的基础上，以城乡统筹的视野努力构建更为完善的村庄规划编制体系，以形成覆盖城乡的空间规划体系。

2013年，住房和城乡建设部启动全国村庄规划试点工作，解决村庄规划照搬城市规划模式、脱离农村实际、指导性和实施性较差等问题。2016年，住房和城乡建设部部署了县（市）域乡村建设规划和村庄规划试点工作，指出实行乡村建设规划的主导地位。提出建立以县（市）域乡村建设规划为依据和指导的镇、乡和村庄规划编制体系，统筹安排乡村重要基础设施和公共服务设施建设。

县（市）域层面村庄体系规划是统筹乡村建设的最佳空间单元，镇（乡）级的村庄体系规划是村庄规划编制的重要依据，村庄规划是乡村地区规划编制与实施不可或缺的载体。

第12章 村庄体系规划

第一节 村庄体系规划的发展

我国有54万个行政村，264万个自然村。[①]自2006年起，在新农村建设的推动下，农村地区的规划建设受到前所未有的重视。为了进一步明确村庄布局和发展方向，进行资源整合，促进土地集约利用，引导公共财政的有效投入和公共设施的合理配置，各地纷纷开展针对村庄布局调整的规划编制工作。但是，以市域、县域或镇域为规划范围的“村庄体系规划”[②]、“村庄布局规划”[③]、“村庄布点规划”[④]、“农村居民点规划”[⑤]等以村庄布局调整为目标，尚未形成明确的规划体系和内涵，进而导致村庄体系规划理论与方法的缺失。而2008年实施的《城乡规划法》指出乡规划应当包括村庄发展布局，首次在国家法律中明确村庄布局这一要求。因此，明确村庄体系规划的内涵与标准，既是规划专业技术领域应对国家法律需要的必然，也是指导农村居民点建设和推进城乡一体化进程的重要内容之一。

随着城镇化进程的加快，村庄数量逐年减少，已从1990年的377万个减少到2015年底的264万个。尤其近年来城乡一体化不断推进，村庄的变化速度加快，不同学科的学者们从各个角度尝试探讨相对合理的村庄布局方式。

---

① 中华人民共和国住房和城乡建设部. 中国城乡建设统计年鉴2015[M]. 北京：中国统计出版社，2016.

② 于彤舟，郭睿. 北京村庄体系规划研究[J]. 北京规划建设，2006（3）.

③ 邓勇. 宁波市鄞州区村庄布局规划探讨[J]. 规划师，2007（4）.

④ 章建明，王宁. 县(市)域村庄布点规划初探[J]. 规划师，2005（3）.

⑤ 罗红安. 浅析新农村居民点规划布局的宏观原则[J]. 科技资讯，2009（7）.

一、土地利用规划中的农村居民点整理

在土地利用规划中，着重于农村居民点[①]土地整理问题。在《县级土地开发整理规划编制要点》中，农村居民点整理潜力被定义为“通过对现有农村居民点改造、迁村并点等，可增加的有效耕地及其他用地面积”。农村居民点整理作为土地整理的一个重要组成部分，既是加强土地节约集约利用、抑制需求的重要措施，又是补充耕地、增加供给的一个有效途径。[②]进行迁村并点选择时，以基于GIS的耕作半径分析等作为选择村庄合并的依据[③]，并尝试建立评价指标体系作为整理潜力分级依据，用以分析农村居民点的迁并[④]。

土地利用规划中的农村居民点等级体系是以空间资源配置为主要调控手段，对农村居民点用地发展的宏观控制和战略部署[⑤]。

二、城市规划中的村庄体系规划

在城市规划体系中，村庄体系规划是从宏观层面对农村地域空间的结构优化与重组。通过合理优化村庄发展布局，集约利用土地资源，有效配置公共设施，加强基础设施建设，引导村庄有序发展，改善村民生活条件，促进农村社会经济的协调发展。

主要方式是结合村庄的现状和发展策略，划分村庄类型，确定村庄规模，明确村庄等级，以指导单个的村庄规划建设。规划一般强调建设用地指标和人口规模的预测[⑥]，也强调通过迁村并点实现空间资源的整合[⑦]，选取出中心村、撤并整合自然村。具体做法如下：

（1）类型划分

综合村庄生存条件、生态限制因素（安全与资源保护）、区域性基础设施建

---

① “农村居民点”和“村庄”均指农村居民居住和从事各种生产的聚居点。在土地利用规划中，采用“农村居民点”的行业术语；在与城市居民点对比时，多用“农村居民点”一词。

② 宋伟，陈百明，姜广辉．中国农村居民点整理潜力研究综述[J]．经济地理，2010（11）．

③ 陶冶，葛劲松，尹凌．基于GIS的农村居民点撤并可行性研究[J]．河南科学，2006（5）

④ 张正峰，赵伟．农村居民点整理潜力内涵与评价指标体系[J]．经济地理，2007（1）．

⑤ 谢炳庚．乡镇土地利用规划中农村居民点用地空间布局优化研究[J]．经济地理，2010（10）．

⑥ 章建明，王宁．县（市）域村庄布点规划初探[J]．规划师，2005（3）．

⑦ 李海燕，李建伟，权东计．迁村并点实现区域空间整合——以长安子午镇规划为例[J].城市规划，2005（5）．

设等因素分析，确定出无法保留的村庄。一类是城镇化型村庄，指位于规划城市（镇）建设区内的村庄；另一类是迁建型村庄，是指生存条件十分恶劣和与生态限建要素有矛盾需要有序搬迁的村庄。保留型村庄是指上述两类村庄以外的村庄，这类村庄将在相当长时期内保持稳定的乡村化状态。以上三种类型村庄还可继续划分出若干小类（图12-1）。

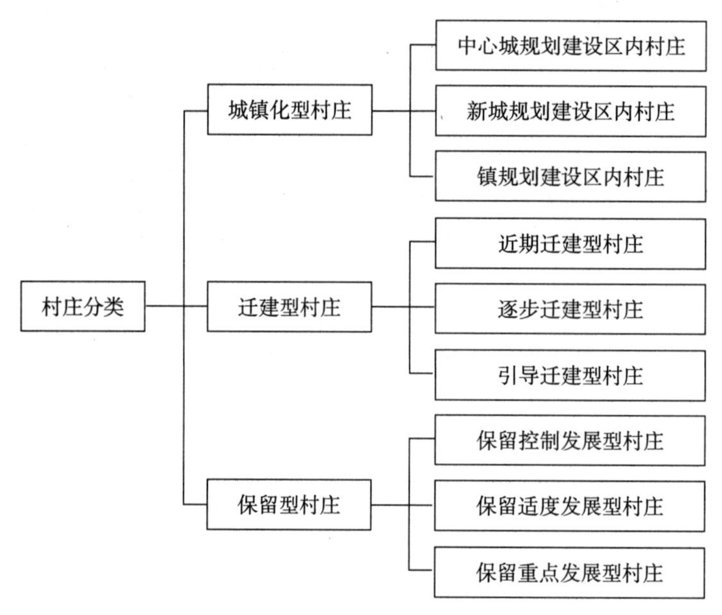

图12-1 村庄分类

（2）村庄等级

在类型划分的同时，结合上位规划、区域基础设施条件、村庄人口规模、区位条件、用地发展、产业发展、服务设施条件和服务半径等因素对村庄进行综合评价，从而确定出中心村，使发展条件差且规模小、因生存条件和与生态限建要素有矛盾的村庄向发展条件较好的村庄集聚。一般认为，中心村应具有可持续发展的人居环境，是农业生产服务中心、村域的中心地、农村行政管理中心和社区管理中心①。

① 徐全勇. 中心村建设理论与我国中心村建设的探讨[J]. 农业现代化研究，2005（1）.

（3）村庄规模

在选定中心村、确定村庄的迁并方案时，着重于村庄规模的考虑。一般依托中心地理论，从耕作半径以及主要公共服务设施的服务半径和门槛人口，并参照国外邻里社区和城市居住组团规模的设定来进行综合判定[①]。例如，将自然村庄的农作半径控制在1平方公里范围内，根据耕作半径，结合劳均耕地面积，计算出农村集中居住区规模为2000~4000人左右[②]。也有规划研究认为，一般平原地区300人的自然村、山区100人以下的自然村原则上要求撤并，要求中心村人口一般不少于3000人，基层村不少于300人从[③]。

也有学者建立村庄综合发展实力评价指标体系来进行规划，包括经济总体实力、经济效益、经济繁荣度、人口规模、基础设施水平、区位优势、资源优势等指标[④]。

三、存在的主要问题

村庄撤并所产生的社会经济效益早已被理论广泛证实，但不少规划在实施过程中并不顺利，还存在着村庄体系规划地位和作用不明晰、规划理论与方法与村庄特点不适应、与规划衔接的制度保障体系还不健全等问题。

（1）村庄体系规划在城乡规划中的地位和作用不够清晰

目前，与各类村庄体系规划密切相关的城乡规划是镇村（村镇）体系规划[⑤]，但是规定和表述尚不统一。“村镇体系是县级以下一定区域内相互联系和协调发展的聚居点群体网络。”“按其在村镇体系中的地位和职能宜分为基层村、中心村、一般镇、中心镇四个层次。”[⑥]村镇体系规划要“明确村镇层次等级（包括县城—中心镇—一般镇—中心村）”。[⑦]镇村体系规划应“根据产业发展和生活提高的要求，确定中心村和基层村，结合村民意愿，提出村庄的建设调整设想”。[⑧]

---

① 孙建欣．城乡统筹发展背景下的村庄体系空间重构策略[J]．城市发展研究，2009（12）．

② 张如林．城镇密集地区农村居民点空间发展模式探讨——以嘉兴为例[J].规划师，2007（8）．

③ 邓勇．宁波市鄞州区村庄布局规划探讨[J]．规划师，2007（4）．

④ 张军民．村庄综合发展实力评价与村镇体系规划——以青岛市旧店镇为例[J]．山东建筑工程学报，2003（3）．

⑤《村镇规划标准》（GB 50188-93）中村镇体系规划于2007年修订后变为《镇规划标准》（GB 50188-2007）中的镇村体系规划。

⑥ 参见《村镇规划标准》（GB 50188-93）。

⑦ 参见《县域村镇体系规划编制暂行办法》（2006）。

⑧ 参见《镇规划标准》（GB 50188-2007）。

目前各地编制的各类村庄规划体系，地域范围不一。有些是以整个市域内村庄为规划对象[①]，有些是以县域内村庄为规划对象[②]，也有些以镇域内村庄为规划对象[③]。从规划编制体系上看，村庄体系规划[④]在城乡体系中的地位不清晰，与镇域镇村体系规划和县域村镇体系规划的层次关系尚不明确。

（2）城市视角下的村庄体系规划理论与方法与当代农村社会经济发展不相适应

首先，村庄体系的判定划分大多以城市经验作为依据，与农村社会发展特点不相适应。以中心村为例，根据国外的经验，2000人规模的居民点能比较完整地配置各项生活服务设施，且投资较少[⑤]。而根据城市居住区的建设经验，功能齐全的居住区，建设和运营的最小规模是3万人左右。对于乡村，为几百人的村庄配置现代化设施的不经济性可想而知[⑥]。对此，一些学者也提出了不同看法，认为泛泛地批评农村居民点布局不合理，简单地拿城市用地方式类比农村的方法，是以“城市偏向”来考虑农村问题的表现，在理论上缺乏依据，在观念上有失[⑦]。

其次，以城市居住小区为蓝本的中心村布局方式与农村经济发展不相适应。在许多中心村规划建设中，按照城市居住小区模式，仅安排了纯粹的居住功能，割裂了村庄的生计传统，缺乏与产业发展的结合，造成村庄的集中只是纯粹的居民点搬迁和土地整理，忽略了村庄的生产需要，造成村民入住新村后生计困难。

再有，以土地整理为目标的村庄调整方式与农村经济社会发展阶段不相适应。在城镇化快速发展时期，城市发展需要得到建设用地资源供给，往往把农村建设用地作为后备增量。例如，在济南市的村庄布点规划中，提出城市建设用地的增加要和农村建设用地的减少挂钩，按照村庄的空间分布规律和人均建设用地指标进行迁并整合，预测至2020年可以整理出村庄用地约152平方公里，用于城镇建设用地的增加[⑧]。各地的村庄体系规划也大多通过城乡建设用地总量的测算与控制，明确村庄建设用地整合的整体潜力，作为村庄布点规划的目标，配合人均建

① 于彤舟，郭睿．北京村庄体系规划研究[J]．北京规划建设，2006（3）．
② 樊尚新．陕南山区县域村庄布点规划初探[J]．城市规划，2009（7）．
③ 李海燕，李建伟，权东计．迁村并点实现区域空间整合——以长安子午镇规划为例[J]．城市规划，2005（5）．
④ 由于县（市）域乡村建设规划尚处在试点阶段，暂不讨论。
⑤ 张如林．城镇密集地区农村居民点空间发展模式探讨——以嘉兴为例[J]．规划师，2007（8）．
⑥ 杨庆媛，张占录．大城市郊区农村居民点整理的目标和模式研究[J]．中国软科学，2003（6）．
⑦ 张强．农村居民点布局合理性辨析——以北京市郊区为例[J]．中国农村经济，2007（3）．
⑧ 田洁，贾进．城乡统筹下的村庄布点规划方法探索——以济南市为例[J]．城市规划，2007（4）．

设用地指标的调控，实现村庄发展的整体节地。但是，土地是广大村民赖以生活和生产的基础，通过土地集约所获得的经济收益不应仅仅被城市分享，否则片面地强调集约建设用地而将农村居民点进行大规模的迁并会带来不少社会问题。

（3）村庄体系设置与现行农村管理体制不相适应

一方面，在当前的广大农村，农村居民点体系是按照“自然村—行政村”设置的，自然村设村民小组，行政村设村民委员会。行政层级的设置主要便于规划的实施和公共服务设施管理；而在大多数的村庄体系规划中，农村居民点体系基本按照“基层村—中心村”来规划设置，增设了中心村，但尚未与行政建制相结合，造成与未来的农村治理结构不相适应。

另一方面，由于农村乡土观念、生活习俗、农田日常管理、农村土地集体所有制度等因素，使农村居民点跨村民小组进行建设具有相当难度，而跨行政村进行建设在现阶段更不易被村民所接受[①]。

第二节　村庄体系规划的构建

农村居民点所具有的与城市居民点的城乡差别，决定了城镇体系与村镇体系的迥然不同[②]。随着城乡一体化进程的加快，应着力探索与农村生产、生活变迁相适应的村庄体系发展规律，不断完善城乡居民点体系规划。

一、将村庄体系规划纳入城乡一体的规划体系内

首先，明确村庄体系规划在城乡规划体系中的地位和作用。建议在县域总体规划中加入村庄体系规划的内容，即县域总体规划包括县城总体规划、县域城镇体系规划和县域村庄体系规划三个部分。村庄体系规划是一种结构规划，通过从宏观上确定村庄的职能和空间布局结构，优化资源配置，着重建立村庄类型体系，制订指导各类村庄发展的政策体系，实现城乡体系的优化结构。通过对各类村庄建设的不同方面采用禁止、限制、引导、鼓励等措施，为村庄的总体发展建立一个行为规则、是非标准和规范要求，以引导区域的整体均衡发展。将村庄体系规划纳入县域总体规划，一方面，有利于县域内的统筹规划，加强城乡规划与

① 应联行. 论建立以社区为基本单元的城市规划新体系[J]. 城市规划，2004（12）.

② 高文杰，连志巧. 村镇体系规划[J]. 城市规划，2000（2）.

土地利用总体规划、经济社会发展规划、环境规划等内容的有机整合，实现“多规合一”，统筹布局全县域的城乡居民点、产业发展空间、生态保护空间、区域基础设施廊道和城乡公共设施建设。避免传统村镇体系规划只关注居民点的规模等级的弊端，而是扩大到与之相关联的整个县域范围内。另一方面，有利于村庄体系规划与城镇体系规划的衔接，以逐步形成覆盖整个区域的城乡一体的规划体系。在县域村庄体系规划的指导下，镇规划中的镇村体系规划着重于村庄规模等级的确定，形成层次体系，并制定村庄的集聚、撤并、迁移、保留、控制等的具体方案和实施步骤（图12-2）。

其次，明确村庄体系规划的内容。村庄体系规划应分析规划范围内土地、水、生态环境等资源条件，村镇建设、基础设施、耕地、山林、水系等各类用地的规模以及人口、产业及各类设施的空间分布，对村庄进行合理分类；对地处生态环境、水资源、自然和历史文化遗产、区域性基础设施、基本农田、风景名胜区等保护地带和灾害易发区的村庄考虑进行迁建合并，提出相应的管制原则和措施；地处城镇发展地区的村庄与城市规划区统筹规划；对于保留村庄，根据城乡的区域联系，考虑居民点布置与生产力发展的关系，村庄布局与城镇发展的关系，公共设施和基础设施的区域配置，对村庄、生产力、产业结构、公用服务设施、基础设施、环境保护等进行总体安排，构建乡村地域发展空间总框架。

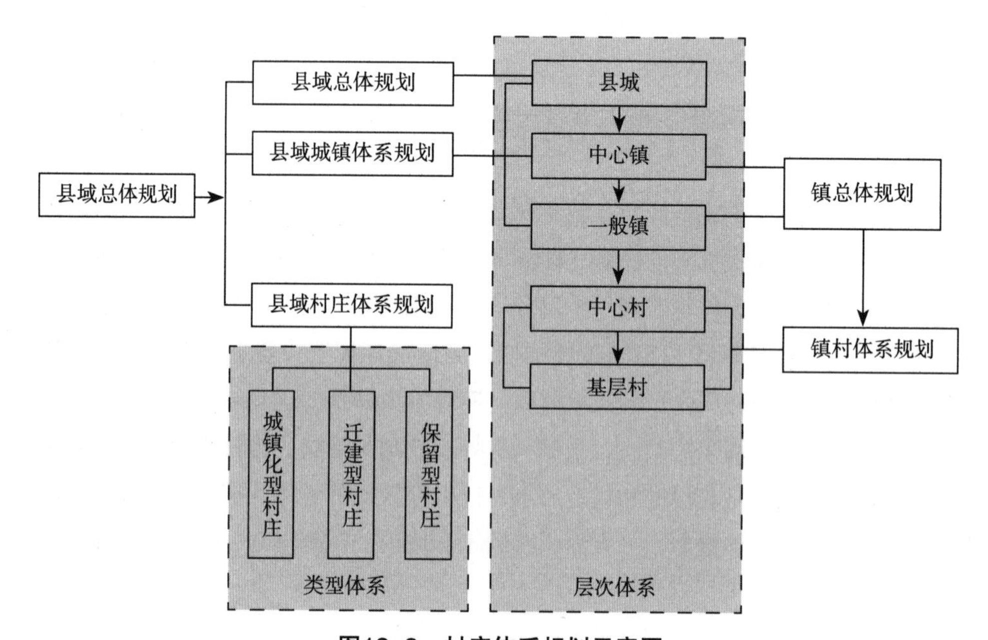

图12-2 村庄体系规划示意图

二、探索与村庄特点相适应的村庄体系规划方法

乡村聚落的特点是分散，其经济活动是由土地资源决定的自然分散状态，村庄体系规划不仅应探索在这种自然分散状态下的村庄体系的发展规律，更要深入研究城乡一体化进程中与当代乡村生产生活变迁相适应的村庄体系规划方法。

我国村庄具有规模小、数量大的特征，因此村庄体系规划的对象是一个数量较大的群体，即覆盖整个区县域农村地区的全体村庄。村庄体系规划应避免就空间论空间、就村庄论村庄的传统规划模式，充分尊重村庄的自然资源禀赋，依托村庄发展条件，与农村产业规划紧密结合，分片区进行产业引导和空间规划，适当淡化等级规模。按照土壤条件、水文地质条件等，确定适宜发展的农业品种；依托区域城镇带动，延长产业链，将生活资料向生产、生活、生态一体化转变，实现产业升级；鼓励有条件的片区优先发展，提高农民生产生活水平。同时，充分发挥市场与政府在资源分配中各自的作用，将农村产业发展和市场资源配置接轨，同步推动农村生产发展和生活条件的改善，实现城乡和谐发展。

三、构建与城乡一体化改革相适应的规划实施保障体系

随着城乡一体化进程的加快，城乡居民点体系也在发生着变化。各地都在探索城乡一体化进程中的新型居民点形式。海南确定其新型农村居民点体系为“小城镇—新农村中心居民点—特色村庄”①。河南要“加强城镇体系规划和村镇体系规划的有机衔接，构建国家区域性中心城市、省域中心城市、中小城市、中心镇、新型农村社区五级城乡体系”。②上海要在郊区构建“新城、新市镇、居民新村”三级城郊居住体系。

中心村虽然地处农村，却是一种与一、二、三产业相适应的农村社区，兼具有城市社区和传统以农业为主的村庄特点。一方面，我国目前农村地区实行的“乡镇—行政村—村民小组”这一管理体系和村域范围需要适当进行调整，以适应新型农村社区的发展，提高管理效率。另一方面，新型社区的管理职能应更为完善。村委会不仅要继续承担农村的社会生活管理，而且要加强对中心村集中居住的农民提供服务，充分考虑产业发展，建立多样化的混合型社区，有助于家园归属感的建立。再有，要探索伴随着村庄迁并的土地流转和土地集约带来的收益分

---

① 李祥龙，刘钊军. 城乡统筹发展，创建海南新型农村居民点体系[J]. 城市规划，2009（S）.

② 参见《河南省人民政府关于推进城乡建设加快城镇化进程的指导意见》。

配合理机制的建立，以促进村庄的持续发展。因此，应推进农村集体经济组织、土地流转、户籍制度等配套的制度改革措施。

城乡居民点体系规划的实施应在尊重城乡制度差异的基础上，以城乡一体化变革为方向，探寻多方面管理制度和政策配套，促进全社会公共资源的合理分配，推进城乡一体化进程的发展。

第三节　县域村庄体系规划

一、县域村庄体系规划的目的与意义

在中国城镇化格局中，县域是发展城乡经济、保护乡村地区活力、维系乡村地区稳定的基本单元，县域村镇体系是落实国家“三农”政策的核心载体，在推动乡村地区发展方面具有不可替代的作用，也是探索城乡均衡发展的突破口和主战场。

据统计，我国县域人口约占全国人口总数的70%，国土面积约占全国的 90%，GDP占全国的50%以上。作为统筹城乡的重要行政单元，县（含市、区等）域（以下简称“县域”）具有相对独立的规划管理权限和相对合理的管理范围。县域经济是我国国民经济的基本支柱之一。县级单元拥有较大的实施自主权，能对区域的公共服务设施和基础设施进行合理配置。相对于以往以单个村庄建设为重点的村庄建设模式，以县域空间为基本单元进行村庄体系规划，能取得可持续和更长久的成效。

二、县域村庄体系规划的任务与内容

要突出县域空间规划的重要性，构建完善的县域规划编制体系。从城乡区域层面加强对村庄规划建设的指引与控制。以县域为最佳的空间载体，承上启下，推动乡村地区的发展。

在县域总体规划中加入县域村庄体系规划的内容，即县域总体规划分为县城总体规划、县域村镇体系规划和县域村庄体系规划三个部分。县域村庄体系规划将县域作为一个整体，通过合理的村庄分类，从宏观上确定村庄的职能和空间布局结构，优化资源配置，建立引导村庄规划建设的发展策略，明确中心村的选择。根据县域城镇体系规划和县域村庄体系规划指导各个镇（乡）的镇（乡）总体规划、镇（乡）村庄体系规划。依据镇（乡）总体规划、镇（乡）村庄体系规划编制村庄规划（图12–3）。

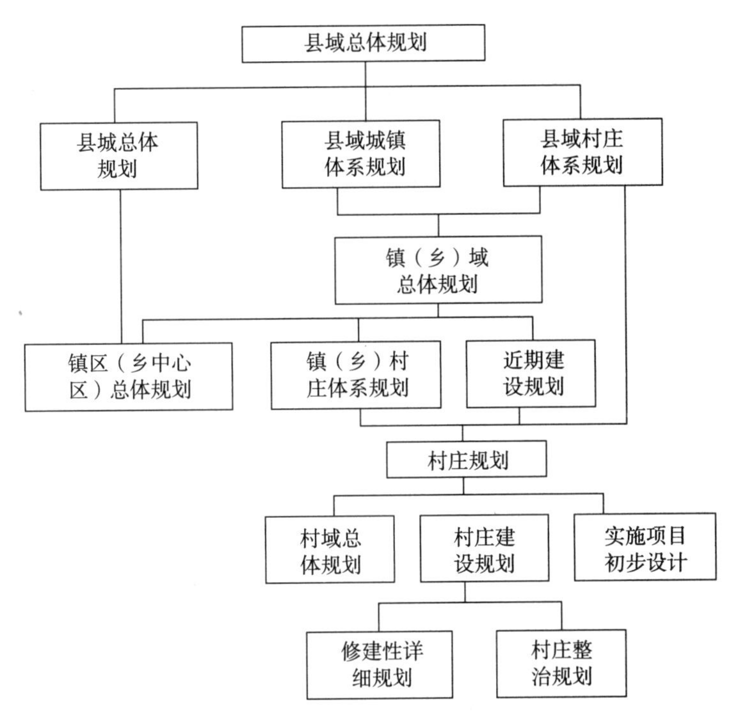

图12-3　县域层面村庄规划编制体系

在此体系架构下，县域城镇体系规划和县域村庄体系规划各自的侧重点就会有所区分，前者主要任务是以城乡一体化为发展战略，重点研究的内容为：生态环境、资源、自然历史文化遗产保护及空间管制，城镇发展定位、规模和建设用地控制范围，交通体系，基础设施保障，实施规划的措施建议。县域村庄体系规划则更加侧重于统筹考虑乡村地区的生产—生活—生态空间，在“多规合一”基础上，明确城市开发边界、永久基本农田和生态保护红线，系统地从城镇与农村的区域关系考虑农村居民点布置与生产力发展的关系，考虑村庄布局与城镇发展的关系。在考虑公共设施的区域共享问题基础上，对城市规划区以外的地域空间的村庄、生产力、产业结构、公共服务设施、基础设施、环境保护等进行总体安排，构建乡村地域发展空间的总体框架；明确中心村和一般村分布的职能分工、位置规模；制定村庄的集聚、撤并、迁移、保留、控制的具体方案和措施。形成县域村镇体系人口、产业、资源和土地的合理配置，实现生产空间集约高效、生活空间宜居适度、生态空间山清水秀的目标。

三、差异化影响下不同类型村庄的发展策略

村庄体系规划中的重要内容之一就是针对差异化的各类村庄进行分类，提出村庄的分类发展策略和村庄规划编制的侧重点。

从当前我国对村庄的划分类型上看，全国各地的村庄规划法规对村庄类型划分的标准不一样，都制定了适合各自地区发展的村庄划分类型，如《江苏省村庄建设规划导则》中将村庄建设规划分为改建扩建型村庄规划和新建型村庄规划两大类型；《福建省村庄规划编制技术导则（试行）》中将村庄分为改造型、新建型、保护型、城郊型；《北京市村庄规划建设管理指导意见（试行）》将村庄分为三大类型：城镇化整理型村庄，是指位于城镇化建设控制区的村庄类型；迁建型村庄，是指生存条件十分恶劣、与区域生态限建要素有矛盾需搬迁的村庄；保留发展型村庄，是指上述两类村庄以外的村庄。

村庄的类型划分可依据所处地区发展特征和自然资源的特性，进行综合划定。例如，针对大别山地区乡村地区的发展特征，将村庄划分为三类：城镇化型村庄、多业复合型村庄、生态型村庄（表12-1，图12-4）。

（1）城镇化型村庄

与中心城（镇）关系密切，将被城镇化的村庄，包括被城市建成区包围、半包围的“城中村”、处于城市规划区内的近郊型乡村。

产业发展引导：应积极对接城镇产业，满足中心城镇功能集聚与扩散的需

村庄分类划分依据　　表12-1

评价因素	评价结果		
区位	城市周边	中距离	偏远地区
地形地貌	平原、盆地	平原、丘陵	平原、丘陵、山区
交通条件	便捷		不便
产业基础	集聚发展	多点分散	大分散、小集中
	较多或少量工业	少量分散工业	少量或无工业
公共服务设施	不完备，满足需要	不完备，不满足需求	缺乏，不满足需求
人均收入	较低		低
生态敏感度	高	低	高
村庄划分类型	城镇化型村庄	多业复合型村庄	生态型村庄

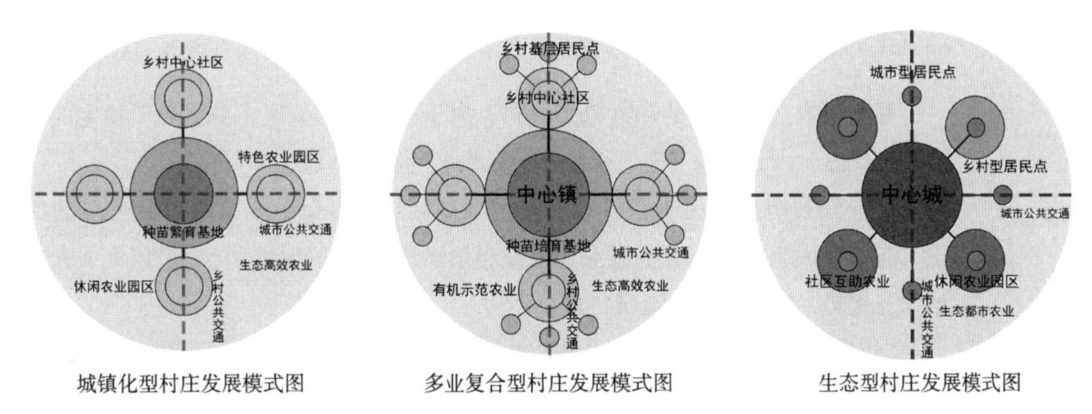

城镇化型村庄发展模式图　多业复合型村庄发展模式图　生态型村庄发展模式图

图12-4　县域级村庄体系规划不同类型村庄的发展策略

要，承接居住、休闲服务功能及创意产业等高端生产性服务向乡村地区的疏解。积极发展第三产业，引导村民实现人口城镇化，统筹城乡居民就业。

空间布局引导：以城带乡，积极引导村庄建设管理城镇化。控制村庄用地规模。

村庄编制策略：应当遵从城市总体规划，统一纳入城市规划及其旧城改造规划。将镇总体规划建设用地范围内的村庄纳入镇规划。风景名胜区景区内的乡、村庄规划，由乡、镇人民政府组织编制，报县级以上人民政府批准。应当在城市总体规划中予以明确划界，编制控制性详细规划进行土地管理和空间控制。

（2）多业复合型村庄

受工业化、城镇化发展影响较大的城郊型乡村，处于城市发展的影响范围内或处于聚居人群密集地区，有一定的产业发展基础。

产业发展引导：因地制宜地推进农业产业化，引导农业与二、三产业结合，形成农业特色化、差异化发展。依托农业产业园区等产业基础，引导部分农民向农业园产业工人转化，发展农产品加工与贸易等多种产业类型复合集聚发展，引导农民就近充分就业。

空间布局引导：以功能相对综合的中心城镇为依托，以便利的城乡公交网络为支撑，引导村庄向中心村集聚，控制村庄建设用地规模。应以乡驻地集镇和中心村辐射广大农村，合理布局村庄体系和相应的公共服务设施。根据不同地区的经济区划，考虑居民从事农业和工业生产的便利性，适度集中乡村居民点，从而整体上形成村庄相对集中、局部分散的空间格局。

村庄编制策略：应进行村庄的综合性规划，对村庄的突出问题可以编制专题规划，比如产业专题等。

（3）生态型村庄

是指以农业为主导的和远郊型乡村，属于非城镇化地区，基本处于稳定的农业生产状态。也包括处于生态保护区、风景名胜区的乡村。

产业发展引导：由于受生态、区位条件制约，在保护生态环境的必要前提下，积极发展生态旅游、生态农业。应利用当地独特的历史文化、民族人文和自然风光优势，突出村庄的地域特色。

空间布局引导：有步骤地对核心生态环境影响或者有地质安全隐患的村庄实施搬迁，对区内村庄规模进行严格控制，保持生态农村社区的规模与特征。形成总体分散、局部集中的村庄格局，将人类活动对环境的影响减到最低。

村庄编制策略：注重乡村特色的规划内容，比如旅游专题、建筑风貌专题等。

小结

随着城乡一体化进程的加快，城乡居民点体系也面临着变革。首先，村庄体系规划要为原来个别的、局部的规划提供一种整体上的思路，与城镇体系规划紧密衔接，弥补原来规划体系“重城镇、轻农村”的不足；其次，针对农村居民点的特点，把村庄的布局与农村经济发展相结合，对区域内村庄建设进行综合布局与规划协调，统筹安排各类基础设施与社会服务设施；再次，通过城乡制度的变革，构建与城乡一体化改革相适应的规划实施保障体系，引导乡村聚落体系的有序发展，以实现乡村空间的集约发展，建立一个与区域城乡协调发展相匹配的城乡居民点体系，实现统筹发展。

第13章　村庄规划

第一节　村庄规划编制体系的衔接

村庄规划是城乡规划的重要组成部分，应与整个规划编制体系有效衔接。

一、县（市）域村庄体系规划是村庄规划编制的重要支撑

突出县（市）域村庄体系规划和镇（乡）村庄体系规划的作用，作为村庄规划的重要依据（图13-1）。结合住房和城乡建设部开展的县（市）域乡村建设规划试点工作，探索形成城乡一体化背景下乡村地区规划体系，以更好地指导村庄规划编制。

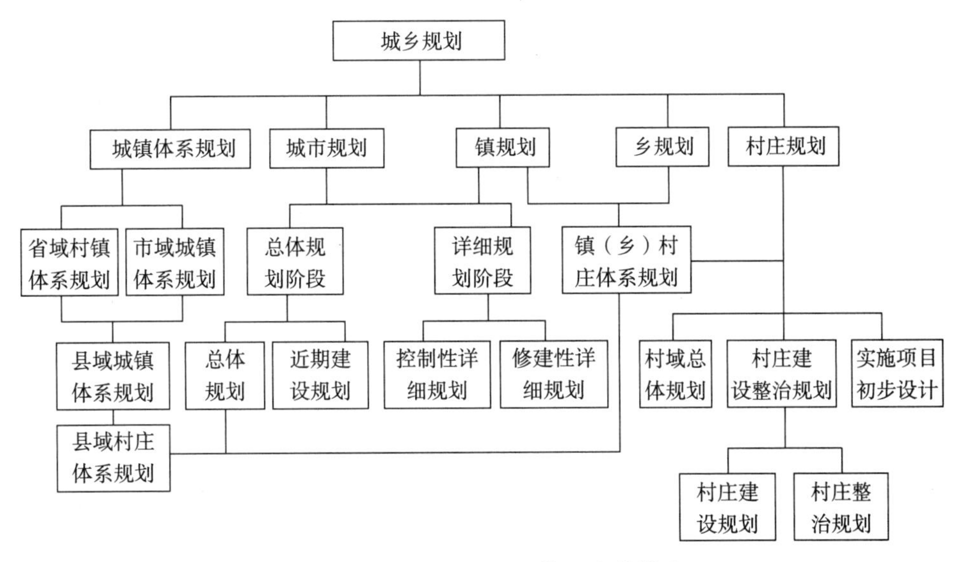

图13-1　村庄规划编制体系完善模式

二、镇（乡）级规划编制体系是村庄规划重要的指导依据

镇（乡）作为广大乡村地区的经济、服务中心，是农村地区发展的重点。镇（乡）村庄体系规划[①]，是对乡村地域多维空间和结构进行优化和重组，与县域层面的有效衔接，同时为村庄规划提供重要的指导。这个层面的村庄体系规划能够更加深入细致地对乡村特有的聚落空间体系进行引导和控制，实现乡村空间的集约发展（图13-2）。

镇（乡）村庄体系规划侧重于落实城市开发边界、永久基本农田和生态保护红线的管控，分解建设指标，明确公共服务设施和基础设施布局，对村庄提出切实可行的分类发展策略，落实村庄迁并方案的资金测算和保障措施等。村庄体系

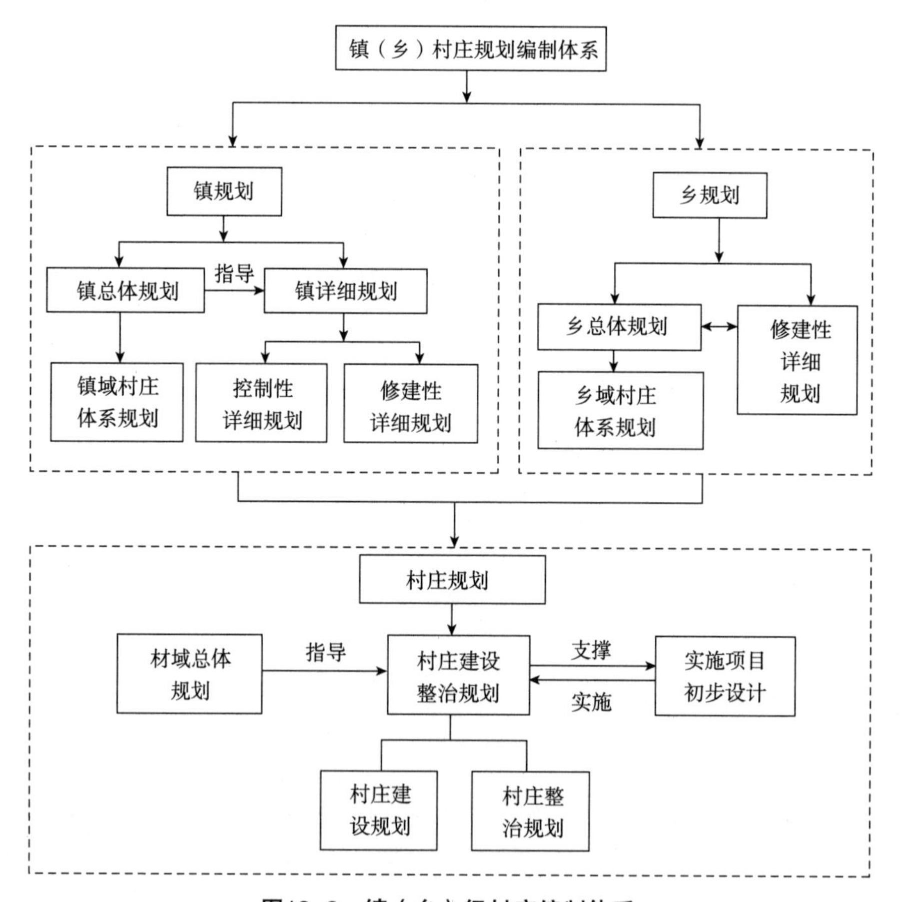

图13-2　镇（乡）级村庄编制体系

① 与《镇规划标准》中的镇村体系规划相对应。

一般设有三个层级：镇（乡）政府驻地—中心村—基层村，镇（乡）政府驻地往往是镇（乡）的中心地区；中心村则作为联系集镇和基层村的纽带，会有若干个，是村庄生产和生活的重要核心。

三、村庄规划是乡村地区规划实施的有效载体

村庄规划编制要与县（市）域、镇（乡）级规划有效衔接，协调村庄与城镇关系，同时要注重村庄规划编制的深度与广度。村庄规划编制应基于覆盖村庄全域和涵盖宏观、中观、微观三个层次的要求。应该包括村域总体规划、村庄建设整治规划、实施项目初步设计三个层次，其中村庄建设整治规划包含村庄建设规划和村庄整治规划。这三个层级的村庄规划编制往往决定着村庄的发展前景，需要对其编制内容、编制过程、实施管理等方面进行深入研究，以满足当前村庄发展的趋势和需求。

第二节　村庄规划技术路线

一、以问题为导向的村庄规划编制技术路线

村庄规划编制技术路线包括背景分析、驻村体验式调研分析与评价、重点解决问题及规划策略、目标与定位、村庄规划设计、实施与管理（图13-3）。

在村庄规划编制中，首先明确它的目的是要从更加细致的层面解决村庄的社会发展和空间布局问题。应该采用问题为导向的规划思维模式，通过区位分析、政策分析、区域交通分析、上位规划、村庄类型等分析，通过“驻村体验”、“入户访谈”、“调查问卷”等调研方式，对村庄的历史人文、产业发展、建设构想、自然环境等方面形成清晰的认识。结合村庄和村民的实际需求，总结出需重点解决的关键问题与规划策略。在此基础上确定村庄总体发展的战略、原则和目标定位，进而对村域的总体规划、村庄建设整治规划、实施项目初步设计三个层面进行合理的规划。在规划编制的过程中需要村民的全程参与，同时要制定合理的实施与管理策略，以更好地指导村庄的后续建设。

需要重点解决的问题包括，在分析和评价村庄地理位置、人口土地面积、区位关系、地形地貌、历史人文和民俗风情、村庄发展历程、现状社会结构和产业发展、村民住宅情况的基础上提出村庄存在的问题及发展优势；论证村庄的定位、发展方向及前景预测与分析；预测并论证村庄人口规模和用地规

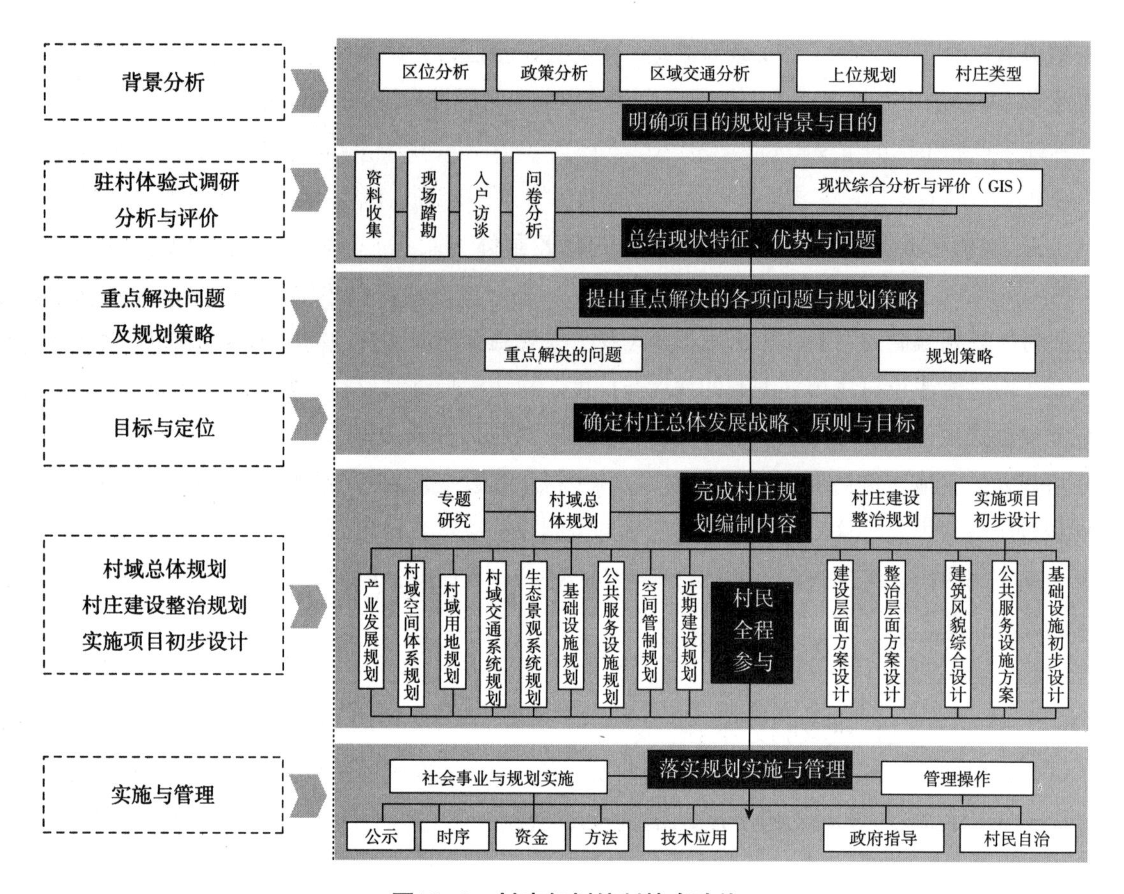

图13-3　村庄规划编制技术路线

模；确定村域产业发展目标和社会发展目标，确定村域用地范围并结合村域产业布局对村域内各类土地进行合理规划；划定村庄整治区、新建区、对村庄公共中心及居民点结构与布局、规模与类型进行详细规划；明确村庄整治建设范围与规模，合理确定居住建筑用地、公共服务设施用地、生产用地、道路交通用地、公用设施用地的布局与规模；确定各类公共服务设施与基础设施的规模与布局；确定村域生态环境保护规划目标，提出村域生态环境空间管制范围与措施。

二、村庄规划编制深度

无论哪种类型的规划，都不可能用一个规划就解决所用问题，因为它不可能涵盖从区域发展战略的宏观层次到具体实施操作的微观层次的全部内容，所有规划均是由不同层次不同等级的一系列规划类型所构建的体系组成的。首先，因为不同层次不同等级的规划在属性与对象上具有差异，从客观上就决定了该规划应有的内容深度，从而使得各种规划的范畴与范围不同。其次，规划可操作性和可实施性体现在规划深度上，规划深度也比较集中、突出地反映了该规划的本质属性，并决定了该规划所能够起到的作用。因此，规划深度在一定程度上又体现着规划的性质属性和层次等级。

规划的深度需要考虑可操作性。一方面是必须的深度，指的是规划应该具有的深度，该深度由规划的性质属性和层次等级所决定；另一方面则是现实的深度，也可称之为可行的深度。必须的深度与现实的深度相互协调一致是最理想的状态。

现实中，要处理好必须的深度与现实的深度的相互协调。一方面是规划时效性的限制，其主要表现为工作量的限制。规划的目的是指导发展，比较理想的状态是一旦有发展需求，就立刻能形成规划方案。然而，编制规划都需要一定的周期，或者说规划总是存在滞后性的。如果要求规划深度过高，那么必然会成倍地加大工作量，相应也会使得规划周期大大延长，这样一来就大幅降低了规划对发展实践的指导作用。另一方面则是由于规划基础资料的限制，尤其是对于地处乡村地区的村庄而言。由于长期以来对农村地区的忽视，其基础资料较为匮乏，限制因素多。以大别山地区为例，发展相对滞后，最基础的地理信息数据采集工作也很薄弱，在资金上、技术力量上均不能满足发展的需求。这是在编制村庄规划过程中必须要面对的现实情况。

第三节　村庄规划内容

村庄规划编制的内容主要由20大项组成，这20大项又可细分为66中项，66中项还可进一步细分为若干小项。其中村域总体规划部分包含13大项、43中项；村庄建设整治规划部分包含4大项，11中项；实施项目初步设计部分包含3大项，12中项（图13-4）。

新的村庄规划在以往传统村庄规划编制内容基础上，进行了提升完善，针对乡村地区村庄特点，增加了一些规划内容，比如村庄社会事业规划、村庄整治层面的方案设计、建筑风貌的综合整治等。

以下以大别山区村庄规划编制为例，针对三类不同类型村庄，提出村庄规划编制内容。

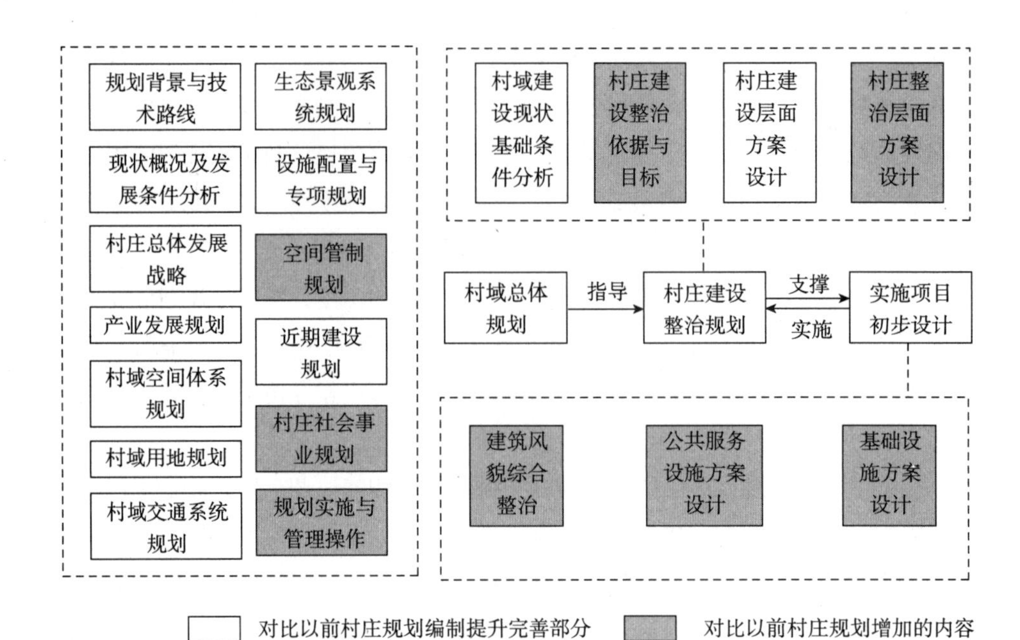

图13-4　村庄规划编制内容划分

一、村域总体规划

村域总体规划以整个行政村村域为工作范围，提出村庄发展的总体方向。在综合分析村庄经济社会发展和自然环境状况基础上，首先要明确发展方向和形态格局，针对不同类型的村庄提出空间资源有效利用的限制和引导措施，界定不同类型产业用地的范围和规划村域产业格局，并提出村庄经济组织合作方式建议、经济社会发展目标和农民增收的措施（表13-1）。

村域总体规划编制内容一览表　　表13-1

大项序号	大项名称	中项序号	中项名称	城镇化型村庄	多业复合型村庄	生态型村庄
一	规划背景与技术路线	1	区位分析	●	●	●
		2	政策分析	●	●	○
		3	区域交通分析	—	●	○
		4	上位规划	○	●	○
		5	村庄特征	○	○	○
		6	技术路线	○	●	○

续表

大项序号	大项名称	中项序号	中项名称	城镇化型村庄	多业复合型村庄	生态型村庄
二	现状概况及发展条件分析	7	现状概况分析	●	●	●
		8	发展条件评价（GIS运用）	○	●	●
		9	村庄调查问卷分析	●	●	●
三	村庄总体发展战略	10	村庄发展战略定位	●	●	●
		11	经济发展目标	○	○	○
四	产业发展规划	12	城镇化与城乡一体化	—	●	○
		13	村庄第一产业布局规划	—	●	●
		14	村庄第二产业发展规划	●	●	—
		15	村庄第三产业发展规划	●	●	○
五	村域空间体系规划	16	村域体系规划（定级）	○	●	—
		17	村域规模规划（定量）	○	●	—
		18	村域功能规划（定性）	—	●	●
		19	村域空间结构规划（定位）	●	●	○
六	村域用地规划	21	村域用地规划	—	○	●
		22	集中居民点用地规划	—	●	○
七	村域交通系统规划	23	村域交通等级规划	○	●	●
		24	慢行交通系统规划	○	—	●
		25	静态交通系统规划	●	○	—
八	生态景观系统规划	26	生态保护规划	—	○	●
		27	景观系统规划	—	○	●
九	设施配置与专项规划	28	基础设施规划	●	●	●
		29	公共服务设施规划	●	●	●
		30	防灾减灾规划	●	●	●
十	空间管制规划	31	空间管制分区	○	●	●
		32	生态环境保护规划	●	●	●
		33	文物、文化	●	●	●

续表

大项序号	大项名称	中项序号	中项名称	城镇化型村庄	多业复合型村庄	生态型村庄
十一	近期建设规划	34	近期建设目标	○	●	○
		35	产业近期规划	○	●	○
		36	村庄行动规划	○	●	○
十二	村庄社会事业规划	37	重点建设项目分布	○	●	—
		38	农民培育规划	○	●	●
		39	文化事业建设	○	●	●
		40	村风文明建设	○	●	●
		41	民主政治建设	○	●	●
十三	规划实施与管理操作	42	规划实施	●	●	●
		43	管理操作	●	●	●

注：●表示必须包含内容；○表示一般要求包含内容；—表示可不考虑内容

如上表所述，在村庄规划编制内容上，针对不同类型的村庄提出侧重点不同的村庄规划编制内容，以更有针对性地指导村庄的规划建设。第二大项现状概况及发展条件分析、第十二大项村庄社会事业规划和第十三大项规划实施与管理操作的内容会在第十四章进行阐述，因此，此处重点对其他几个大项在规划中要重点解决的问题进行阐述。

第一大项，规划技术人员中对相关的背景分析要有良好的判断能力。当前以及未来一段时间我国村庄规划建设会受国家宏观政策的影响，不同时期的政策不同对村庄的规划建设也会有不同的影响，如新农村建设、新型农村社区建设、美丽乡村建设等，因此，政策的解读中要分析出对村庄发展有利的和不利的因素；同理，在区位分析、区域交通分析、上位规划等的分析中也要客观评价，这样才能为后面提出解决问题的方案提供有力的支撑。

第三大项，村庄发展战略应重点分析研究区域发展的有利条件和制约因素，并以此为基础制定村庄主要发展战略，提出村庄发展的战略目标、重点和对策。经济发展目标与战略：拟定经济发展总体战略，制定产业发展目标，明确产业结构、发展方向和重点。预测区域内城乡人口的发展、变动和流动情况。

第四大项，产业发展规划包括农业重点产业布局规划、农村第二产业发展规划、农村第三产业发展规划三中项内容。应提出产业布局的总体结构（或称总体格局）：

主要内容是从区域协调发展的视角提出产业布局的总体空间结构或战略发展重点。

第五大项，村域空间体系规划包含有村域体系规划（定级）、村域规模规划（定量）、村域功能规划（定性）、村域空间布局规划（定位）四部分。第一，村域体系规划是对上一层级的县（市）域村庄体系规划和镇（乡）村庄体系规划的有效衔接。是由城镇向乡村地区的延续，更加关注村域自身发展，在村域内对不同的居民点进行定级，涉及迁并的自然村要提出迁并依据，构建等级体系关系，为后面的公共服务设施与基础设施的落位提供依据。第二，村域规模规划应统筹考虑城乡发展，立足乡村地区发展，对人口、用地进行合理的预测，要以集约用地为宗旨，同时考虑地形地貌、基础设施条件、生产力发展水平，以每个劳动力的劳动半径为原则确定合理的规模。第三，村庄功能规划要通过村庄现状经济、商贸等产业分析，确定村庄不同区域的职能分布。城镇化型村庄由城镇统一规划，在村庄布点规划中可以不必考虑；多业复合型村庄在功能定位上要重点考虑产业区的划分，属于必须考虑内容；生态型村庄以第一产业为主。第四，村庄村域空间布局规划是对村庄整体定位的空间落实，以明确村庄发展的路径。

第六大项，村域用地规划应包含村域整体用地规划、集中居民点用地规划两部分内容。要提出村庄土地利用的原则，集中居民点建设的规模及依据。

第七大项，村域交通系统规划包含村域交通等级规划、慢行交通系统规划、静态交通系统规划，以便系统地解决村庄交通方面的问题。交通等级规划中要加强村庄与外界交通的联系性。立足于乡村地区发展的特征，组织慢行交通系统。优美的乡间景色更适宜自行车、步行等方式的交通出行，同时也能带动乡村旅游的发展。

第八大项，生态景观系统规划要注重对村域生态系统进行保护，塑造良好的景观系统、生态环境保护规划。应落实规划区域内水资源、森林资源、风景名胜区等保护区的范围，并提出相关保护要求及措施，以及污染防、治的目标与措施。

第九大项（设施配置与专项规划），包括基础设施规划、公共服务设施规划和防灾减灾规划三中项内容。基础设施规划，提出各类设施分级配置的原则，确定村庄各类设施配置的类型和标准，统筹安排区域性的基础设施。依照各类设施特点，提出城乡共享或局部共享的设施类型和规模，确定各类设施的共建共享方案，确定城镇和村庄、村庄之间的道路系统及相关交通设施，确定给水、排水、燃气、供热、电力、通信、防灾和环卫工程的管线走向和布置。公共服务设施规划应确定各类社会公共服务设施的服务半径、位置、容量、数量及规模。公共服务设施主要包括医疗卫生、科技教育、市场、商业金融、文化体育、治安防灾、社会福利等设施。其中医疗卫生、科技教育等公益性设施需要重点布置。防灾减灾规划提出村庄选址、布局的相关原则与要求；合理确定规划区域内相关流域的防洪标准，对山区村庄要做好防山洪规划；按照国家消防法规的要求，规范设置和合理布局消防设施；按照“公共安全突发事件应急预案”的规定，建立突发安全事件行动预案和避灾场所。

第十大项，空间管制规划包含空间管制分区、生态环境保护规划、文物及文化遗产保护与发展规划三个方面。应该根据保护控制的原则明确基本农田保护区、林地、水产养殖区、水源保护区、古迹、风景名胜区及生态保护控制区的范围。这些空间管制的内容往往是乡村最本质的特色体现。农村文物古迹与文化特色保护规划应划定文物古迹、传统村落的保护范围和建设控制地带，明确保护的原则和措施；确定特色文化包含的项目，提出相关保护与发展措施。

第十一大项，近期建设规划要确定近期建设项目，提出目标与实施措施。

二、村庄建设整治规划

村庄建设整治规划方面包含四大项，分别为村域建设现状及基础条件分析、村庄建设整治依据与目标、村庄建设层面方案设计、村庄整治层面方案设计四个方面（表13-2）。

村庄建设整治规划编制内容一览表 表13-2

大项序号	大项名称	中项序号	中项名称	城镇化型村庄	多业复合型村庄	生态型村庄
十四	村域建设现状及基础条件分析	44	村域重点建设区域分布	●	●	●
		45	村域自然风貌现状	○	●	●
		46	村庄房屋质量现状	○	●	●
		47	村庄文物、文化现状	●	●	●
十五	村庄建设整治依据与目标	48	村庄建设规划依据	○	●	●
		49	村民建设意愿分析	●	●	●
		50	村庄建设目标与定位	●	●	●
十六	村庄建设层面方案设计	51	村庄规划总平面	○	●	○
		52	村庄整体效果图	○	●	○
十七	村庄整治层面方案设计	53	中心村风貌整治	○	●	●
		54	自然村风貌整治	—	○	●
		55	基础设施整治	●	●	●
		56	环境风貌整治	—	○	●

注：●表示必须包含内容；○表示一般要求包含内容；—表示可不考虑内容

在第十四大项和第十五大项中，对村庄整体自然风貌、房屋质量、文物、特色建筑、公共建筑等现状进行详细的调研，结合总体规划中对村民意愿的调研，得出村庄建设的目标定位。

第十六大项，是对村庄建设的方案表达，以具体安排建筑的村落或居民点为工作范围，主要内容以打造宜居的乡村为目标，包括用地布局、基础设施配建、公共建筑安排、景观风貌设计、民宅户型设计等方面，使村民的生活质量得到提高，居住环境得到完善。

在规划总平面布局上，确定住宅建筑、公共建筑、生产建筑、基础设施、绿化等的空间布局，提出各种建筑的形式、体量、风格、高度、色彩及其他环境要求；满足指导建设或工程设计的深度。在公共建筑安排上，确定村庄各类公共建筑的内容、规模、位置及空间组合形式。在基础设施上，确定村庄建设区域内道路、给排水管道、电力电信线路、供热燃气管道、有线广播电视等设施的规模、位置和走向。在景观风貌设计上，提出生态环境保护措施和建筑控制要求，与周边山地、农田、水系等自然要素有机融合；划定传统民居、文物古迹和革命纪念建筑等历史文化遗存的保护范围，提出保护利用措施；新建建筑物、小品、照明、指示牌、广告牌等实体设施选型设计应与历史文脉、地方民俗、乡村特色相结合，统一规划、突出特色。在村宅规划设计上，结合地方特色和村规民约，改善村民居住环境。

第十七大项，村庄整治层面的规划设计中应关注对村庄综合环境的更新和塑造。其整治应该包括中心村风貌整治、自然村风貌整治、基础设施整治和环境风貌整治。在村庄规划中，建设的内容往往集中在中心村或者集中居民点区域，对自然村的建设往往忽略，因此对它的风貌整体改造就显得非常重要。建筑物整治主要是对已有的村民住宅外立面和庭院整治，对村庄内私搭乱建的建筑进行清理，对村庄公共空间进行整治。基础设施整治方面主要是疏通村内主要道路，加强排水、环卫等基础设施。环境整治方面是对公共绿地、道路绿化等进行整治，进行垃圾收集处理，小的边角地块进行环境美化。

三、村庄实施项目初步设计

在村庄规划设计当中，由于村域总体规划和村庄建设整治规划较为宏观抽象，易造成村民的不理解，也难与上级政府的财政支持项目对接，无法有效指导村庄建设。因此，增加实施项目初步设计，与村域总体规划中近期建设规划中的行动计划项目进行衔接落实，同时也是对村庄建设整治规划部分的深化与完善。此处列举的实施项目种类较多，包含村庄建设中能够涉及的各个方面，共有3个大项，12个中项，实际的项目实施初步设计中应该根据不同村庄的实际情况来制定实施的项目（表13-3）。

村庄实施项目初步设计规划编制内容一览表 表13-3

大项序号	大项名称	中项序号	中项名称	城镇化型村庄	多业复合型村庄	生态型村庄
十八	建筑风貌综合整治	55	建筑改造与绿化整治分布	○	●	●
		56	民房分类改造引导	—	●	●
		57	新建民居户型设计	●	●	●
十九	公共服务设施方案设计	58	社区服务中心、敬老院、卫生室方案设计	○	●	●
		59	文体设施、文化娱乐广场设计	○	●	●
		60	幼儿园、小学改造	○	●	●
二十	基础设施方案设计	61	道路（桥）建设施工	○	●	●
		62	供排水工程设施	●	●	●
		63	污水处理设施	●	●	●
		64	照明亮化工程	●	●	○
		65	垃圾收集及厕所整治	●	●	●
		66	村庄节能改造	—	●	○

注：●表示必须包含内容；○表示一般要求包含内容；—表示可不考虑内容

小结

村庄是乡村地区居民点的最基层单元，量大面广。我国地域辽阔，自然气候、文化传统、经济发展等地区差异较大。村庄规划应充分考虑与城乡编制体系的有效衔接，始终以问题为导向，抓住各类型村庄迫切需要解决的主要矛盾，并充分考虑规划实施的可操作性。规划编制内容和深入应与不同村庄的发展阶段和实际需求相适应，以使村庄规划编制更加具有针对性。

第14章 村庄规划过程与实施管理

村庄规划与城市规划不同，村庄的建设主体是村民。以往村庄规划的编制往往是按传统的城市规划的方法，简单地从技术角度出发，按照“设计单位编制—规划管理单位审批”的规划编制流程实施，往往忽视村民的需求。村民不知情或者村民参与度不高，是造成村庄规划脱离农村实际的重要原因之一。

纵观近十年来村庄规划发展演变历程可以发现，村民参与村庄规划的程度逐步加深。2006年开始的第一轮新农村建设中，村庄规划的重点是乡村基础设施和公共服务设施的建设，村民参与村庄规划的特征是一次性的参与，主要表现在规划初期利用调查问卷等简单地征求村民对规划的意见。第二轮2012年开始的美丽乡村建设中，村庄规划的重点是风貌提升和基础设施建设，村民参与村庄规划的特征是在规划阶段的参与，但是实施阶段的参与明显不足。目前，随着乡村建设的逐渐深入，村庄规划开始注重乡村文化的建设，注重让村民全程参与到村庄规划中，从规划编制到后期的村庄建设、发展等多方面，探索建立村民持续参与的长效机制。

第一节 村庄规划过程中的多方参与

一、村庄规划过程中“驻村体验式调研”

村庄规划的制定需要对农业生产方式、农村生活方式和农民生活需求深入了解，因而村庄规划不能忽视农民的作用，离不开农民的积极参与。如何加强农村规划的公共参与，是近几年农村规划研究的重要方面。有专家提出，把公众参与从体现规划知情权和监督实施的手段变成规划决策的依据，提出将村庄规划“目标—调研—规划—实施”的线性模型优化成为公众参与下的“菱形构架”

系统①（图14-1）。

村庄规划编制中应明确规划的不同阶段应采取的公众参与方式。村庄规划编制不同于城市规划，需要全面深入调查村庄发展的各个方面来满足乡村视角下规划的需求。“驻村体验式”是提升调研效率、认识乡村最有效和最适合的途径。现状分析部分应进行村民意愿调查，调查内容包括家庭情况调查、居住生产情况调查和村庄建设意向调查等。调查对象为规划范围内的居民，可以用抽样的方法进行。调查结果应作为附件，加入村庄规划的成果当中。规划技术人员应该转换思维模式，将自身融入到村庄中。在“驻村体验式”调研过程中，消除与村民的沟通障碍，有利于准确地了解村庄的现状。“驻村体验式”调研能让设计者有机会聆听村民发自内心的声音，在全面把握村庄实态的过程中理解村庄的内在规则和逻辑。

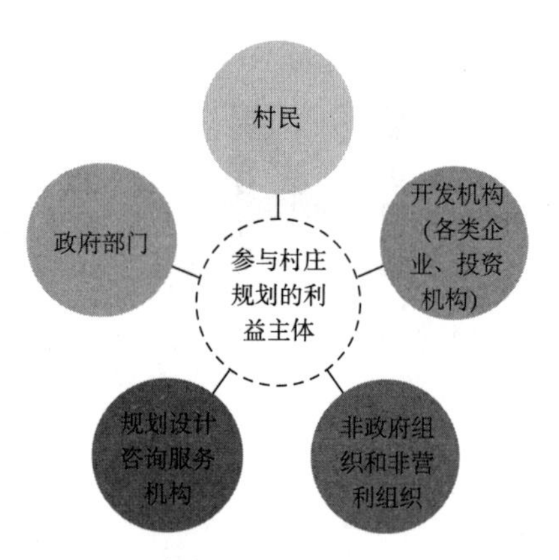

图14-1　参与村庄规划的利益主体与公众参与过程解析

二、村庄规划过程中“公众参与性提升”

公众参与有利于了解参与村庄规划和建设的各个阶层的利益诉求，在规划的目标选择和决策中能更客观公正；能够更有针对性地解决问题，可以防止出现不顾当地财力、超越集体经济和农民的承受能力的规划方案，有利于规划的实施。公众参与村庄规划决策，以满足农民的实际需要为前提，可以防止村庄规划建设盲目照抄照搬城镇建设模式，搞不切实际的大拆大建。而且随着社会进步、权利意识的觉醒，村民们更加追求自我价值的实现，对社会公众事务的参与权、知情权和决策权更加关注。

村庄建设中不同的利益主体各自追求其利益，形成多方博弈的局面，新农村建设的过程也就是各利益主体彼此竞争、妥协、互动的过程，而对各利益主体利益诉求的满足程度也影响了利益主体的参与积极性和参与程度。因此在村庄规划中应对不同参与主体的利益进行综合、协调和相对的平衡，形成各参与主体的个

---

① 吕斌，杜姗姗，黄小兵. 公众参与架构下的新农村规划决策——以北京市房山区石楼镇夏村村庄规划为例[J]. 城市发展研究，2006（3）.

体利益和新农村建设的整体利益的“共赢”，这样才能够调动各方面的积极性，保证村庄规划的顺利实施（表14–1）。

城市规划与乡村视角下村庄规划行为主体特征对比　表14–1

行为主体特征	城市规划	乡村视角下村庄规划
参与主体类型	政府、投资团体、开发结构、城市市民、规划设计咨询机构	政府、村民、开发机构、非政府组织和非营利机构、规划设计咨询机构
利益表现形式	政府：城市繁荣发展	政府：政绩需求
	投资团体：经济价值	村民：生活、生产与娱乐环境
	开发机构：经济价值	开发结构：经济价值
	城市市民：居住环境	非政府组织和非营利机构：热爱乡村、人生价值体现、无偿帮助乡村建设
	规划设计咨询结构：名气与报酬	规划设计咨询机构：报酬
执行主体模式	政府营建、商业开发	政府投资、村民自建、民间团体自发建设
规划师主体行为	设计	设计、宣传、指导

注重村民参与规划编制，提供切实的参与渠道和途径，切实履行村庄规划从编制、实施、管理全过程中的公众参与和群众监督。规划草案阶段、成果报批之前都必须在村庄进行一定时限的公示。规划编制单位应采用生动明晰的表达方式将村庄规划公示，避免简单采用专业化的表达方式。建议以展板形式，内容应通俗易懂，便于村民理解。广泛听取村民的意见和建议，对合理的意见和建议要吸纳到规划方案中。切实保证村民对规划的知情权、参与权和申诉权，使规划真正具有引导性和可操作性（图14–2）。

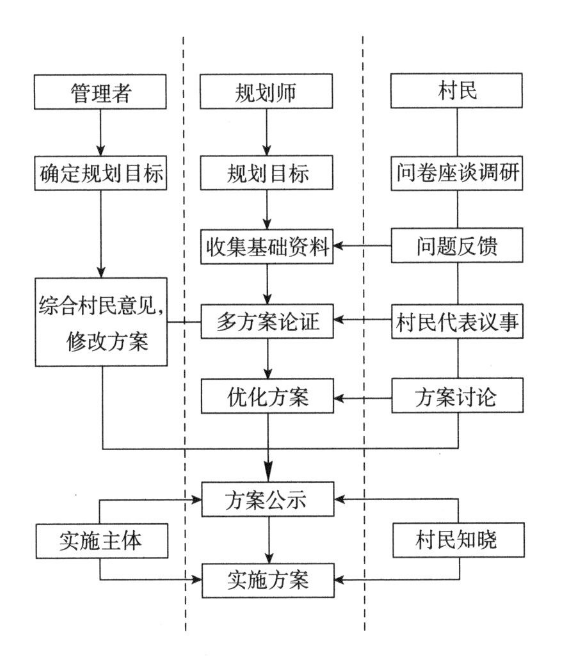

图14–2　村庄规划编制的互动交流模式

第二节 村庄规划与村规民约

村民参与村庄规划已成为村庄规划中不可缺少的一个重要环节。村庄的建设主体是村民，但随着我国村庄建设的快速发展，村庄面临的现实困境是面对日益复杂化的村庄社会组织关系。许多问题仅靠传统的行政管理远远不够，又无法上升到法律的层面，需要重拾道德的力量予以约束。因此，从乡村治理的角度来看，重拾作为村民自治基础的“村规民约”，通过村民之间的契约，重构乡村道德、凝聚人心，对村庄的建设和发展变得越来越重要。

一、村规民约的历史发展

村规民约作为中国传统文化的重要组成部分，在我国历史上源远流长，不同阶段的乡约或村规民约对村民自治和农村社会发展起到了重要作用。

北宋时期由吕大钧完成的《吕氏乡约》，主要内容包括德业相劝，礼俗相交，过失相规，患难相恤。用通俗的语言规定了处理乡党邻里之间关系的基本准则,乡民修身、立业、齐家、交游应遵循的行为规范以及过往迎送、婚丧嫁娶等种种活动的礼仪俗规。是我国历史上第一部成文的乡规民约，对后世乡村治理模式影响甚大。随后，南宋时期朱熹完成《增损吕氏乡约》，对《吕氏乡约》进行补充修改，使条文更加完整，容易被民众接受采用。

明朝时期明太祖朱元璋的《圣训六谕》，规定了孝父母、教子孙、睦乡里、敬长上、安生理、毋非为，是明朝时期重要的教化性乡规民约。不仅传承了两宋时期乡规民约的教化职能，并且通过健全的管理使乡规民约由之前的松散自发形式演变为具有约束力的规定。以官府命令为形式，带有一定的法律法规等强制性的规定。此时期还有王守仁完成的《南赣乡约》。

清朝，雍正皇帝颁布《圣谕广训》，以儒家纲常理论教化民众安分守法，乡村教化逐渐演变成其统治基层民众的制度。

民国初年，米迪刚完成《翟城村志》，具有完整的乡治理论体系，以乡约为中心，详尽记载了翟城村村治、人才、区域户口、村治组织大纲、村公所与村会等。

20世纪80年代，合寨村委会编制《合寨村村规民约》，依照国家法律法规，结合村里的实际情况，在“村规民约”的基础上，围绕社会治安、村风民俗、计划生育、财务管理等6个方面制定了具有约束力、比较规范的《合寨村村民自治章程》，开启了村民自治。

1998年，《村民委员会组织法》正式颁布实施，明确界定了村委会为农村基层群众性自治组织。

二、村规民约的特征

村规民约作为村民自治的一种手段，是全体村民依据法律、结合本村特点、经过广泛的民主协商制定的村民日常生活中的行为规范，是治理社会、规范村民行为的一种手段。作为一种乡村自治规则，村规民约的实施主要依靠惩戒、村民自律与服从等措施来维持乡村秩序。村民对村规民约的普遍认同与服从，愿意主动接受并遵守，是村规民约有效实施的基础，并不依靠国家强制力保障。但作为一种具有本土意义的民间自治机制，村规民约属于一种与国家制定法相对应的民间法的范畴，在其产生、流传的地域范围内具有一定的法律效力。

我国现行村规民约的形式内容各异，具有较强的地域性。

从类型上看，有引导型、法律条文型、口号型、章节型等几种形式。在村庄自治中，不同形式的村规民约所起到的作用也有所不同。引导型村规民约重在引导和规范村民行为，以此来维持乡村秩序；法律条文型村规民约具有一定的法律强制性和约束性，与现行法律法规中已有的内容重复较多；口号型村规民约形式较简单，更贴近村民生活、简单易懂、便于理解和记忆，但约束力较弱；章节型村规民约是根据不同的内容，将村规民约分为不同的章节分类指导和规范村民行为，但内容往往过于庞杂。

从内容上看，根据不同的村庄特色，村规民约内容也各有不同，但普遍涉及的内容大概包括遵纪守法、社会治安、计划生育、乡风文明、尊老爱幼、奖惩措施、村容整洁、合理信访、民主管理等（表14–2）。有些村庄会根据本村特色加入一些特色内容，如浙江莲花镇齐平村将河道管理、山林管理等两项内容纳入村规民约，单独详细地制定了相关规则。

章节型村规民约内容对比表　表14–2

章节	主题			
	莲花镇齐平村	兰溪市诸葛村	吉安县高禹村	莫干山镇紫陵村
1	综合治理	村风民风	要遵纪守法	总则
2	财务管理	民主管理	团结邻里	婚姻家庭
3	婚姻和计划生育	山林、土地管理	计划生育	邻里关系

续表

章节	主题			
	莲花镇齐平村	兰溪市诸葛村	吉安县高禹村	莫干山镇紫陵村
4	土地管理村庄建设	婚姻家庭计划生育	尊老爱幼	美丽家园
5	文化教育	村庄规划和文物保护	移风易俗	平安建设
6	卫生环境	旅游环境和管理	爱护公物	民主参与
7	河道管理	奖惩措施	生态兴农	奖惩措施
8	山林管理	附则	服从规划	附则
9	用电管理	—	尊重物权	—
10	依法服兵役	—	珍惜土地	—
11	合法权益	—	防火防盗	—
12	奖惩措施	—	依法用电	—
13	附则	—	诚信经营	—
14	—	—	联防联治	—

三、将村庄规划纳入村规民约有利于促进规划实施

目前，不少村规民约并未与村庄规划内容相结合。村庄规划中与村庄发展密切相关的产业经济发展规划、土地利用规划、村庄公共空间布局、公共服务及基础设施配套、生态环境保护、历史文化保护、环境整治等方面在村规民约中或者缺位，或者偶有涉猎但深度不足，易造成体现村民意愿的村庄规划和本村村规民约两张皮的现象，不利于规划的实施管理。

“村民看得懂，村委用得上”是编制村庄规划最为基本的原则。村庄规划如果不能以恰当的形式为村民所接收和认可，编得再好，也不能被有效实施。在村庄规划编制过程中，虽然有调研问卷、入户访谈、村民代表大会讨论等作为村民参与村庄规划的途径和形式，但如何编制一个老百姓看得懂、可操作、可实施的村庄规划，真正形成“村内事、村民议、村民定、村民建、村民管”的机制，还需要探索。只有让村民了解规划、熟悉规划、看懂规划、认同规划，才能实现村民对规划的自我约束、自我维护。村规民约诞生于村民的议事流程，由村民自己制定、自己承诺、自己遵守，具有显著的地方特色和乡土性，是目前村民看得懂和村民委员会真正方便用的乡村治理手段之一，是村民自治真正落到实处的桥梁和

有效途径。把村庄规划以有效的路径、恰当的形式转化为村规民约，从而让村庄规划变为有用的、可执行的、村民可以接受的成果，才能真正加强村庄规划的执行力，建立村庄发展的长效机制，让村庄规划真正落到实处，更好地指导村庄的发展和建设。

第三节 村庄规划实施管理

一、村庄规划管理模式

（1）村民委员会是村庄规划实施的基础

村庄的规划管理应以村民委员会为主体，鼓励群众进行自我管理和自我服务，并严格遵循宪法对村民自治的制度设计，既要充分发挥村民自治的积极性与主动性，协助乡镇人民政府开展工作，又要促进乡镇人民政府做好对村民委员会的指导、支持和帮助工作①。

在村庄规划中采取“专家设计、公开征询、群众讨论”的办法，经过“五议两公开”程序即村党支部提议、村两委商议、党员大会审议、村民代表会议决议、群众公开评议，书面决议公开、执行结果公开，确保村庄规划设计科学合理，达到群众满意，便于村庄规划的实施。

（2）设置规划管理机构，管理权向乡镇延伸

村庄规划实施管理采取分级负责制。首先，应按照《城乡规划法》的规定，明确“县级以上规划主管部门负责本行政区域内乡村规划和村民住宅规划的管理工作”。其次，应明确规定“村民委员会负责组织村庄规划的实施。在规划实施中，城乡规划主管部门应当加强监督检查和技术指导”。再有，应明确乡镇人民政府负责本行政区域内乡村规划的组织编制和实施工作，以及村民住宅建设管理工作。同时，村民委员会也应在县级建设行政主管部门和乡镇人民政府的指导下，做好村庄规划实施和村民住宅建设管理工作①。针对重点的村庄建设项目，也可成立由各级政府组成的综合协调领导小组，以跟踪、配合与监督规划实施情况，包括监督项目资金使用、鼓励和管理村民参与项目、协助监测项目开发规划和实施效果等。

---

① 颜强，宪法视角下的村镇规划管理体制探讨[J]，规划师，2012（10）.

针对目前乡村地区规划管理薄弱的现实情况，可对不同类型的村庄采用差异化的规划管理办法。对于城市化整理型村庄，集中设置区（县）规划管理部门派出机构，进行垂直管理，将村庄规划管理纳入城市管理体系，提高村庄规划管理的规范性。保留发展型村庄的规划管理可以参照“强镇扩权”的行政管理经验，将部分规划管理权力下移，授权乡镇人民政府更多的规划管理职能，市、区（县）规划管理部门主要进行业务指导和督察工作，逐步提高乡镇人民政府的规划管理水平。[①]

此外，应加强对农村宅基地的管理，不断完善乡村规划许可制度。在农民自建住房时，应向村民委员会提交申请，并由村民会议或村民代表会议决定。村民委员会作为具体的实施机构，不得擅自否定当事人的申请，否则会引发许多矛盾，导致干群关系紧张。村民委员会应严格督促村民建房按照规划进行。

（3）配备村庄规划管理人员，制定规划管理流程[①]

考虑到乡镇规划管理人员的缺乏，应在乡镇配置专职管理人员。探索构建乡村规划师制度，为村庄规划配备专业管理人员。人员数量根据规划管理的范围和人口规模进行配置。规划管理人员可由规划部门的公务员担任，采取“分片挂钩、定点服务”的模式，重点负责所管区域的具体建设行为。另外，也可以结合选调生、大学生村干部等政策，向乡村地区配备规划管理人员，补充村庄规划管理人员的不足。

此外，鉴于村庄规划管理技术力量薄弱的问题，建议结合本地实际情况，制定统一的村庄规划管理流程，明确各部门权责及工作内容，包括规划编制、审批及实施管理，进而促进村庄规划管理的规范性。

二、后期跟踪回访与动态维护

先规划后建设是当前城乡规划的基本原则，但在实施管理上不能仅是简单地执行规划。乡村地区在实施过程中会出现各种矛盾与问题，村庄规模小，社会结构简单，发展具有极大的不确定性，极小的外因往往导致发展方式的完全改变，过于具体的蓝图和目标无法保证实现，反而降低了规划的严肃性。农村规划应该改变现有思路，不能单纯地注重目标导向和控制蓝图的实现，而是随乡村社会经

① 陈叶龙，面向可操作性的村庄规划管理探讨——以铜陵市美好乡村建设为例[J]，规划师，2012（10）.

济发展进行动态调整，以适应社会经济发展的需求，切实提高乡村生活、生产活动的质量。

因此，需要建立后期跟踪回访与动态维护制度。结合乡村规划师制度，规划人员对村庄规划不断优化和完善，对批复后的规划方案进行优化调整和动态维护。做好后期调研回访，对其实施情况进行后期参与，以保证村庄规划的高效实施。

小结

村庄规划建设的主体是村民。村民长期居住在村庄，与村庄的发展建设，尤其是持续的运营维护关系紧密，因此村庄规划的过程与实施管理尤为重要。早期的村庄规划注重的是从空间层面改善村庄的基础设施和人居环境，提升村庄环境质量。而随着乡村建设的深入开展，村庄从规划到建设的延续性和持久性受到广泛关注，多方参与以及乡村治理结构的建立日益受到重视。只有在各方的参与和努力下，引导村民真正地投入村庄的规划、建设和发展维护中，村庄才能变得越来越美好。

第五篇　乡规划与村庄规划实例

本篇选取了四个规划研究实例。北京市通州区于家务回族乡乡域规划研究项目前后历时六年，至今仍在不断深入完善，其规划编制经历了从现代农业的发展、“四化同步”建设、京津冀协同发展、北京副中心建设等诸多阶段，也受到农村集体经营性土地入市等制度因素的影响。本项研究探讨了新形势下乡域规划的编制方法。北京通州国际种业科技园区规划则探讨了现代农业发展下城乡规划在土地利用方面的应对思考。河南省信阳市光山县扬帆村村庄规划是全国首批村庄规划试点工作，以大别山片区扶贫开发为背景，探讨村庄规划编制的各个方面。北京市门头沟区炭厂村村庄是2016年全国村庄规划示范村，在规划中着重探索了以土地权属为基础的村庄空间导则和村庄规划建设管理系统，以及以村庄规划为主要内容的村规民约的制定，以提高村庄规划的可操作性。

第15章 北京市通州区于家务回族乡乡域规划研究

第一节 于家务回族乡概况和项目背景

一、于家务回族乡

于家务回族乡是北京市五个少数民族乡之一，位于通州区南部。西临亦庄新城，南与大兴区采育镇接壤，东部为通州的永乐店镇、漷县镇，北、西隔凤港减河与张家湾镇相望。全乡下辖23个行政村，总面积65.36平方公里，耕地面积57909亩。11161户，人口23444人，其中农业人口17941人，非农业人口5503人（图15-1）。

目前，乡域建设区由中心区、次中心区、聚富苑产业园、通州国际种业科技园和村庄民居点组成。

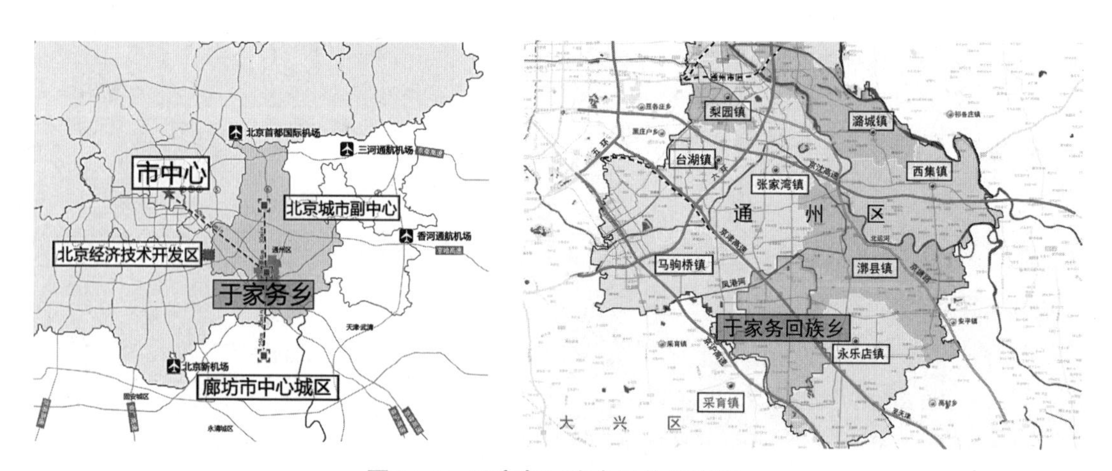

图15-1 于家务回族乡区位示意图

二、项目背景

1. 京津冀一体化发展格局

（1）京津冀协同发展

2014年2月，习近平总书记在听取京津冀协同发展工作汇报时强调，实现京津冀协同发展是一个重大国家战略，要坚持优势互补、互利共赢、扎实推进，加快走出一条科学持续的协同发展路子。2014年3月，政府工作报告中指出，要加强环渤海及京津冀地区经济协作。

（2）北京市产业布局调整

习近平总书记指出，北京应“调整疏解非首都核心功能，坚持和强化首都全国政治中心、文化中心、国际交往中心、科技创新中心的核心功能，努力把北京建设成为国际一流的和谐宜居之都”。

京津冀一体化背景下，北京市产业布局的调整、产业的升级换代成为必然选择。对于于家务这样的传统农业地区，不论北京的产业如何抉择，农业作为安天下、稳民心的战略产业，都是不可或缺的。产业，尤其是农业产业向什么方向发展，在传统大田农业必将逐渐退出的背景下北京市的现代农业、高效农业如何发展，成为必须面对的问题。

于家务回族乡地处京津第二通道，是联系京津冀的重要节点，也是北京联系津、冀等省市的重要区域之一，作为传统的农业地区，于家务“通州国际种业科技园”项目，是京津冀一体化格局之下北京的新型产业项目，是国家种业发展的试点，也是正在逐步脱离传统农业、探索北京现代农业的雏形。

2. 农业现代化战略地位

（1）党的十八大提出加快农业现代化发展

党的十八大报告提出“坚持走中国特色新型工业化、信息化、城镇化、农业现代化道路……促进工业化、信息化、城镇化、农业现代化同步发展”。这是对农业现代化的新定位，明确了农业现代化与其他“三化”同等重要、不可替代的战略地位，体现了对走中国特色社会主义道路、加快转变发展方式的新认识、新要求，为加快现代农业发展、推进新农村建设指明了方向。

快速推动农业科技创新是实现农业基本现代化的保障。一是要提升农业科技服务能力；二是要加大农业技术推广力度；三是要积极申报农业科技项目。

（2）中央一号文件要求改革创新推进农业现代化和新农村建设

2013年1月，题为《关于加快发展现代农业，进一步增强农村发展活力的若干意见》的中央一号文件，在回顾和总结十六大以来这十年中央的农村政策和“三农”工作基础上，提出今后一段时间“三农”工作的方向和要求，以期通过改革和创新来推动农业现代化和新农村建设。

2013年农业农村工作的总体要求是：全面贯彻党的十八大精神，以邓小平理论、“三个代表”重要思想、科学发展观为指导，落实“四化同步”的战略部署，按照保供增收惠民生、改革创新添活力的工作目标，加大农村改革力度、政策扶持力度、科技驱动力度，围绕现代农业建设，充分发挥农村基本经营制度的优越性，着力构建集约化、专业化、组织化、社会化相结合的新型农业经营体系，进一步解放和发展农村社会生产力，巩固和发展农业农村大好形势。

（3）种业是农业稳定发展根本

种业是国家战略性、基础性核心产业，是促进农业长期稳定发展的根本。

在国际社会中，各国首先把国家安全放在第一位。粮食安全居国家安全的基础性地位，西方国家积极推动粮食政治。种业是粮食产业链上游关键链条，对粮食安全的作用举足轻重。目前一些发达国家通过种业战略，影响他国的粮食安全，控制他国的生命线，进而影响到他国的政治经济。对于中国这样一个人口众多的传统农业大国而言，主要粮食作物水稻、小麦、玉米如被国外控制，后果不堪设想。所以，作为粮食产业链上游关键链条的种业的发展更应引起政府的足够重视，把种业安全提升为国家安全战略。

中国是农业大国，是用种大国，潜在的种子市场价值为900亿，居世界第2位。然而就是这样的大国并不是种子强国，种业的竞争力非常脆弱，种业安全已经摆在我们的面前。

山东寿光市，中国最大的蔬菜生产基地，是中国蔬菜产业的一面旗帜，然而在寿光种植的蔬菜大都用“洋品种”，菜农被迫接受“一克种子一克金”的现实。

面对如此严峻的形势，中国种业企业在对抗国外种业时显得力不从心，无论是从科研还是实力，都远远落后于跨国公司，并且短期内无法超越。

在全球经济一体化和种业市场化的滚滚浪潮中，要站稳脚跟、守住中国种业安全的底线，创造条件、整合资源、提高种业集中度，培育、建立我国自己的种业“航母”是必然的选择。

3. 先行先试建设“四化同步”综合改革发展试验区

《北京市建设全国“四化同步”综合改革发展试验区工作方案》中指出：“四化同步”，即“促进工业化、信息化、城镇化、农业现代化同步发展”是党的十八大做出的新战略、新部署。为贯彻落实十八大精神，经农业部批准，北京市在通州区先行先试建设“四化同步”综合改革发展试验区，实现以点带面深化改革发展。于家务回族乡被确定为通州区“四化同步”试点乡镇。

4. 通州国际种业科技园等“一园多院”

通州国际种业科技园已被纳入中关村国家自主创新示范区。2012年，国务院通过了《国务院关于同意调整中关村国家自主创新示范区空间规模和布局的批复》。原则同意对中关村国家自主创新示范区空间规模和布局进行调整。

另外，通州国际种业科技园区已被正式纳入国家现代农业科技城“一城多园”，得到了国家农业部、北京市政府的充分认可和高度重视。2011年6月，《关于将“通州国际种业科技园区”纳入国家现代农业科技城“一城多园”建设体系的函》得到国家现代农业科技城领导小组联合办公室的批复。2012年9月，同一文件也得到了北京市科学技术委员会的批复，均同意其承接北京市级国家现代农业科技种业创新成果，并发挥园区内企业及区域资源优势，加快自主创新，聚集各种现代农业服务要素，打造“育繁推”一体化的高端种业产业链，建成国际化的高端种业企业聚集的特色园区，服务带动全国籽种产业发展。

目前，一期科研企业孵化基地（综合服务区）建设已全面开工。

第二节 SWOT分析

一、优势（Strength）

（1）在京津冀协同发展中具有良好的区位优势

通州作为北京市的副中心，是北京市的东部门户、环渤海地区多条发展走廊的节点，地理位置优越，区位优势明显。

于家务回族乡位于北京市东南、通州区南部。距市区建国门30公里，距通州新城18.5公里，距京津塘高速公路2公里。北靠京津第二高速、西邻京沪高速，介于亦庄、通州新城交汇地带。紧邻河北省廊坊市，地处环渤海经济圈、京津唐发展带，京津高速公路、密涿高速公路均设有于家务出口。规划七环路、铁路环线和京沪高

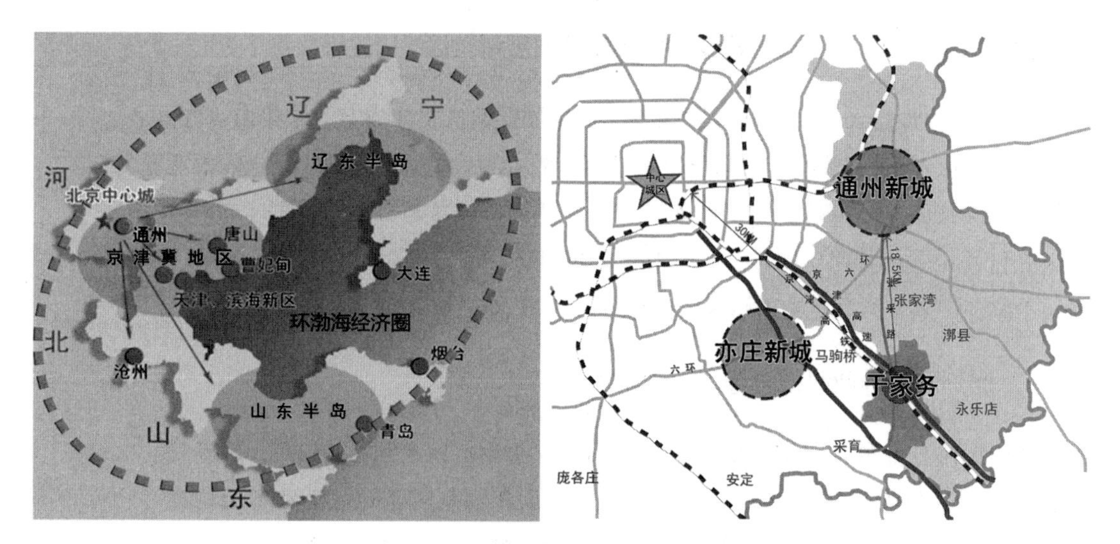

图15-2 于家务回族乡区位分析图

速铁路分别自乡域中部和东北部穿过。因此，于家务作为传统的农业地区，在通州融入京津冀协同发展中必将处于重要的农业协同发展桥头堡的位置（图15-2）。

（2）三次产业协调发展，第一产业基础好

于家务回族乡第一产业的产值稳定在2亿元左右，呈现稳步发展趋势，势头良好。全乡耕地面积超过乡域总面积的50%，在通州区各乡镇中居于首位，农业发展具有广阔的空间和良好的基础。乡域农业用地比较多，且能够连成片，有利于农业生产的规模化发展。

工业发展较快。第二产业的产值总体呈现快速上升的趋势，工业总产值近十年间增长约18倍。

第三产业稳步增长。全乡农民人均可支配收入12376元。

一、二、三产业在总产值中所占比例分别为12%、77%、11%。总体呈现以二产为主，一、三产业协调发展、齐头并进的态势。经过近十年的发展，其产业结构已从农业为主转变一、三产业结合、第二产业为主的格局。

（3）依托通州国际种业科技园，各项建设初见成效

通州国际种业科技园的建设为乡农业产业结构的调整和提升带来重要契机。园区已引进40余家国内外知名种业企业和科研院所（图15-3、图15-4）。其中德农种业等在国内种业50强中名列前茅。

这些入驻企业拥有小麦、玉米、水稻等粮食作物，以及蔬菜、花卉、林果等经

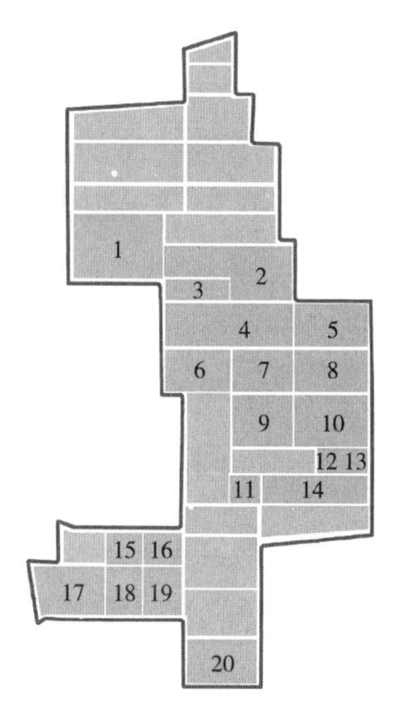

1 奥瑞金有限公司
2 北京东升集团
3 北京百慕田种苗有限公司
4 北京花仙子园艺有限公司
5 北京喜丰悦樱桃采摘园有限公司
6 北京北农种业有限公司
7 北京华汇农业有限公司
8 神州天辰科技实业有限公司
9 利马格兰集团
10 北京德农种业有限公司
11 山东冠丰种业科技有限公司
12 佩特库斯科技有限公司
13 东升种苗
14 北京东升集团
15 三绿园
16 内蒙古大民种业有限公司
17 北京神农河谷稻香农业发展有限公司
18 北京金色农华种业
19 北京永泰丰农业科技有限公司
20 北京永盛园蔬菜种植园

图15-3　通州区国际种业科技园入驻企业分布图

济作物的优良改良品种，在研发、育种、繁育、制种、技术支持等方面拥有充足的研发人才、科研经费和丰富的经验。

乡域范围内，通州国际种业科技园区综合服务区A地块，聚富苑产业园用地A、B区，以及乡中心区、次中心区控制性详细规划均已获批。其中聚富苑A区已建成，B区正在建设中；乡中心区和通州国际种业科技园建设也正处在快速发展阶段。

图15-4　通州区国际种业科技园现状

二、劣势（Weakness）

1. 产业特色不鲜明，土地利用效率低

于家务回族乡目前第一产业科技含量不高，第三产业有待进一步发展。通州国际种业科技园尚处在起步阶段。聚富苑产业园大部分为中小型企业，企业类型

以建材、机械加工、纺织、生物制药等产业为主，产业特色不鲜明、主导产业不突出。缺少与周边园区的联动作用。

一方面，已有产业园区土地使用效率较低，产出效率低下，拓展空间有限。其中聚富苑产业园区A区已经建成，控规所确定的范围基本全部利用；聚富苑产业园区B区部分建成，可利用的空间也所剩不多。

另一方面，农村产业用地效益差，亟待整合。由于历史原因，于家务各村存在多处工业大院，总面积近2000亩。工业大院多为村集体所有并已出租，占地多，效益差，亟待整合。

2. 农村居民点分散，旧村改造进程缓慢

（1）村庄用地现状

于家务回族乡乡域共有23个行政村，其中于家务村位于乡中心区，有少量商业、学校、行政办公等；渠头村位于乡域次中心。此外，小海子村位于乡域次中心与聚富苑产业园区B区之间；东西垡村紧邻聚富苑产业园区A区；刘庄和吴寺两村在聚富苑B区南侧，与聚富苑产业园区相邻；其余村庄则散布于乡域范围内，相对均布（图15–5）。

农村居民点分散，村庄平均密度0.4个/平方公里，且村庄规模偏小。松散的布局体系，造成了农村土地利用粗放，土地利用效益低，增加了公共设施和生活基础设施的建设难度，加大了建设成本，不利于改善村庄基础设施和农村居住环境，也不利于人口与产业集聚。

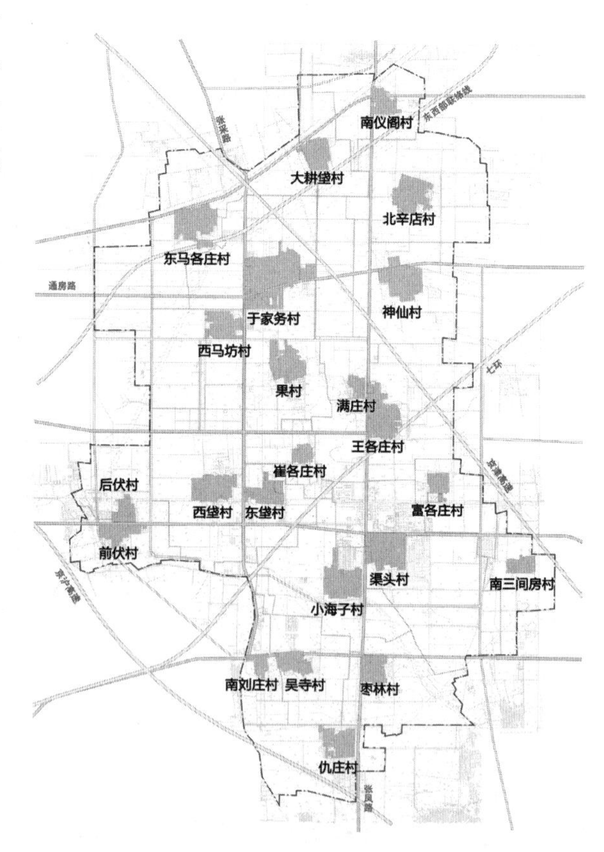

图15–5　于家务回族乡现状村庄分布图

（2）旧村改造已具备基本条件，但进程缓慢

与通州区其他乡镇相比，于家务回族乡的旧村改造进程缓慢。截止到2014年，于家务23个村大部分尚未进行旧村改造，仅乡中心区开发建设涉及的于家务村进行搬迁，一期回迁安置房已投入使用，西马坊村被拆迁的部分村民也已迁入安置房。

3. 限建因素多，基础设施尚待完善

于家务回族乡的建设空间受到工程地质、河流沟渠等自然条件，以及高压走廊、过境道路等因素限制（图15-6）。

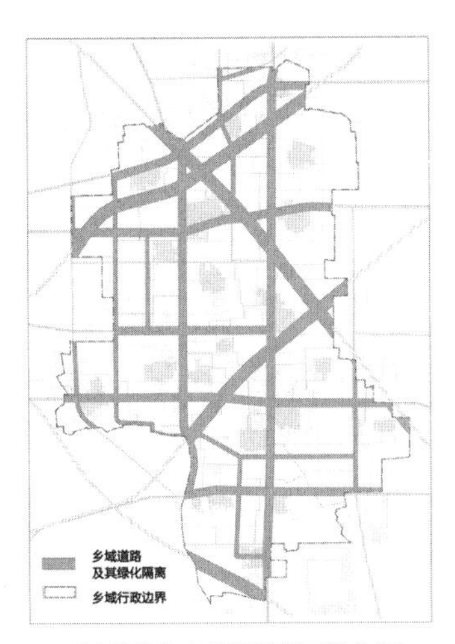

乡域道路交通限制因素分析

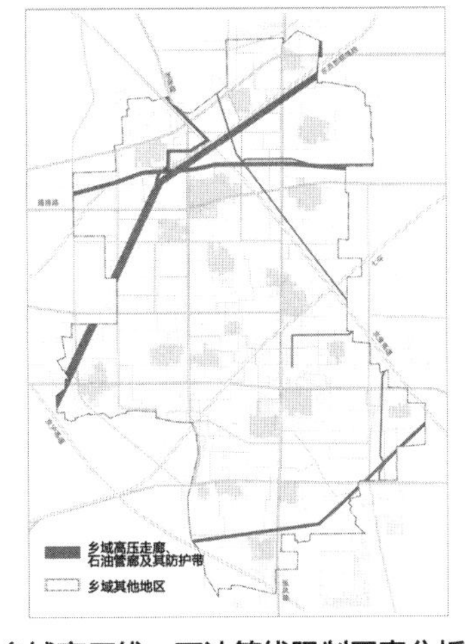

乡域高压线、石油管线限制因素分析

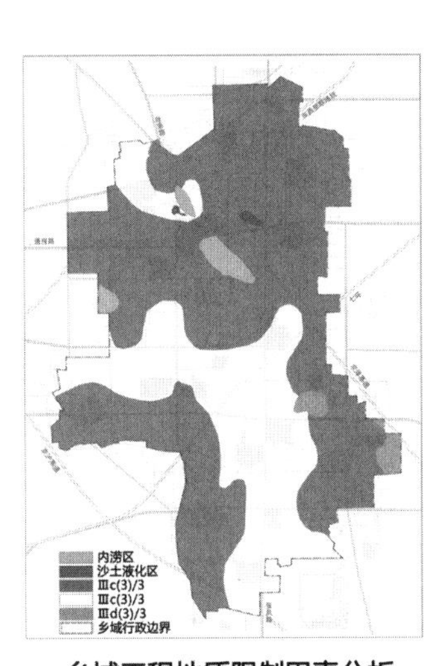

乡域工程地质限制因素分析

乡域平原造林限制因素分析

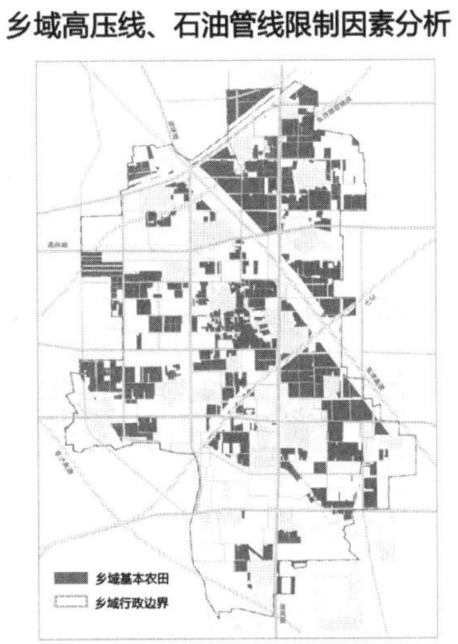
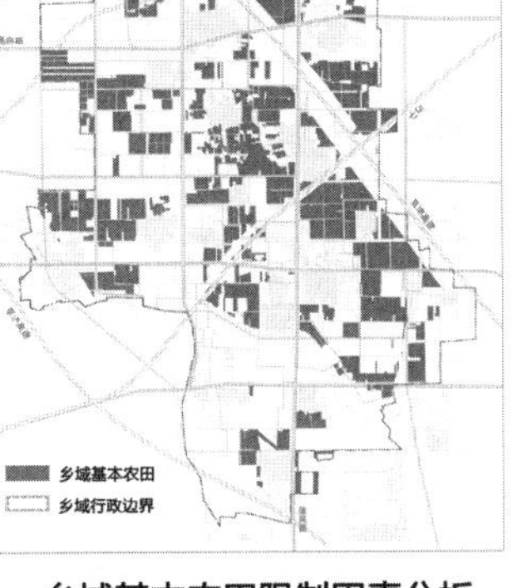

乡域基本农田限制因素分析

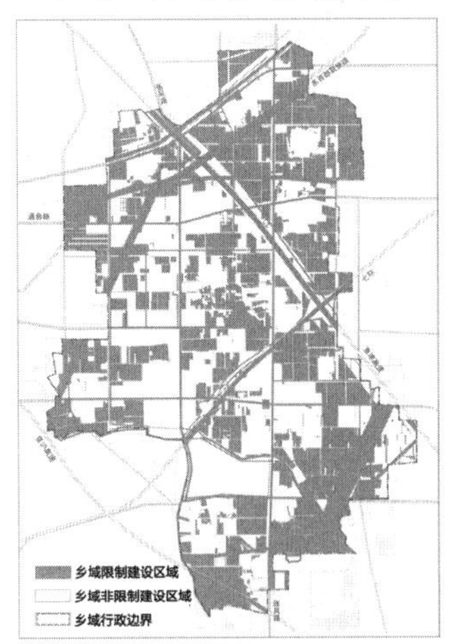

乡域限制因素叠加分析

图15-6　于家务回族乡限制建设因素分析图

乡域内规划过境交通干线较多，用地被切割，且部分交通线路不畅，存在错接、断头路等。

随着人口的增加，产业园区现有的供水、排水、供热、消防等设施亟待加强。

三、机遇（Opportunity）

1. 种业发展受到国家高度重视，通州国际种业科技园区已经纳入国家战略

《国家种子“硅谷”发展战略研究》报告得到国务院领导的亲自批示。报告中指出，依托首都重要的战略地位和优势，以中关村国家自主创新示范区通州国际种业科技园为载体，汇聚北京优势种业科技创新资源，着力打造一个立足北京、服务全国、影响世界的国家种子“硅谷”，对我国种业闯出一条发展新路，对农业现代化乃至经济社会持续健康发展都具有十分重要的战略意义。国家有必要加快立项、加快推进。

国家种子“硅谷”的总体战略目标是立足北京、服务全国、影响世界。具体为：国家种业发展的战略新高地、国家种子科技自主创新示范区、全国种子展示与交易集散中心、国家种质资源库、种业企业总部基地、国家种业创新管理示范区及种业发展的国际合作试验区。

2. 通州区先行先试建设“四化同步”综合改革发展试验区，于家务回族乡被确定为通州区“四化同步”试点乡镇

试验区建设主要目标是：

（1）形成信息化和工业化深度融合，工业化和城镇化良性互动，城镇化和农业现代化相互协调的局面。

（2）农业现代化水平显著提升，达到发达国家平均水平。

（3）土地产出率、劳动生产率、资产盈利率达到全市领先水平，农民收入持续快速增长，提前完成收入倍增计划。

（4）工业结构优化调整，高端制造业和战略性新兴产业集聚发展。

（5）信息化基础设施与应用广泛覆盖，城乡公共服务信息化水平基本实现均等化，信息化在农业全领域普遍应用，农业生产全流程信息化应用逐步普及，城区居民信息能力大幅提升。

（6）城镇化率达到80%，城镇化质量明显提高，城乡差别基本消除，小康社会全面建成，城乡一体化水平走在全国前列。

3. 多所农业科研院所落户，形成“一园多院”格局

伴随着通州国际种业科技园的启动建设，中国农业科学院等多个农业科研院所纷纷准备落户于家务回族乡，形成“一园多院”格局（表15-1）。

“一园多院”的主要项目概况 表15-1

项目名称	落户地点
北京通州国际种业科技园	北京市通州区于家务西部
中国农业科学院通州院区	北京市通州区于家务次中心区东北侧
北京市农林科学院现代科技创新与示范基地	北京市通州区通州国际种业科技园南侧（聚富苑产业园区西侧及北侧）

（1）中国农业科学院通州院区建设正式启动

2013年8月，中国农业科学院与北京市通州区政府举行共建通州院区合作框架协议签字仪式。中国农科院正在实施的科技创新工程为通州院区的建设带来了难得的机遇。要以建设国际一流的“现代农业科技硅谷”为目标，举全院之力，整合各方资源，探索共建机制，多渠道争取资金和政策支持，加快推进通州院区的规划建设。

为保障全面小康社会农产品供给、加快中国特色产业现代化建设、提升农业科技国际竞争力、建设新型农业科技创新体系、支撑北京现代农业科技城建设，中国农业科学院通州院区以建设国际一流的“现代农业科技硅谷”为方向，构建新型国家农业科技创新平台。

（2）北京市农林科学院现代农业科技创新与示范基地

北京市农林科学院现代农业科技创新与示范基地的建设将引领支撑北京都市型现代农业建设需要、推进“国家现代农业科技城”建设和打造“种业之都”、为国际种业科技园的建设发展提供技术支撑及服务。

（3）多家国家级科研院所即将入驻

除中国农业科学院、北京市农林科学院外，中国水产科学研究院农业部规划设计研究院等多家国家级科研院所也有意向入驻于家务回族乡，作为通州国际种业科技园区的重要组成部分，这些国家级品牌的入驻足以支撑其“现代农业科技硅谷”的美誉，也契合了中关村科技园的地位。

四、挑战（Threat）

于家务回族乡面临的挑战是：

（1）如何把“四化”相结合，真正实现“四化同步”，起到示范区的带动作用。

（2）如何将“一园多院”统筹发展，相互促进，实现种业硅谷的建设目标。

（3）如何把园区建设与乡村发展相结合，避免城乡分隔，实现新型城镇化。

（4）乡空间格局如何与乡的未来发展相适应。

作为通州新城和亦庄新城的交接地带，于家务回族乡一方面面临着发展空间受限、建设用地不足、村庄整合难等诸多困难，另一方面也迎来北京通州国际种业科技园区建设，中国农业科学院通州院区、北京市农科院现代农业科技创新与示范基地等的落户，实现产业转型的战略机遇，亟待通过城乡一体化整合资源、修编总体规划予以解决。

第三节 发展定位与策略

一、以“现代农业科技硅谷，四化同步特色新乡镇”为发展定位

于家务回族乡发展定位为“现代农业科技硅谷，四化同步特色新乡镇”。

依托资源优势和北京打造种业之都的政策优势，以通州国际种业科技园区、中国农科院通州院区、北京市农林科学院现代农业科技创新与示范基地为重点，着力打造现代农业科技硅谷、国家种业总部基地。围绕“一园多院”大力发展农业现代化、信息化的同时，通过农业相关的高科技成果转化带动于家务的产业发展，进一步推动于家务产业发展和居民的就业，加快企业集聚发展和转型升级，进而推动城镇化的发展，实现“四化同步”（图15-7）。

图15-7 “四化同步”示意图

二、加快通州国际种业科技园区建设，实现农业现代化

（1）大力发展高端产业

加快通州国际种业科技园区建设，强化优质种业资源引进与创新，加快良种繁育基地、中试基地建设，大力培育“育繁推一体化”种业企业，促进优势品种产业化，打造国际化种业之城。大力发展观光农业、会展农业，推动农旅融合，适度建设观光农业示范园区，举办一系列国际化、高层次、强带动的农业会展，促进三次产业融合发展。

（2）切实增强农业科技创新与应用能力

大力推动科技成果转化，增强科技创新能力。依托中国农科院、北京农林科学院等科研单位，构建国际一流的农业科技平台，集聚一批农业高科技企业，确实增强农业科技创新和信息交流能力，大力加强农业科技成果的转化，将于家务打造为中国农业科技成果的先导示范基地、农业国际合作与交流基地。

三、以园区建设带动工业转型，“一园多院”各有侧重、协同发展

以通州国际种业科技园区为核心，“一园三区多院”发挥各自特色，协同发展。适度扩展南部聚富苑产业园区，着力建设与科技农业相关的产业项目，推进产业转型，以配合和支持种业总部基地的建设，实现产业的协调发展（表15-2）。

“一园多院”建设内容列表　表15-2

项目名称	发展定位	建设内容
北京通州国际种业科技园区	种业硅谷・生态之园。 种业高科技创新示范的楷模、种业企业孵化和培育的摇篮、现代化农业景观区的示范、于家务生态田园乡镇的明珠	综合服务区、 一般育种示范展示区、 核心育种示范展示区、 特色种业观光区
中国农业科学院通州院区	打造新兴国家农业科技创新平台，形成“立足通州、辐射全国、面向世界”的大农业、大创新、大布局	“四园一中枢”： 科技创新园、 产业孵化园、 人才培养园、 交流展示园、 管理服务中枢

续表

项目名称	发展定位	建设内容
北京市农林科学院现代科技创新与示范基地	打造北京农业“硅谷”，北京农业的窗口、籽种产业的核心和未来农业的展示平台	展示示范区、科学试验区、种质资源保存区、基地和创新中心、中试基地
聚富苑工业区A区	于家务主要工业集中地之一和以电子工业、机械制造业等现代制造业为主的综合性产业发展基地	电力电子、建材家装
聚富苑工业区B区	于家务主要工业集中地之一和以发展高端装备制造业、电子信息产业、现代服务业为主的综合性产业发展基地	高端装备制造、电子信息、现代服务三大主导产业项目（中国农业科学院成果转化项目）

四、推进城乡统筹，通过土地流转和旧村改造推动城镇化发展

（1）着力提升城镇化水平，形成以城带乡新格局

提高全乡城镇化水平，促进土地资源集约利用和集中发展。农民向乡中心持续转移、产业向产业园区集中集聚发展。推进农村土地的有序流转以及农业的规模化、标准化和现代化，把产业发展和城镇化结合起来。壮大产业园区，扩大乡中心区规模，建设农村社区组团。打造城乡融合、多点支撑、均衡协调的空间发展格局，为于家务产业发展提供产业空间，为通州新型城镇化提供典范，为“四化同步”塑造地域节点。

（2）加快旧村改造，集约土地利用

对村庄进行城镇化改造，实现土地与人口城镇化的同步协调推进。发挥政府主导作用，综合运用规划、土地、财政、金融、市场等手段，确保旧村改造顺利进行。

（3）加快特色乡镇建设

将乡中心区打造为为产业提供公共设施和基础设施支持的功能相对完善的集镇。重点开展土地整理和土地置换，鼓励大型企业与乡镇对接共建，大力引进绿色低碳产业。使于家务回族乡成为具有现代农业科技为主导产业的特色乡镇。

五、以园区建设为契机，推动全乡信息化建设

（1）着力全乡提升信息化水平，打造数字于家务回族乡信息平台

抓好全乡信息化建设顶层设计，加强信息化集约建设、资源共享，推进全乡信息化的全面发展。以规划编制成果数据库建设为核心，进行规整和入库工作；并将基础地理数据、综合管线数据、规划业务审批数据和其他数据进行入库，建立一个于家务回族乡综合数据中心。

（2）大力推进农业生产经营信息化

推进物联网、云计算、移动互联网以及北斗导航产业等新一代信息技术在农业生产经营领域的应用，引导规模生产经营主体在设施园艺、畜禽水产养殖、农产品产销衔接、农机作业服务等方面，探索信息技术应用模式及推进路径，加快推动农业产业升级。

（3）不断提高农业科技创新与推广信息化水平

推进信息技术和智能装备在农技推广服务中的应用，加快农技推广信息服务平台建设。依托通州国际种业科技园区等骨干力量，在农产品和农资生产、销售、溯源等环节，积极运用物联网、云计算、移动通信等信息技术，打造国际高端籽种生产物联网应用示范园，推动农业物联网产业聚集发展（图15–8）。

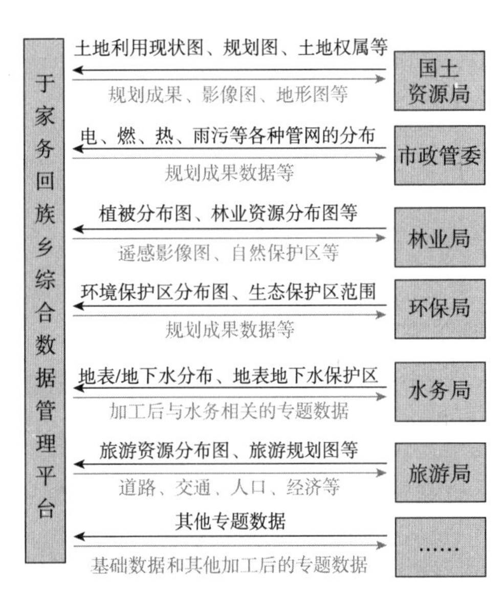

图15–8　于家务回族乡综合数据管理平台示意图

第四节　城乡用地“两规”梳理

一、城镇建设用地现状

于家务回族乡乡域面积65.36平方公里。乡域范围内现状城乡建设用地合计1075.44公顷（不包括交通、水利设施用地等），其中城镇建设用地317.98公顷，村

庄757.46公顷。

于家务回族乡城镇建设用地相对分散，建设用地分成四大部分——乡中心、次中心、聚富苑产业园区A区、聚富苑产业园区B区，其中乡中心、聚富苑产业园区A、B区均沿张采路分布（图15-9）。

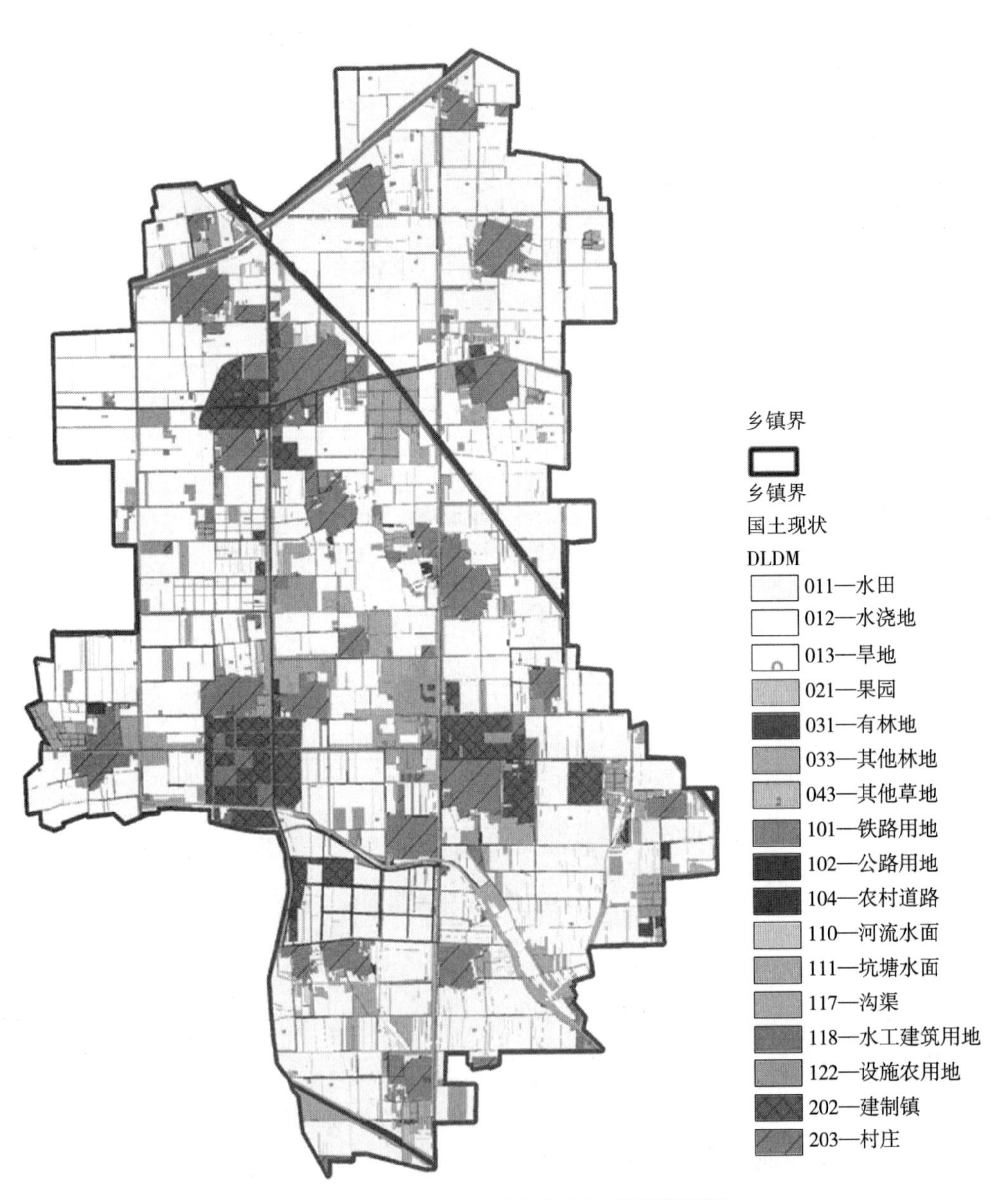

图15-9　于家务回族乡土地利用现状图

二、“两规”合一梳理

（1）“两规”合一的目的和意义

由于长期以来城乡规划以下简称“城规”与土地利用规划（以下简称“土规”）不一致，在空间上的差异及冲突导致乡镇规划实施出现问题。因此需要对于家务回族乡“两规”进行梳理，分析“两规”在空间和用地上的冲突并提出实施建议（图15-10）。

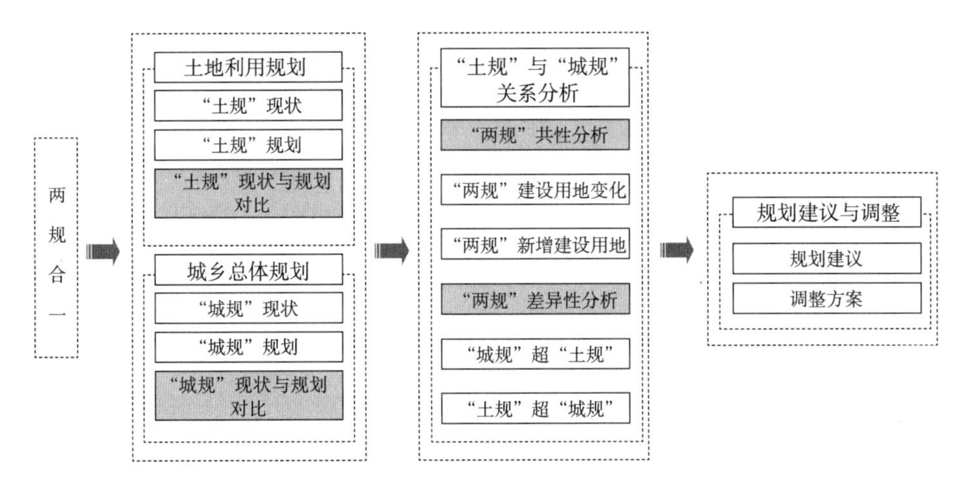

图15-10　“两规合一”路线图

（2）土地利用规划和城乡规划用地梳理

按照《通州区于家务回族乡土地利用总体规划（2006-2020）》，规划到2020年，辖区各类建设用地总规模控制在1339.77公顷，其中，城乡建设用地规模为1124.16公顷，特殊交通水利用地215.61公顷。城乡建设用地中，独立工矿用地规模为36.48公顷，农村居民点规模为1087.68公顷。规划期内，辖区新增建设用地总规模327.37公顷（图15-11）。

根据上版《通州区于家务回族乡总体规划（2003-2010）》，规划城镇建设用地532.05公顷（图15-12）。目前已批复控规497.84公顷。

（3）“两规”合一分析

通过与土地利用现状图（图15-13）对比分析以及土规与城规规划叠加分析，“两规”建设用地的空间指向有较大差异，其中土规超出城规的建设用地部分较为明显，主要是城规中的拟迁建村庄（图15-14）。

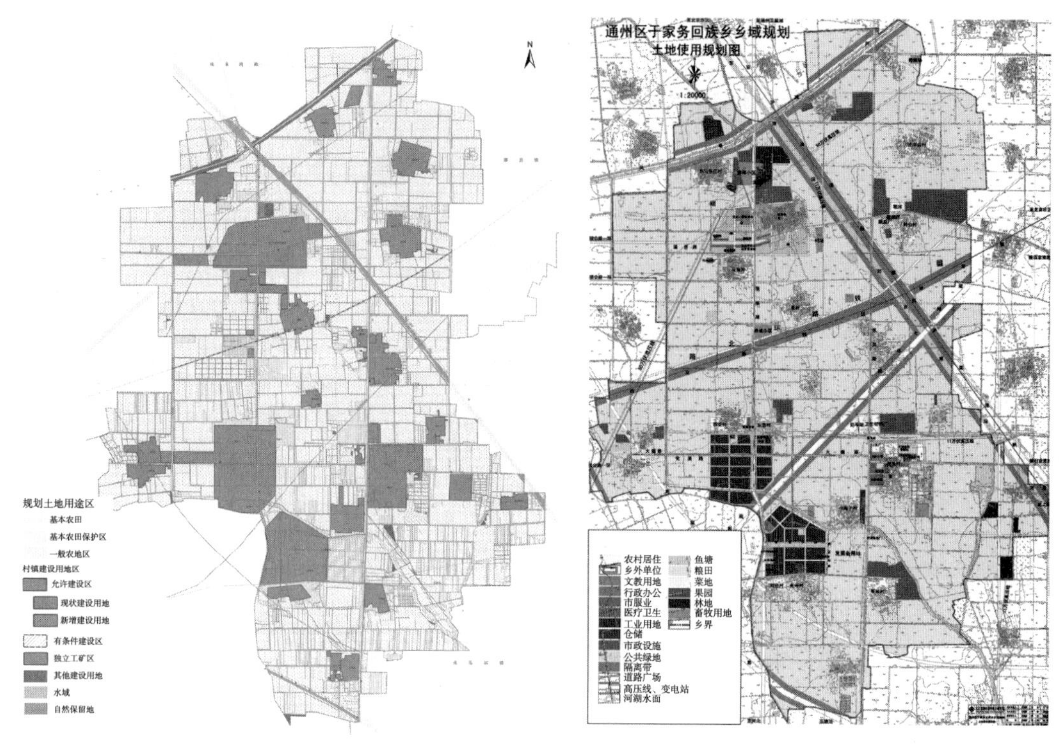

图15-11　于家务回族乡土地利用规划图

图15-12　城乡规划土地利用规划图

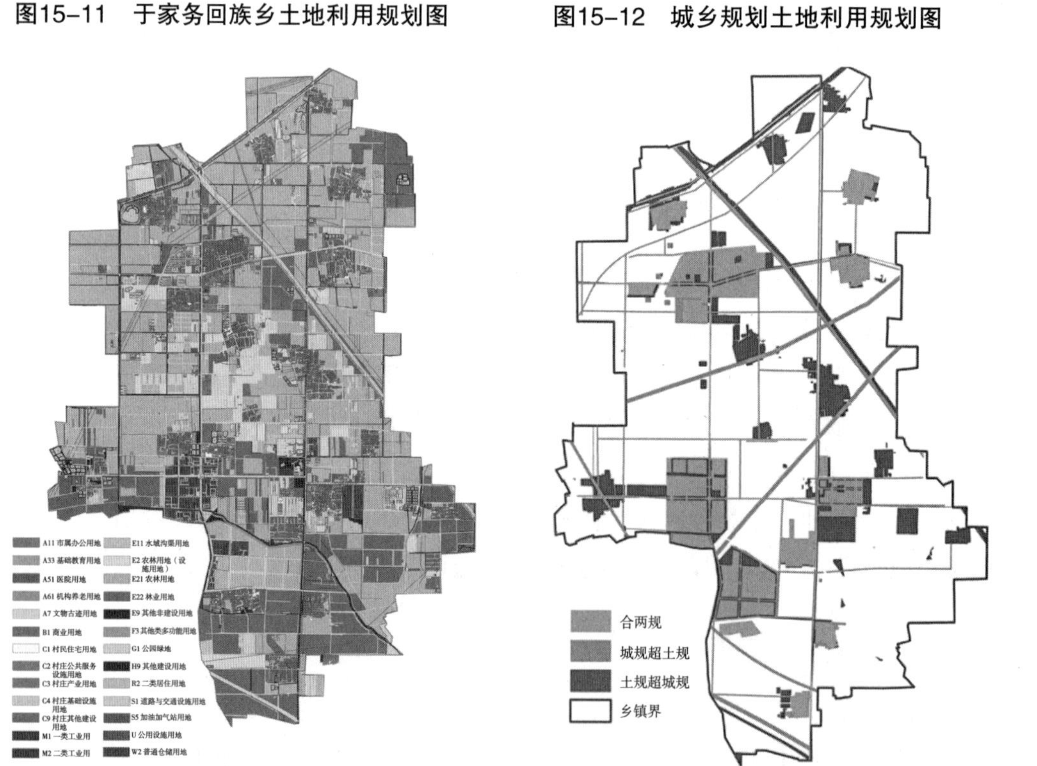

图15-13　城乡规划土地利用现状图

图15-14　城规规划与土规规划叠加对比分析图

以规划为先导，通过对乡域内现有建设用地梳理及调整，尽可能使城规的建设用地符合土规，以利于建设项目的实施。对于在城规调整中实在无法实现与土规一致的用地，应明确并初步拟定调整方案，以利于在下一轮的土规调整时争取调整，最终做到“两规”合一。

三、乡域用地整合

为了与北京总体规划修改对建设用地“减量提质”的要求相一致，于家务回族乡规划建设用地的增加着重于现有建设用地的潜力挖掘，通过对城镇建设区范围内及周边村庄的改造、建设用地的整合来实现，提高土地使用效率，在满足通州国际种业科技园建设发展所需的建设用地的同时，力争在乡域范围内从建设用地的总量上不突破现状建设用地总量、不突破土地利用规划确定的建设用地总量。

需整合村庄共有10个，整合后除新村建设用地、资金平衡用城镇建设用地外，其余用地可用于村民产业配套建设。

通过用地整合，可以保证在规划期内建设用地的总量控制在现有水平甚至实现少量缩减（图15-15）。

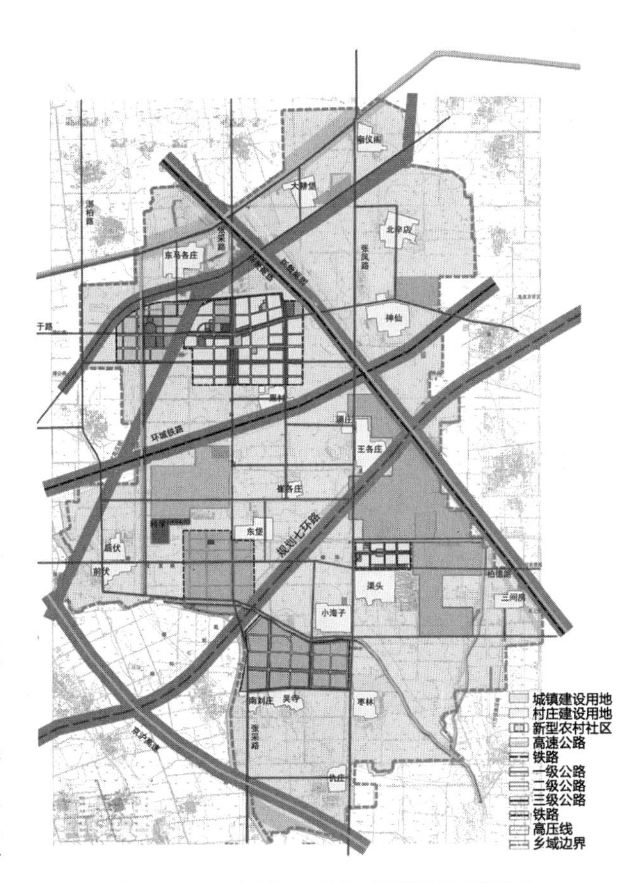

图15-15　于家务回族乡域用地规划图

第五节 乡域空间格局

一、总体思路

以自然生态环境为基底，以城镇空间集聚为特征，构筑生态化、规模化的城镇空间和现代农业格局，走可持续发展之路。

二、乡域空间结构

于家务产业发展以种业科技园的建设为核心，以中国农科院通州院区和北京市农林科学院现代农业科技创新与示范基地的建设为支撑，将于家务建设成为国家种业科技园区的核心区，辐射带动周边乡镇种业的发展；同时带动产业的发展，形成协同发展的产业格局（图15-16）。进而形成“两轴两带一园三区多院”的产业布局结构（图15-17）。

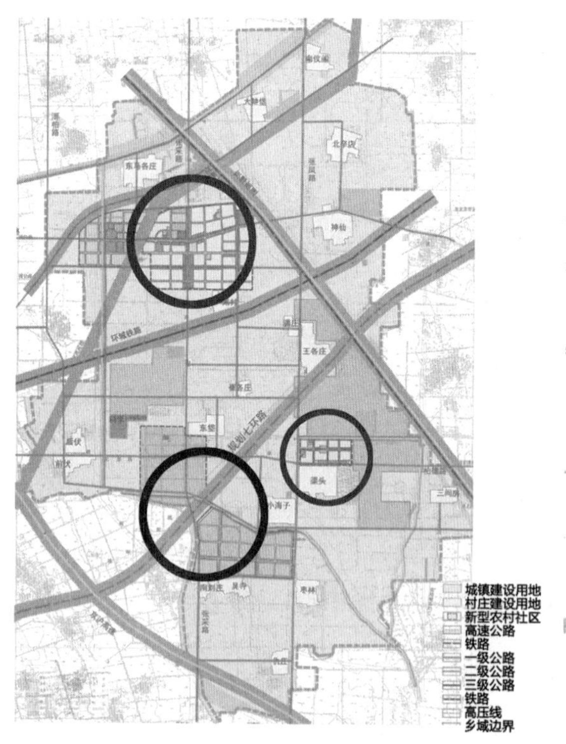

图15-16　于家务组团规划意向图

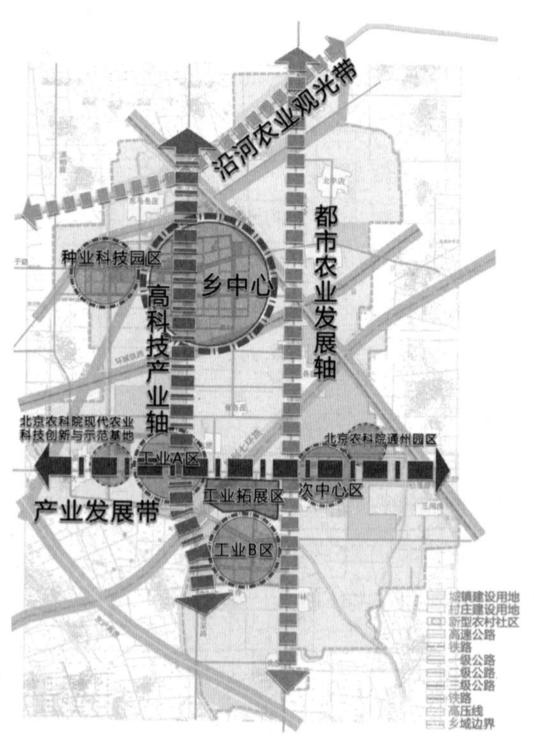

图15-17　于家务规划结构分析图

（1）两轴

高科技产业轴——以张采路连接起乡中心、通州国际种业科技园区、北京市农林科学院现代农业科技创新与示范基地、聚富苑产业园区，强调高科技产业的发展和高科技成果转化的优势。

都市农业轴——张凤路两侧以都市农业、体验农业为主。

（2）两带

滨河农业观光带和产业发展带。

（3）一园三区多院

综合考虑于家务的发展现状、发展前景及技术因素的多方面因素，确定于家务城镇空间整体上形成由乡中心区、通州国际种业科技园区、聚富苑产业区、乡次中心及中国农科院通州院区、北京市农林科学院现代农业科技创新与示范基地等部分组成的“一园三区多院”的空间格局。“一园”指的是通州国际种业科技园区；“三区”即乡域的三个组团——乡中心组团（包括国际种业科技园区）、次中心组团和聚富苑产业园区（A区+B区）组团；“多院区”则是指在三个片区之外相对独立分布的一些科研机构。

三、各区之间关系与定位

主要的建设区域通过两纵两横四条贯穿乡域呈井字形的交通干线连接起来，并进一步与周边的高速公路等过境交通相连接，为于家务的发展提供交通支撑。

（1）乡中心组团

由乡中心和通州国际种业科技园区组成，其中通州国际种业科技园区重点发展籽种相关产业及配套的服务业，乡中心则作为生活中心和公共服务中心（图15-18）。

乡中心区与通州国际种业科技园区建设密切结合，相互支持。通州国际种业科技园区建设是于家务发展的动力，而乡中心区的建设则在为全乡提供公共服务的同时，着重结合种业科技园的建设发展为其提供高端休闲、服务等生活设施、公共设施和基础设施的支撑，两部分相互促进，共同构成乡中心组团。这部分也是于家务未来的发展重点。

乡中心组团是乡域公共生活重心，随着四化同步的推进，乡中心的规模不断扩张，在发展过程中应重点关注中心区建设和环境保护、生态环境之间的关系，使城镇保持现有的和乡村间的良好关系；也是全乡的公共服务基地，乡域公共服务基地，着重建设一些公共服务设施，为种业科技园区及整个乡域产业的发展提供服务平台和支撑。

（2）次中心组团——绿色休闲、生态小镇

加强环境建设，城乡交融，体现绿色休闲、生态小镇的引领作用。加强设施建设实现为产业发展服务的作用（图15-19）。

紧密结合相邻的中国农科院通州院区和聚富苑产业园区的建设，以休闲服务产业为重点，构建良好的人居环境，切实保障和合理配置各级各类公共服务设施和基础设施，将次中心区建成产业发展的后勤保障基地，同时适度发展与休闲旅游相关的服务产业。

次中心组团是乡域南部生活中心，随着聚富苑产业园区的发展，将会有越来越多的人口聚集于次中心区，在发展过程中应重点关注中心区建设和环境保护、生态环境之间的关系；也是乡域南部的公共服务基地，建设包括休闲服务设施在内的各

图15-18　于家务中心组团示意图

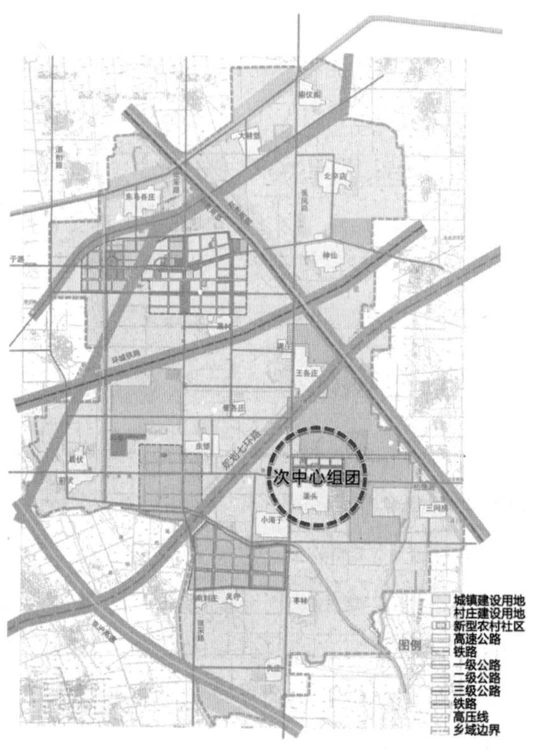

图15-19　于家务次中心组团示意图

类公共服务设施，为南部乡域及企业发展提供服务平台，推动乡域产业的发展。

（3）聚富苑产业区组团（A 区、B 区）——产业发展中心

通过产业发展，促进经济发展，提高农民收入，整合乡域城镇空间，将破碎的空间适度连接。

以聚富苑产业园区A区为基础，逐步实现产业的升级换代，将以通州国际种业科技园区科技成果转化项目和智能专用装备、智能仪器仪表作为发展重心，与北京市农林科学院实现组团发展；加快B区的发展，紧密结合通州国际种业科技园的建设，实现农业科技成果转化，推动产业走集群化、集约化、品牌化的发展道路（图15-20）。

首先，整合现有的二产，相对集中发展，控制和引导聚富苑产业园区的发展，减少对生态环境的影响。逐步淘汰一些土地利用效率低、有污染的产业项

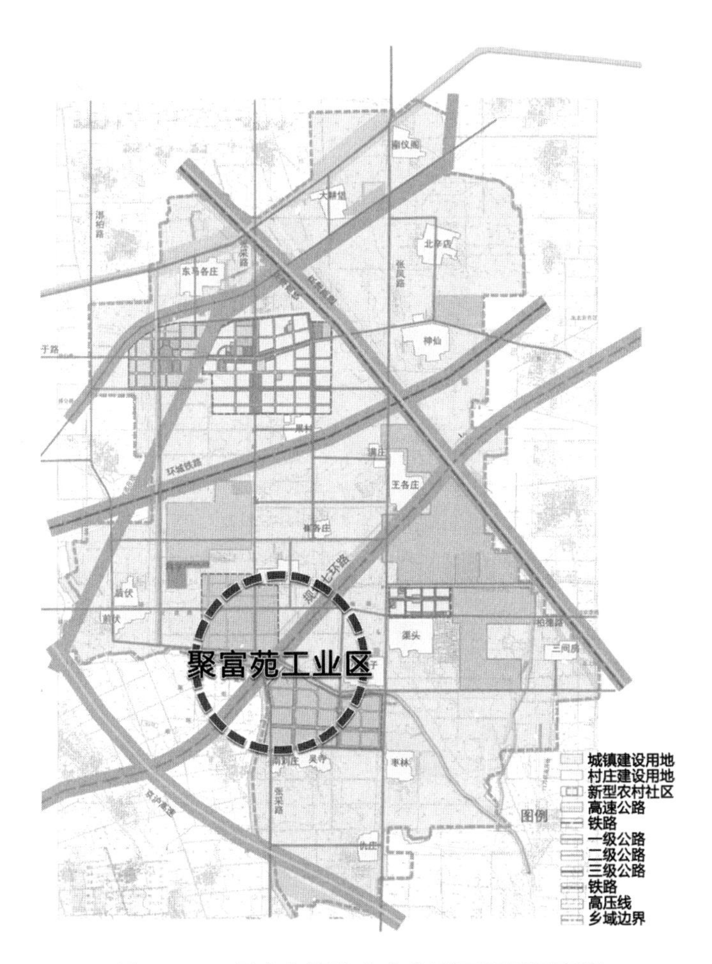

图15-20　于家务聚富苑产业园区组团示意图

目，引进一批高效产业项目，以促进农民就业、提高农民收入水平；其次，针对于家务二产已初具规模，但产业结构过于单一、抵御风险能力不足的现状，借助于中国农科院科技成果转化项目的入驻，加快产业发展前进的步伐，尽快实现产业的多元化进程。

（4）“多院”

中国农科院通州院区：面向未来、面向国际科技前沿、面向国内产业需求，以建设国际一流的“现代农业科技硅谷”为方向，学科创新，技术创新，引领战略性新兴产业发展，以建设“四化”同步协调发展综合试验区为要求，构建新型国家农业科技创新平台。

北京市农林科学院现代农业科技创新与示范基地：把科技创新与示范基地打造成为“北京农业的窗口、籽种产业的核心和未来农业的展示平台”，具备“高端研发、中试孵化、展示示范和支撑引领”四大功能（图15-21）。

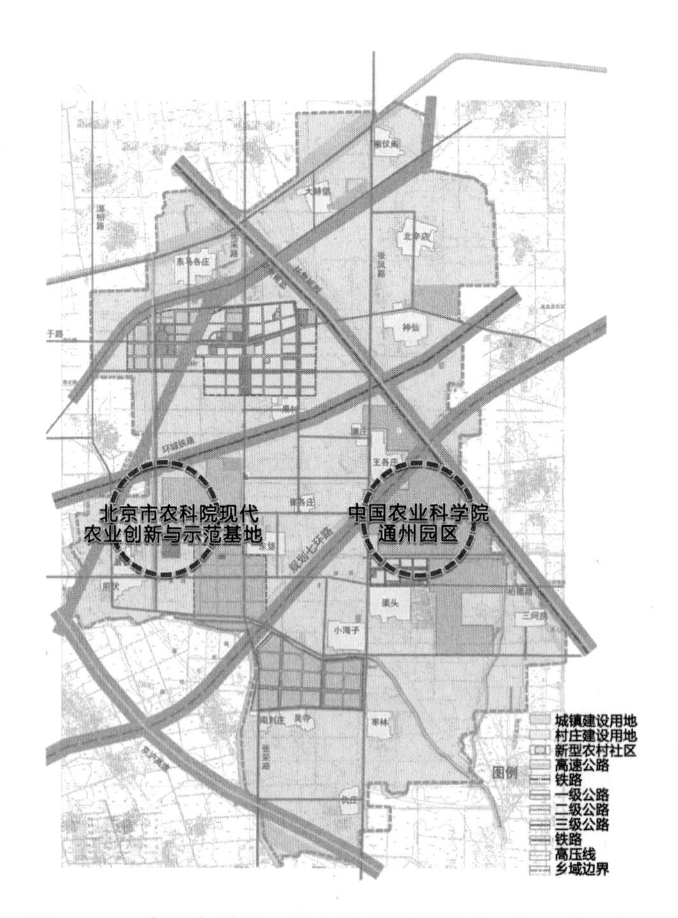

图15-21　中国农科院、北京市农林科学院入住区域示意图

四、基础设施

针对于家务回族乡的基础设施建设现状分析，本次规划主要解决道路交通和市政设施方面的问题。

1. 道路交通规划

针对乡域内规划过境交通干线较多的现状（图15-22），规划建议积极争取在于家务或紧邻地区设置出入口，尤其是规划七环、东部发展联络线，与京津塘高速公路、京津第二通道间应有互通式立交，如能争取到于家务出入口，将大大改善于家务的交通条件，进而带动产业，尤其是物流等对交通依赖较大的产业的发展。

针对乡域内存在的部分交通线路不畅（错接、断头路等），规划进行适当梳理，加强与高速公路出口间的联系，将张采路向南延伸与采林路相接，联系京沪高速采育出口，并与规划的垡渠公路相接，沿京津高速建设柏德路与德仁务出口间的联系；完善乡域内部各部分间的交通联系，对部分道路进行截弯取直或局部改线，形成两横两纵多联系通道的乡域交通格局（图15-23）。

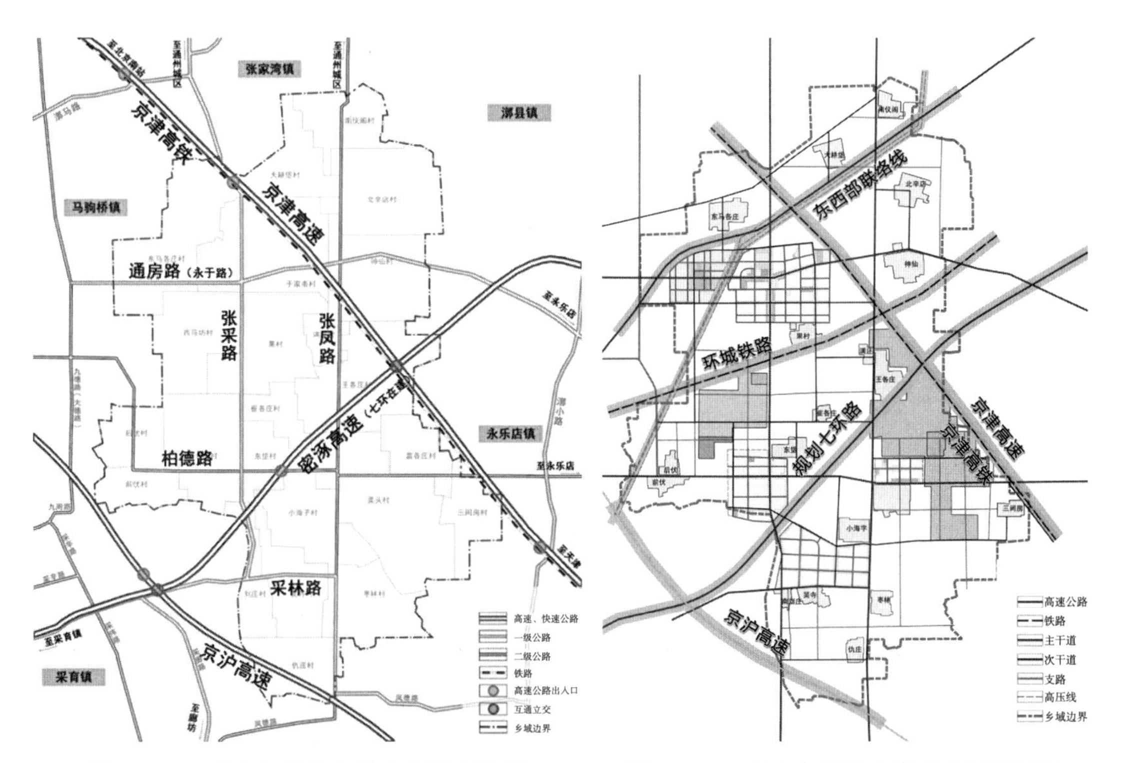

图15-22　于家务回族乡道路交通现状图

图15-23　于家务回族乡道路交通规划图

主干道：拓宽张风路、张采路、永于路、柏德路四条路，宽度不低于双向四车道，并将柏德路在渠头段取直。

次干道：在各主要功能分区间再设置不少于一条的次要干道，使乡域范围内各功能区之间至少有两条以上的联系。

支路：通过支路补充各功能区间的联系，并将乡域内的村庄联系起来。

2. 市政设施规划

（1）市政设施现状

全乡现有供水厂两座，其中于家务供水厂位于乡域北侧的乡中心区，主要为乡中心区和周围的部分行政村提供生活饮用水。另一座水厂位于西垡村南区的聚富苑产业园区内，主要为聚富苑产业园区、乡次中心和周围的部分行政村提供生活饮用水。其余各村均建有机打井，供应全村。

主要存在问题：目前水厂水源井数量没有达到设计数量，供水管网不完善，水厂周边各个行政村仍采用自备井供水，无供水管网，没有实现集中供水。分散供水管理不便，用水量难以控制，水质难以保证，水源地水质防护不完善。

乡域内包括乡中心区均没有污水收集管线，生活污水未经处理自然排放，对环境和自然水体造成了一定程度的污染。

聚富苑产业区有污水处理厂一座，主要处理聚富苑产业园区内和周边部分行政村的生活污水，2007年完成一期建设，2013年9月投入运行。

聚富苑产业园区内有锅炉房两座，仅供内部使用。乡内各村多以燃煤及土暖气取暖。

乡域南部建有110kV变电站一座。

（2）市政设施规划

根据乡域内规划用地及人口现状，乡中心组团需扩建于家务中心水厂，在乡中心东部根据水资源情况另选址建设一处水厂。

扩建聚富苑产业园区A区供水厂；在B区新建一座水厂（同时服务次中心区）；扩建污水处理厂并兴建乡中心区再生水厂。

兴建聚富苑产业园区再生水厂。对原聚富苑产业园区污水处理厂进行改造，一方面对处理厂规模进行扩容，一方面增加后续处理工艺，使其满足再生水回用要求，与污水处理厂一并改扩建。

在乡中心区集中供热中心基础上进行扩建，并进行热力管线敷设工作，以满足乡中心片区供热需求。

由于聚富苑产业区内供热中心现仅供A区采暖，无法满足未来整个聚富苑产业园区及周边需求，需在B区新建燃气供热中心一座，向B区及北京市农科院现代农业科技创新与示范基地进行供热，基地内供热管线需要敷设及完善。

规划在东部次中心区规划建设供热中心一座，满足次中心片区及中国农业科学院通州片区供热需求。

随着建设规模的扩大，现有电力设施难以满足使用需求，故规划在B区新建变电站一座。

第六节　旧村改造与城乡统筹

通过就地改造、迁村并点等方式，建设新型农村社区，整合土地资源，改善生态环境，提高公共设施和基础设施服务水平，推动产业向规模经营集中、农村人口向城镇集中的进程。

一、村庄概况

于家务回族乡共有23个村民委员会，包括1个在已编制控规建设区内的村庄。村落沿主要道路分布（图15-5）。

镇域西北部、中部和东南部的村庄相对较大，人口较多。

乡域北部的于家务村、西部的西垡村人口最多，其中于家务村达到4306人。1500~3000人的村庄有7个，分别为仇庄、东马各庄、果村、渠头、王各庄、西垡村。1000~1500人的村庄有6个；其余10个村庄的人口规模在1000人以下。

二、旧村改造方案

（1）基于 GIS 的村庄整合适宜性评价

通过GIS空间叠置分析方法对各影响因子（包括交通因子、环境因子、土地开发适应性因子、人口密度因子、待上楼人口密度因子）进行叠加，可以得出城镇发展建设适宜性评价图示分析。其中，暖色系代表居住适宜性较高，冷色系代表居住适宜性较低。根据以上分析可以得出较适宜村民居住的地区（图15-24）。

适宜村民居住的村庄居民点有：于家务、渠头、神仙、王各庄、果村、枣庄、南仪阁、东马各庄、西马坊、前伏、后伏、西垡、东垡、小海子、吴寺、仇庄。

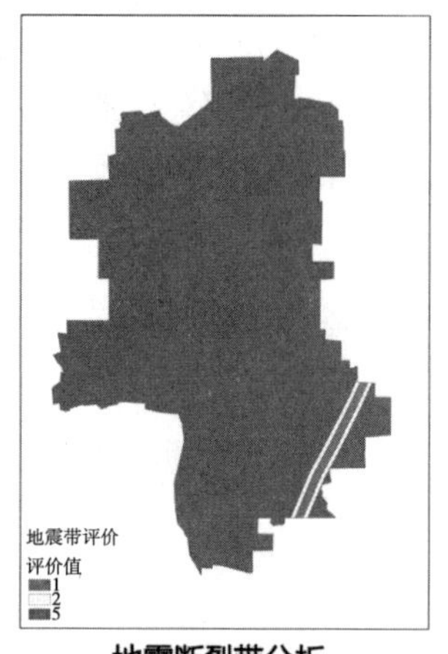

地震断裂带分析

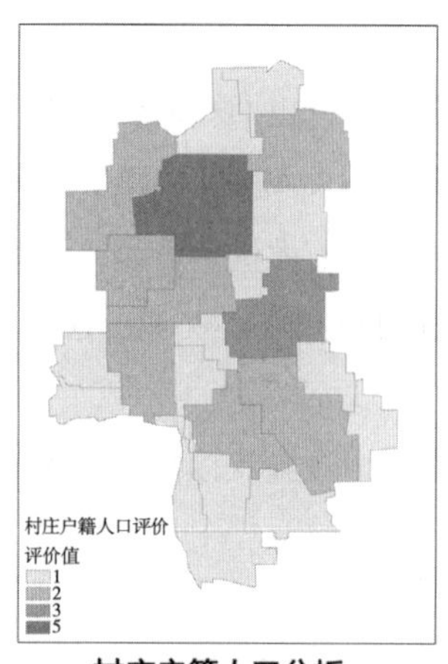

村庄户籍人口分析

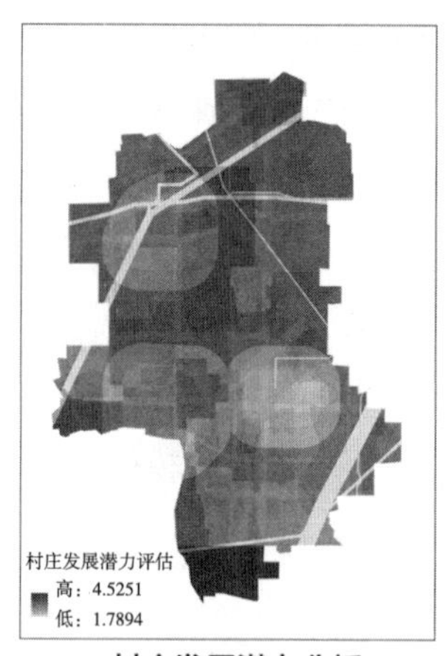

村庄发展潜力分析

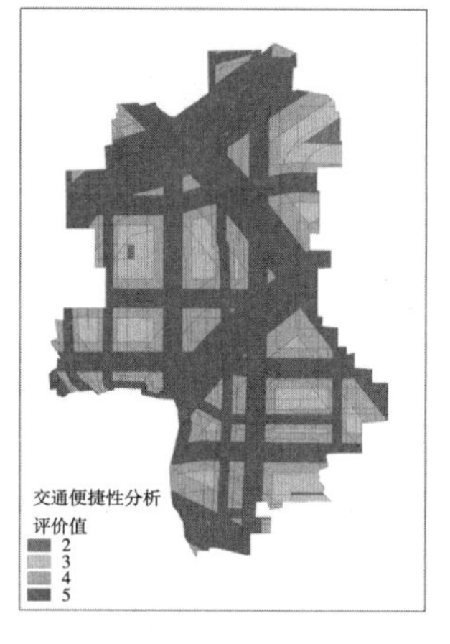

交通便捷性分析

村庄建设用面积分析

图15-24　基于GIS分析的建设用地选择示意图

（2）与相关规划的关系

上一版总规中规划的迁建型村庄有10个，分别为枣林、三间房、富各庄、前伏、后伏、崔各庄、满庄、王各庄、大耕垡、南仪阁。保留型村庄有13个，分别为北辛店、东马各庄、果村、南刘庄、吴寺、东垡、西垡、仇庄、小海子、神仙、于家务、西马坊、渠头。但是，该规划实施过程中遇到搬迁力度大、距离远、实施难度大、资金难以平衡等问题。

（3）旧村改造方案

根据乡未来空间格局，按照就近迁并和交通方便原则，综合GIS对村庄建设适宜度的分析，确定将10个村纳入改造整合范围，其中有3个村庄在规划城镇建设用地范围内，分别是于家务村、西马坊村和富各庄村，这3个村庄属于城镇化改造范畴，正在进行改造或已有改造意向；还有7个村庄处在城镇规划范围周边，包括西垡村、南刘庄村、吴寺村等，这部分村庄目前改造动力不强，规划作为第二批整合村庄计划结合城镇建设的进程逐步推进村庄改造。

第七节　制度保障

一、现代农业项目需要针对性的制度保障

于家务是“四化同步”先行试点乡镇。作为以农业项目为主导的乡，其发展有别于依托一般产业项目带动的乡镇，在发展中遇到一些问题，急需政策支持。

（1）农业项目建设配套用地

目前种业科技园区已聚集种业企业近50家，为了更好地发展种业科技项目，真正打造高端的农业产业，每个项目必须要有相应的生产配套附属设施建设（如实验室、冷库、种子库房等），建设面积约为项目区的3%，但目前没有相应的文件和政策确定可以进行建设，制约了园区入驻企业的整体发展。

（2）农用地转国有土地

中国农科院、北京市农林科学院即将入驻园区。为了更好地建设“两院”通州院区，需将农业种植用地征为国有土地，征地手续面临问题。

（3）农业项目立项

“两院”新院区建设及种业科技园区建设均需要国家、北京市和区政府相关项目的支撑，由于大部分属于农业项目，因此在发改委立项过程中存在困难。

二、构建城乡一体的社会保障

推进户籍制度改革、社会保障制度一体化。按照城市居民的保障标准，为入住社区组团的居民建立养老、医疗、住房等社会保障，构建城乡一体的社会保障体系，实行城乡一元化的管理体制。推行全覆盖无缝隙的全民医保，有效解决农民看病难、看病贵、因病返贫问题。

三、加强对流转土地的管理与开发

建立与农村集体建设用地改革相适应的土地流转机制。农村居民点调整和建设工作应遵循“集中建设、集体统建”的原则，由乡集体联营公司统一对项目实施开发和管理总负责，统一设计和施工，促进农村宅基地集约化利用，加强工程质量安全管理，提升新农村社区的环境风貌和宜居水平。

四、加强村民的参与和监管

建立村委会和村民代表的全过程参与和监督机制。农村居民点调整事关农民的切身利益，应积极引导农民及村民组织参与农村居民点调整的全过程，逐步建立农民自愿参与、村民组织自主管理、农户代表全过程监督的农民参与机制。村民代表会议应就新建集中居住点规划选址、新房建筑设计及设施标准、原村土地的使用及利益分配、公共服务与基础设施配件等关键问题形成意见，要努力形成“三公开”，即会议讨论决定涉及的村庄调整事项公开，新建居民点的主要规划指标和实施效果公开，旧村调整和新村建设的全过程公开。

坚持村民自愿、民主决策的原则，选举村民代表或委托相关机构人员与村委会共同对农村居民点调整实施全过程监督，包括监督规划设施标准的落实、新村房屋施工质量、建设资金管理及拆迁安置工程。村民代表可随时向乡政府反映迁建过程中的任何问题。

五、多渠道吸引社会资金参与共建

积极稳妥引进社会资本参与共建。鼓励大型企业和财团与乡村两级集体经济组织联合实施社区改造；支持大型企业融资投向农村社区和各类产业园区建设。在产业项目选择、合作方式、区位布局、环境环保条件和建筑风格等方面由乡里进行统筹安排，避免“村自为战”并被开发商完全主导，造成侵害农民利益的后果，引发更多社会矛盾。吸引城市居民以租赁共建的形式投入资金，参与农村社区建设。鼓励农村集体经济组织和农民以自有资金入股的形式，组织股份制公司企业参与于家务建设，包括投入建设产业园区项目和服务性基础设施项目。

六、建立统一的空间信息管理平台

推进信息化建设，构建统一的空间管理平台。以乡为单位建立统一的空间信息管理平台是推进“四化同步”建设的重要内容，应建立覆盖规划编制、实施、监督管理，整合各类规划文件，审批信息，多时段多比例尺地形、航空摄影和卫星影像等各类规划基础信息的信息平台。在此基础上，建设跨部门、跨行业的信息共享机制，为城乡发展提供及时有力的信息支持，为政府及社会公众提供权威、快捷、精确的信息服务。

信息管理平台可利用先进的科学技术，如地理信息系统（GIS）、全球定位系统（GPS）、遥感（RS）、虚拟现实（VR）、模拟仿真等，通过建立统一的空间管理平台，建立实施反馈和动态评估机制，加强规划的可操作性，提高规划编制工作的科学性和准确性，加强对规划实施的动态监测过程。通过空间管理平台可实现以下目标：

（1）规划管理信息面向公众的实时发布；

（2）实现对基本农田、城乡建设用地的动态监测，包括对总用地范围、规模的控制监测，以及各类用地布局、范围和性质是否改变情况的监测；

（3）实现对城市建设工程规划实施情况的动态监测，包括各类建筑物、构筑物、水厂、污水处理厂等基础设施工程建设的监测；

（4）实现对“四线”实施情况的动态监测，包括红线、绿线、蓝线、紫线，还可包括基础设施黄线。

小结

以传统农业为基础发展起来的乡，面临着向发展现代农业的转型。通州区于家务回族乡总体规划研究，在通州区国际种业科技园区建设契机下，探索现代农业发展背景下的产业转型与职能定位、“两规”合一基础上的乡域空间格局，以及城乡统筹要求下的村庄整合。在北京建设副中心的新阶段，于家务回族乡的总体规划研究仍在继续完善与深化。如何在首都功能定位下促进乡镇的产业发展，如何在减量提质要求下实现乡域的空间格局，如何在集体建设用地改革进程中推动村庄的合理布局，如何实现面向实施的乡规划编制与管理体系构建，都是值得不断探索的问题。

第16章 北京通州国际种业科技园区概念规划

第一节 项目概况

为全面贯彻落实国务院《关于加快推进现代农作物种业发展的意见》，北京市政府《加快推进通州现代国际新城建设行动计划》、《北京市关于加快推进现代种业发展的意见》，以及《北京种业发展规划（2010-2015年）》，在充分调研、论证的基础上，通州区委、区政府决定，依托首都政策、科技、人才、区位及优势，将通州国际种业科技园区列入通州国际新城建设的重要内容，作为加快推进北京"种业之都"建设的重点项目打造。

通州国际种业科技园目前规划总占地面积1000公顷。园区范围内大部分为耕地，97%的土地是育种及展示示范用地，包括33.33公顷核心展示示范区，30公顷科研建设用地用于综合服务区建设。

一、地理位置

通州国际种业科技园区位于北京市通州区于家务乡西部，北至凤港减河，东临张采路，毗邻乡中心区和聚富苑民族工业园，西至于家务边界，南至化渠路。目前乡中心区已完成控规调整，为园区建设，尤其是综合服务区建设打下了基础（图16-1）。

园区地处环渤海经济圈、京津塘发展带及亦庄—马驹桥—永乐店工业发展带节点上，南邻京沪高速、北邻京津高速，西邻六环路，交通便利，地理位置十分优越。

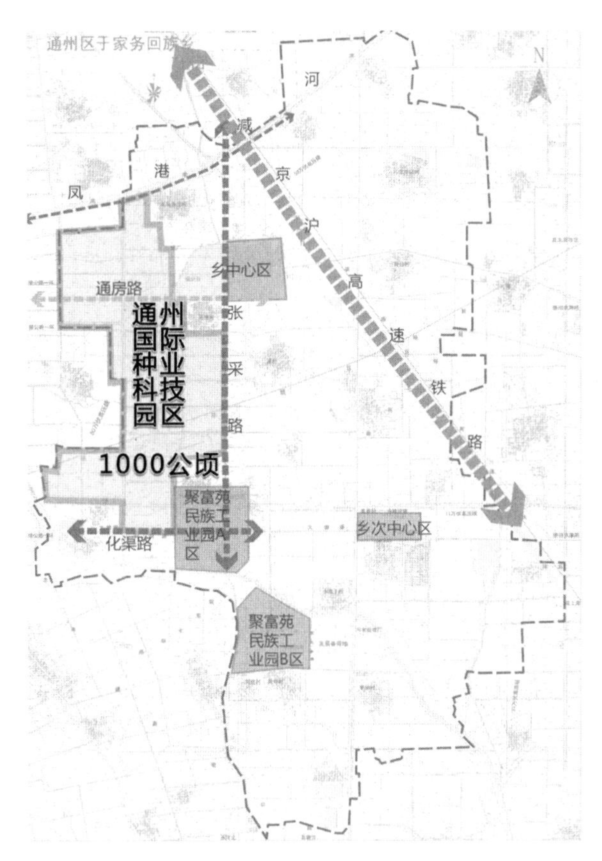

图16-1　通州国际种业科技园位置示意图

二、综合服务区用地选择

一期建设用地（A区）选取在北京南瓜观光园所在地，用地面积约14.9公顷，拟保留园内科普馆。出于种业科技园未来的发展，综合服务区目前的规模明显不足，需要扩充进行二期建设（B区）。由于园区内现有50万伏高压线、规划50万伏高压线、规划东部发展联络线、规划环城铁路穿过，有较大限制。其中高压线下两侧60米范围内不能做建设用地，所以二期建设用地选择受到很大限制。

规划选择一期用地北侧地块作为二期建设用地（B区）。B区离乡中心区较近，有利于基础设施的建设，用地北侧可与乡中心区道路衔接；限建因素少，距离高压线较远；规划中的东部发展联络线不穿越地块；满足水厂水源井限建规定（距离水源井200米）；与综合服务区A区联系较为紧密，宜形成组团式发展；依托乡主干路通房路，使得A、B区与外界交通联系均便利；地块现状为耕地，无需拆除的建筑物且地势平整（图16-2）。

图16-2 一期、二期建设位置示意图

第二节 国内农业科技园区案例借鉴

农业科技园区是以市场为导向、以科技为支撑的农业发展的新型模式，是农业技术组装集成的载体，是市场与农户连接的纽带，是现代农业科技的辐射源，是人才培养和技术培训的基地，对周边地区农业产业升级和农村经济发展具有示范与推动作用。凡列入国家农业科技园区的单位，科技部每年均以项目的形式支持园区的发展，但是其中只有不足10个园区的籽种业具有一定规模。

通过对国家农业科技园区统计分析，总结农业科技园区的特点：

一、园区所形成的产业链长

农业园区内不仅一产效益明显，同样也会带动二、三产的发展。根据对42个国家级农业科技园区进行分析，有69%的园区兼顾一、二、三产的发展（表16-1）。

国家级农业科技园区产业分析　　表16-1

序号	园区名称	一产	二产	三产	序号	园区名称	一产	二产	三产
1	山东寿光农业科技园区	●	●	●	22	江西南昌国家农业科技园区	●	●	●
2	浙江嘉兴农业科技园区	●	●	●	23	内蒙古赤峰国家农业科技园区	●	●	●
3	北京昌平农业科技园区	●	●	●	24	西藏拉萨国家农业科技园区	●	—	●
4	天津津南农业科技园区	●	●	●	25	北京顺义国家农业科技园区	●	●	●
5	江苏常熟农业科技园区	●	●	●	26	天津滨海国家农业科技园区	●	●	●
6	上海浦东农业科技园区	●	●	●	27	内蒙古和林格尔国家农业科技园区	●	●	●
7	福建漳州农业科技园区	●	●	●	28	江苏南京白马国家农业科技园区	●	●	●
8	广东广州农业科技园区	●	●	●	29	山东滨州国家农业科技园区	●	●	●
9	河南许昌农业科技园区	●	●		30	河南南阳国家农业科技园区	●	●	●
10	湖南望城农业科技园区	●	●	●	31	湖北仙桃国家农业科技园区	●	●	●
11	黑龙江哈尔滨国家农业科技园区	●	—	●	32	广西北海国家农业科技园区	●	●	●
12	湖北武汉国家农业科技园区	●	●	●	33	四川雅安国家农业科技园区	●	●	●
13	辽宁阜新国家农业科技园区	●	●	●	34	贵州湄潭国家农业科技园区	●	●	●
14	吉林公主岭国家农业科技园区	●	—	●	35	陕西杨凌国家农业科技园区	●	—	●
15	新疆生产建设兵团国家农业科技园区	●	●	●	36	甘肃天水国家农业科技园区	●	●	●
16	重庆渝北国家农业科技园区	●	●	—	37	新疆伊犁国家农业科技园区	●	●	—
17	四川乐山国家农业科技园区	●	—	●	38	新疆生产建设兵团阿拉尔国家农业科技园区	●	●	●
18	青岛即墨国家农业科技园区	●	●	●	39	厦门同安国家农业科技园区	●	●	—
19	大连全州国家农业科技园区	●	●	●	40	深圳宝安国家农业科技园区	●	—	●
20	海南儋州国家农业科技园区	●	—	—	41	四川广安国家农业科技园区	●	●	—
21	安徽宿州国家农业科技园区	●	●	●	42	辽宁辉山国家农业科技园区	●	●	●

资料来源：根据网络资料整理

二、园区辐射作用明显

园区可分为核心区、示范区和辐射区。辐射范围广，辐射作用明显。每个园区都能带动周边乡镇乃至城市的发展。据统计，农业科技园区的核心区面积在500公顷以上的约占59%。示范区面积约是核心区面积的10倍左右。辐射区范围在1.2万~80万公顷左右，是核心区20~200倍不等（表16-2）。

国家级农业科技园区分区分析　　表16-2

序号	园区名称	核心区（公顷）	示范区（公顷）	辐射区（公顷）	示范区/核心区	辐射区/核心区
1	山东寿光农业科技园区	1333.3	5000	—	3.75	—
2	浙江嘉兴农业科技园区	1000	4200	18200	4.20	18.20
3	北京昌平农业科技园区	153.3	—	—	—	—
4	江苏常熟农业科技园区	773.3	10333.3	33333	13.36	43.10
5	广东广州农业科技园区	200	9500	—	47.50	—
6	河南许昌农业科技园区	1000	—	—	—	—
7	湖南望城农业科技园区	4666.7	—	—	—	—
8	黑龙江哈尔滨国家农业科技园区	666.67	3333.33	—	5.00	—
9	河北三河国家农业科技园区	700	—	—	—	—
10	辽宁阜新国家农业科技园区	8666.67	360000	—	41.54	—
11	甘肃定西国家农业科技园区	666.67	3333.33	20000	5.00	30.00
12	广西百色国家农业科技园区	1066.7	4533.33	20000	4.25	18.75
13	重庆渝北国家农业科技园区	—	—	12000	—	—
14	宁夏吴忠国家农业科技园区	666.7	—	20000	—	30.00
15	四川乐山国家农业科技园区	621	—	—	—	—
16	青岛即墨国家农业科技园区	666.67	3333.33	20000	5.00	30.00
17	大连金州国家农业科技园区	60	—	—	—	—
18	深圳宝安国家农业科技园区	666.67	—	—	—	—
19	海南儋州国家农业科技园区	666.67	6666.67	—	10.00	—
20	安徽宿州国家农业科技园区	733	3667	—	5.00	—

续表

序号	园区名称	核心区（公顷）	示范区（公顷）	辐射区（公顷）	示范区/核心区	辐射区/核心区
21	江西南昌国家农业科技园区	666.67	3333.33	20000	5.00	30.00
22	山西太原国家农业科技园区	80	800	16000	10.00	200.00
23	云南红河国家农业科技园区	433.3	—	—	—	—
24	新疆昌吉国家农业科技园区	2400	30800	—	—	—
25	内蒙古赤峰国家农业科技园区	133.33	—	—	—	—
26	青海西宁国家农业科技园区	400	—	—	—	—
27	贵州贵阳国家农业科技园区	133.3	666.67	—	5.00	—
28	西藏拉萨国家农业科技园区	233.33	—	—	—	—
29	天津滨海国家农业科技园区	466.67	—	—	—	—
30	黑龙江建三江国家农业科技园区	6666.67	200000	—	30.00	—
31	安徽芜湖国家农业科技园区	1600	—	—	—	—
32	江西新余国家农业科技园区	3666.67	—	—	—	—
33	山东滨州国家农业科技园区	33.33	3300	—	99.01	—
34	河南南阳国家农业科技园区	666.67	—	—	—	—
35	湖北仙桃国家农业科技园区	800	—	—	—	—
36	湖南永州国家农业科技园区	3533.33	20000	100000	5.66	28.30
37	广西北海国家农业科技园区	253	—	—	—	—
38	重庆忠县国家农业科技园区	1333.33	—	—	—	—
39	四川雅安国家农业科技园区	70	—	—	—	—
40	青海海东国家农业科技园区	666.67	—	—	—	—
41	宁夏银川国家农业科技园区	346.7	4000	—	11.54	—
42	新疆伊犁国家农业科技园区	612.1	—	—	—	—
43	厦门同安国家农业科技园区	450	—	—	—	—
44	深圳宝安国家农业科技园区	666.67	—	—	—	—
45	四川广安国家农业科技园区	800	28700	147300	35.88	184.13
46	辽宁辉山国家农业科技园区	—	73333	800000	—	—

资料来源：根据网络资料整理，部分数据缺失

三、园区职能多样

农业园区内不仅一产效益明显，同样也会带动二、三产的发展。园区内主要职能有：农业生产（种植、养殖、果林）、农副产品加工、种子种苗、园林园艺、观光旅游、居住商业等（表16-3）。

国家级农业科技园区职能分析 表16-3

序号	园区名称	农业生产（种植、养殖、果林）	农副产品加工	籽种业	观光旅游、采摘	园林园艺	居住商业
1	山东寿光农业科技园区	●	●	—	●	—	—
2	浙江嘉兴农业科技园区	●	●	—	●	●	—
3	北京昌平农业科技园区	●	●	●	●	●	—
4	天津津南农业科技园区	●	●	—	●	—	—
5	江苏常熟农业科技园区	●	●	—	●	●	—
6	福建漳州农业科技园区	●	—	—	—	—	—
7	广东广州农业科技园区	●	●	—	●	—	—
8	河南许昌农业科技园区	●	●	—	—	●	—
9	湖南望城农业科技园区	●	●	—	●	●	—
10	黑龙江哈尔滨国家农业科技园区	●	—	—	—	—	—
11	湖北武汉国家农业科技园区	●	—	—	—	—	—
12	辽宁阜新国家农业科技园区	●	●	—	●	—	—
13	吉林公主岭国家农业科技园区	●	—	—	—	—	—
14	新疆生产建设兵团国家农业科技园区	●	●	—	●	●	—
15	重庆渝北国家农业科技园区	●	●	—	—	—	—
16	宁夏吴忠国家农业科技园区	●	—	—	—	—	—
17	四川乐山国家农业科技园区	●	●	—	●	—	—
18	青岛即墨国家农业科技园区	●	●	—	—	—	—
19	大连金州国家农业科技园区	●	—	—	●	—	—
20	安徽宿州国家农业科技园区	●	●	—	●	—	—

续表

序号	园区名称	农业生产（种植、养殖、果林）	农副产品加工	籽种业	观光旅游、采摘	园林园艺	居住商业
21	江西南昌国家农业科技园区	●	●	—	—	●	
22	内蒙古赤峰国家农业科技园区	●	●	●	●	●	—
23	西藏拉萨国家农业科技园区	●	—	●	●	—	—
24	北京顺义国家农业科技园区	●	●	●	●	●	—
25	天津滨海国家农业科技园区	●	●	—	●	—	—
26	内蒙古和林格尔国家农业科技园区	●	●	—	—	—	—
27	江苏南京白马国家农业科技园区	●	●	—	●	—	—
28	山东滨州国家农业科技园区	●	●	—	—	—	—
29	河南南阳国家农业科技园区	●	●	—	—	—	—
30	湖北仙桃国家农业科技园区	●	—	—	—	—	—
31	广西北海国家农业科技园区	●	●	—	●		—
32	海南三亚国家农业科技园区	●	●	●	●	●	●
33	四川雅安国家农业科技园区	●	●	—	—	—	—
34	贵州湄潭国家农业科技园区	●	—	—	—	—	●
35	陕西杨凌国家农业科技园区	●	●	—	●	—	—
36	甘肃天水国家农业科技园区	●	●	—	—	—	—
37	新疆伊犁国家农业科技园区	●	●	—	—	—	—
38	新疆生产建设兵团阿拉尔国家农业科技园区	●	●	—	●	●	—
39	厦门同安国家农业科技园区	●	—	—	—	—	—
40	深圳宝安国家农业科技园区	●	—	—	●	—	—
41	辽宁辉山国家农业科技园区	●	●	—	●	—	—

资料来源：根据网络资料整理

四、综合服务区功能多元

园区的核心区包含综合服务区，承载着科研、会展、商贸交易、公共服务、科普、专家生活区等功能（表16–4）。

国家级农业科技园区功能分析 表16-4

序号	园区名称	主要功能分区	综合服务区							
			企业总部	科研	会展	商贸交易	培训	科普	公共服务	专家生活服务区
1	福建漳州农业科技园区	农业科技培训中心、农业科技研究开发中心、农产品加工基地	—	●	—	—	●	—	—	—
2	广东广州农业科技园区	农业科技创新区、高科技企业区、农作物种子工程示范区、良种苗木示范区、良种猪育种区、动物保健品技术开发区、农化服务区、功能食品开发区、休闲农业区、多功能综合管理区、花卉园林区、广东省现代农业信息网络中心	●	●	●	●	—	—	●	●
3	湖南望城农业科技园区	优势农产品良种繁育区、标准化集约种植区、高效健康养殖区、农产品加工区、生态休闲观光区以及研发培训服务中心	—	●	—	—	●	—	●	—
4	新疆生产建设兵团国家农业科技园区	组配和生物技术中心、胚胎移植中心、作物种苗繁殖基地、绿化苗木生产基地、畜牧生产及繁殖区、设施栽培示范区、作物新品种种植示范区、优良绿化树种种植示范区、农产品储藏加工区、农业先进适用技术展示及农业科普区	—	●	●	—	—	●	●	—
5	青岛即墨国家农业科技园区	组培中心、育苗中心、示范中心、信息中心、服务中心、配送中心、检测中心等	—	●	●	●	●	●	●	●

续表

序号	园区名称	主要功能分区	综合服务区							
			企业总部	科研	会展	商贸交易	培训	科普	公共服务	专家生活服务区
6	安徽宿州国家农业科技园区	农业生物工程开发中心、优质果苗繁育区、高效经济作物区、优质粮食作物区、优良种畜繁育基地、农产品加工区和综合服务区	—	●	—	—	—	—	●	—
7	江西南昌国家农业科技园区	畜产品信息中心及电子商务交易区、现代科技种畜繁育区、生态养殖区、安全畜产品配套加工区、生态果园区、粪肥现代化处理示范区	—	●	●	●	—	—	—	—
8	内蒙古赤峰国家农业科技园区	养殖区、种植区、加工区、旅游观光区、科研及管理	—	●	—	—	—	—	—	●
9	西藏拉萨国家农业科技园区	高原现代园艺与药用植物栽培区、工厂化种苗繁育工程中心、农畜产品加工示范园、高原畜牧水产良种繁育与高效养殖示范园区、西藏农作物良种繁育与现代种植技术示范区、西藏现代农业展示交流与教育培训基地、招商引资区、休闲娱乐区	—	●	●	●	●	—	●	—
10	黑龙江建三江国家农业科技园区	高新技术创新区、科技成果转化示范区、特色养殖区、农业信息化示范区、小城镇建设示范区、现代农机管理服务示范区、农产品加工研发区	—	●	●	●	—	—	●	—

续表

序号	园区名称	主要功能分区	综合服务区							
			企业总部	科研	会展	商贸交易	培训	科普	公共服务	专家生活服务区
11	湖北仙桃国家农业科技园区	高科技研发展示区、农产品加工物流区、新成果推广示范区、都市农业观光体验园、水产养殖示范园、现代农业科技展示园、加得生物科技产业园、生态农庄休闲娱乐园以及农副产品物流中心、水产科技开发中心、农副产品加工中心、农业企业孵化中心、信息技术服务中心	—	●	●	●	—	—	●	—

资料来源：根据网络资料整理

国内目前虽然有许多农业科技园区，但是尚缺少专门的综合性种业科技园区。兰州新世纪种业科技园、江苏海安国际种业园区、北京翠湖种业高科技园区、海南三亚种业科技园区等国内几家种业园区大多规模较小或尚未形成规模。

第三节 发展定位

一、我国种业发展的要求

籽种是农业生产的基本生产资料，是保证作物产量和质量的根本内因。控制种子，就掌握了现代农业竞争的主动权。未来农业的竞争已变成种业竞争，发展种业关系到国家粮食安全，关系到国家政治经济利益。随着全球化和市场化的进程，国际种业巨头纷纷进入我国。跨国企业的进入在为我国种业带来新理念、新品种、新技术的同时，也为我国的粮食安全带来了严峻的挑战。据统计，跨国公司已经占据了我国高端蔬菜种子50%以上的市场份额。

为了应对这一挑战，我国把生物种业列为保障粮食安全的国家战略性新兴产业。籽种产业是现代生物技术革命的主要产业形态，具有典型的科技经济一体化发展特色。积极联合产学研用各主体，探索、实践产学研相结合的新模式、新机制，优化配置科学技术、资金、设备、人才等社会资源，对加快生物育种产业科技进步具有重要意义。

二、北京种业发展要求

根据《关于加快推进现代农作物种业发展的意见》，由北京市农业局牵头会同市相关部门组织开展调研。在此基础上，北京市农委、北京市农业局会同相关部门，研究制定《北京市人民政府关于加快推进现代种业发展的意见》，提出北京市种业发展的目标、措施及相关政策。《北京种业发展规划（2010–2015年）》明确提出要在北京建设“10+3+7”的农作物品种展示孵化四级网络，重点打造昌平、顺义、通州、丰台优势作物品种试验展示、孵化和辐射基地的种业发展方案。

通州国际种业科技园区作为国内第一家围绕种业全产业链打造的科技园区，区别于国内其他农业科技园区、一年一度的种子交易会，以及相对单一的种子生产、交易项目，具有总部化、综合化、产业化的明显特点，力争成为世界一流，国内先进，服务全国的现代农业科技园区。

三、于家务回族乡产业发展的要求

于家务乡产业定位是以国际种业科技园区为战略品牌，以工业园区和中心区建设为重要补充，形成一、二、三产同步融合发展的良好产业格局。

以现代农业为基础，大力发展总部经济、现代制造业、生物育种业等高附加值、低能耗产业，依托都市农业观光，积极拓展旅游等第三产业，把于家务回族乡建设成通州南部地区开放度高、辐射力强、功能完善的绿色生态产业示范区。

四、通州国际种业科技园区的建设目标

一是籽种科研创新服务基地。基地主要进行籽种科研，园区将集中建设籽种研发区，为企业研发提供实验平台，为最新成果提供转化技术平台，为研发成果的产业化生产、示范和推广奠定基础。

二是籽种品种展示交流基地。基地主要功能为：充分吸引国际、国内的籽种企业进入园区进行新品种展示推广；园区建设500亩核心示范区，主要吸引园区内及园区外的籽种企业进行新品种的展示与示范，形成园区新品种展示的重要

平台。

三是籽种繁育推广基地。园区将充分利用自身的土地优势，为籽种企业体提供籽种繁育、推广、中试的空间，保证园区“育繁推”的一体化进程。

五、通州国际种业科技园区的发展定位

通州国际种业科技园区的发展定位为：种业硅谷，生态之园。力求打造现代化农业景观园区的示范，于家务生态田园乡镇的明珠；种业高科技创新示范的楷模，种业企业孵化和培育的摇篮。

第四节　用地布局

一、发展原则

（1）创新发展原则。园区汇聚北京乃至全国高端育种科研机构，搭建种业科学技术创新平台，提高育种效率，发挥高科技在育种方面的作用，配合打造全球科技创新中心的建设，打造种业科技创新中心。

（2）生态发展原则。打造一个生态的园区，在园区的规划建设中要处处体现生态环保的原则，节能减排。

二、主要功能

园区将形成集研发、展示、交易和服务等于一体的高端、可持续发展的现代农作物种业产业链。园区主要功能有：

（1）种业企业的聚集中心，具有总部经济效应功能；

（2）国际种业品种展示功能；

（3）国际种业科技研发、科技创新示范功能；

（4）国际种业企业交易功能；

（5）国际种业发展会议展示功能；

（6）种业科普教育培训功能；

（7）现代化籽种产业景观生态园区功能（图16–3）。

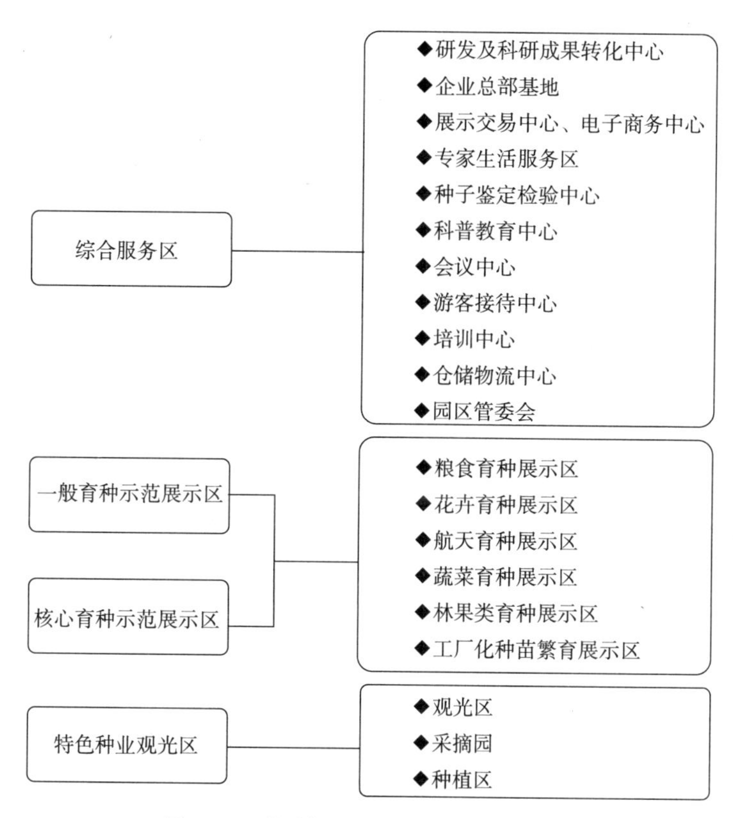

图16–3　通州国际种业科技园主要功能

三、功能分区

通州国际种业科技园区目前核心区范围是1000公顷，用于进行新品种的中试及扩繁；包括30公顷的综合服务区。示范区为65平方公里，包括整个乡域，通过进行新品种的推广，形成大规模科技创新展示基地；辐射区为京、津、冀、鲁、辽、蒙、晋等省区乃至全国。

核心区根据功能分为：综合服务区、核心种业示范区、一般种业示范区、休闲农业观光区（图16–4）。

综合服务区由研发及科研成果转化中心、企业总部基地、展示交易中心、电子商务中心、专家生活服务区、种子鉴定检验中心、科普教育中心、会议中心、游客接待中心、培训中心、仓储物流中心、园区管委会组成（图16–5）。

种业示范区分为粮食育种展示区、花卉育种展示区、航天育种展示区、蔬菜育种展示区、林果类育种展示区、工厂化种苗繁育展示区。

休闲农业观光区分为观光区、采摘园、种植区。

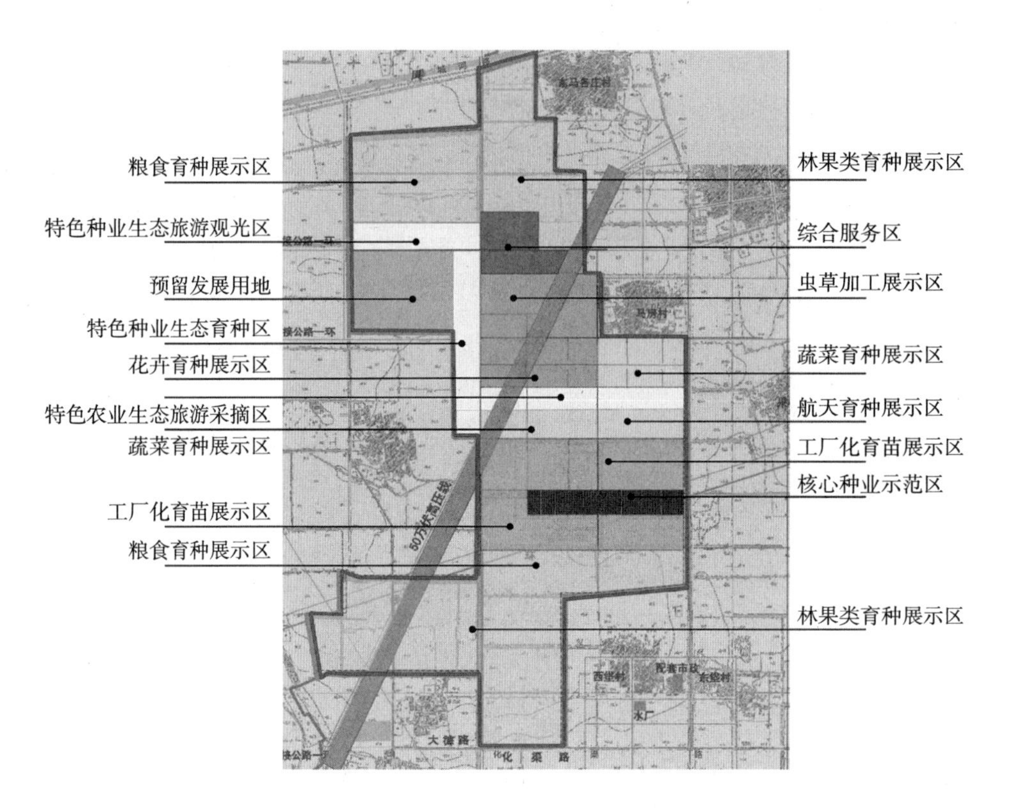

图16-4 通州国际种业科技园功能分区图

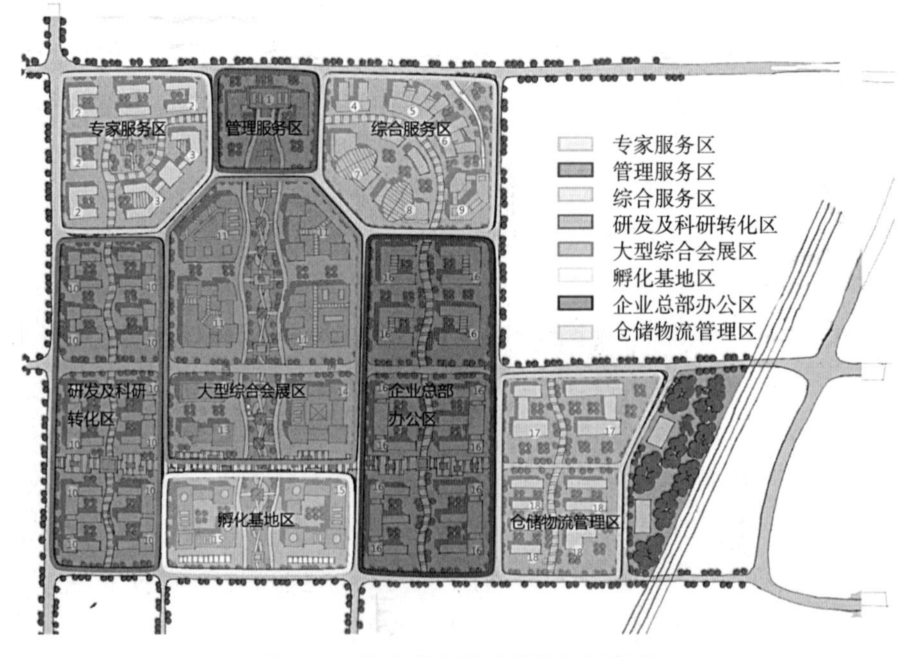

图16-5 综合服务区功能结构示意图

第五节　生态规划

一、园区建设生态原则

斑块、廊道和基质是景观生态学用来解释景观结构的基本模式，普遍适用于各类景观，包括荒漠、森林、农业、草原、郊区和建成区景观。

通州国际种业科技园区在规划设计中注重“创造性保护”，既最佳组织调配地域内的有限资源，又保护该地域内美景和生态自然。强调景观空间格局对区域生态环境的影响与控制，并试图通过格局的改变来维持景观功能流的健康与安全。把景观客体和“人”看作一个生态系统来设计。

通州国际种业科技园是于家务回族乡乡域内的斑块，在乡中心区、工业区等斑块中具有调节生态的作用。整个生态园区构成了核心服务区的基质，组成一个大的生态体系，核心区南北、东西各一条主要景观轴线构成核心区的廊道，各个组团内部形成围合的生态景观，构成核心服务区的斑块，形成一个良好的生态系统。

二、园区景观生态化

（1）维持自然的观光旅游。特色项目：体验种植。在农业观光区内的体验种植区中，游客可选择特色的种子，并将种子栽种到指定区域，由工作人员协助种植，游客可以多次来关注植物的生长情况。植株较小数量较少的可移栽到花盆中让游客带走。

（2）园区内的植物配置，结合生态性的原则，营造四季有花、四季都有季相特色的生态景观。植物品种的选择以“适地适树”为依据，以生产性植物为主、观赏性植物为辅，绿化与美化相结合。

（3）在园区规划中将花卉、林果、蔬菜、航天育种等具有一定观赏性的育种示范区位置相对集中，以此结合特色种业生态旅游观光、种植、采摘区形成范围较大、景色优美、充满活力的片区，成为整个园区旅游的重点。

三、园区生产生态化

（1）循环利用。农业循环经济是一种较新的经济发展理念，是将循环经济的基本原理应用于农业系统，在农业生产过程中和产品生命周期中减少资源、物质的投入量和减少废物的产生排放量，实现农业经济和生态环境效益的统一。

园区内建设生物质能转化中心，将园区内部的农业废弃物、生活废弃物、生产废弃物进行生物质能转化，做到循环使用、零污染，同时利用转化后的能源进行照明、取暖，沼渣、沼液肥田。

园区作为一个独立生态系统可以通过完全的代谢过程——同化和异化，使物质流在系统内循环，并通过一定的生物群落与无机环境的结构调节，使得各种成分相互协调，达到良性循环的稳定状态。

（2）节水灌溉。园区采用以色列节水灌溉技术设备，主要有大型喷灌机、微喷灌、滴灌口系统及设备。以计算机控制的喷灌、滴灌系统可根据作物生长发育期需水和土壤墒情自动进行适时适量灌溉，同时还可以辅助施液肥和施农药防治病虫害，最大限度地降低水蒸发和浪费，极大地提高了水、肥料、农药等资源的综合利用率。

四、园区设施生态化

1. 结合扩建乡中心区供水厂，供给种业园区

园区内大力提倡节约用水，采用中水处理循环再利用。

2. 雨水利用

（1）加强种业园区雨洪利用，推广雨洪利用技术。

（2）结合道路、绿化、景观及水系生态建设，减少不透水路面，广泛采用透水铺装、绿地渗蓄，修建蓄水池等措施。园区雨水排水系统采用渗透排放一体化系统。

3. 太阳能利用

园区内使用太阳能路灯等综合利用太阳能的环保工程。针对种业园区新建建筑大多为大型温室、办公建筑大多为低层建筑的特点，园区供热可优先采用太阳能，以太阳能为主要能源，燃气为辅助热源的供热模式。既节约能源，又可减少大气污染。为提高能源利用效率，可采用建筑热水与建筑供暖组合系统，实现生产、生活节能与降耗并重。

4. 建筑节能

综合服务区的建筑秉承生态建筑的原则，采用保温材料、屋顶绿化等节能措施。采用生态职能办公建筑，即在研究室内热工环境和人体工程学的基础上，依

据人体对环境生理、心理的反应，创造健康、舒适而高效的室内办公环境。生态智能办公建筑具有高舒适度和低能耗的特点。

在会展建筑中大量利用太阳能技术提供照明、调节室温等。让自然空气流入室内，以尽量减少空调的使用。利用双光伏玻璃，有助于减少能源消耗。

5. 慢行系统

园区内提倡节能减排环保出行，使用电动观光游览车。综合服务区采取适宜步行的尺度设计，提倡自行车出行和步行。在主要园区道路旁边种植各种层次丰富的树木，路边设计生态排水沟，在路的另一旁设计砂滤池和过滤带植草沟等。

小结

通州区国际种业科技园区是一个以籽种业为主的农业科技园区。与以工业为主的产业园区不同，农业产业园区具有多种功能，涉及多种类型土地的综合利用。在园区规划建设中，需要综合考虑园区的功能定位、分区布局，以及设施建设等，注重园区的生态规划，把园区建设成生态化的科技创新基地。由于农业用地土地性质和权属的特殊性，针对农业科技园区中生产配套附属设施的建设管理及农业用地的使用管理等问题，还需要土地用途管制方面的更深层次的探索。

第17章 河南省信阳市光山县扬帆村村庄规划

2012年12月，住房和城乡建设部以支持大别山片区扶贫开发村庄规划示范工作作为2013年全国村庄规划试点工作的序幕。本次村庄规划的方针是因地制宜，尊重既有村庄格局，尊重村庄与自然环境及农业生产之间的依存关系，不盲目照搬城市；不盲目规划新村，不搞大拆大建；同时，要重点改善村庄人居环境和生产条件，保护和体现农村历史文化、地区和民族以及乡村风貌特色。

第一节 扬帆村村庄概况

扬帆村位于河南省信阳市光山县南部、鄂豫皖三省交会处，隶属于净居寺名胜管理区（图17-1）。村庄有20个村民组（26个自然村），667户，3100人。2013年，被住房和城乡建设部列为全国首批27个村庄规划试点村之一，入选河南省传统古村落名录，是2014年河南省美丽乡村建设试点项目。扬帆村以其良好的区位条件和历史悠久的集市商贸活动成为光山县经济发展中的重要支撑点。

村民经济收入主要来源为一、三产业。其中第一产业以茶叶和水稻种植为主，还有少量的家禽家畜养殖户，以养猪为主，少数农户散养鸭。第三产业主要以村中心十字街的小商贸和集贸市场为主。扬帆村自古为集市商业活动重地，目

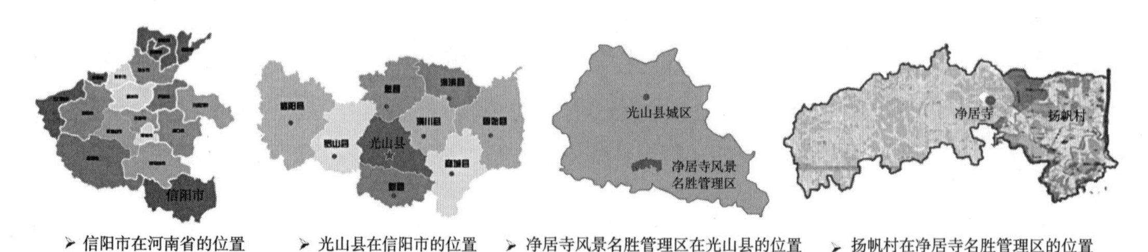

图17-1　扬帆村区位分析

前已建有3个小专业市场（包括1个农贸市场，1个小商品市场，1个建材市场），此外扬帆村还有2家超市。扬帆村农贸市场逢单日为当地的集市，周边邻乡各村村民都到此市场购物。因此，对扬帆村的村庄类型定位为：多业复合型村庄，在村庄规划编制中应该尽量详细地进行规划设计。

扬帆村的村庄规划包含村域总体规划、村庄建设整治规划（村庄建设规划与村庄整治规划）、实施项目初步设计三部分。这三个方面从大到小涵盖了村庄规划的各个方面，注重村庄规划的上下衔接与可实施性。

第二节　村域总体规划

扬帆村村域总体规划编制内容中涉及13大项，其中村庄社会事业规划和规划实施与管理操作将在后文介绍（图17-2）。

一、现状概况及发展条件分析

扬帆村的村庄规划做了大量细致的调研工作。在对村庄的现状充分了解的基础上，编制村庄现状相关图纸，除了编制村域用地现状图、村域道路现状图、公共服务设施现状图、市政公用设施现状图，还结合扬帆村现状地形条件绘制了GIS高程分析图，对场地空间形态和村域内限制因素进行分析，得出场地的适宜性评价；针对扬帆村多业复合型发展的特征，对其产业发展现状和旅游资源现状都进行了分析，以

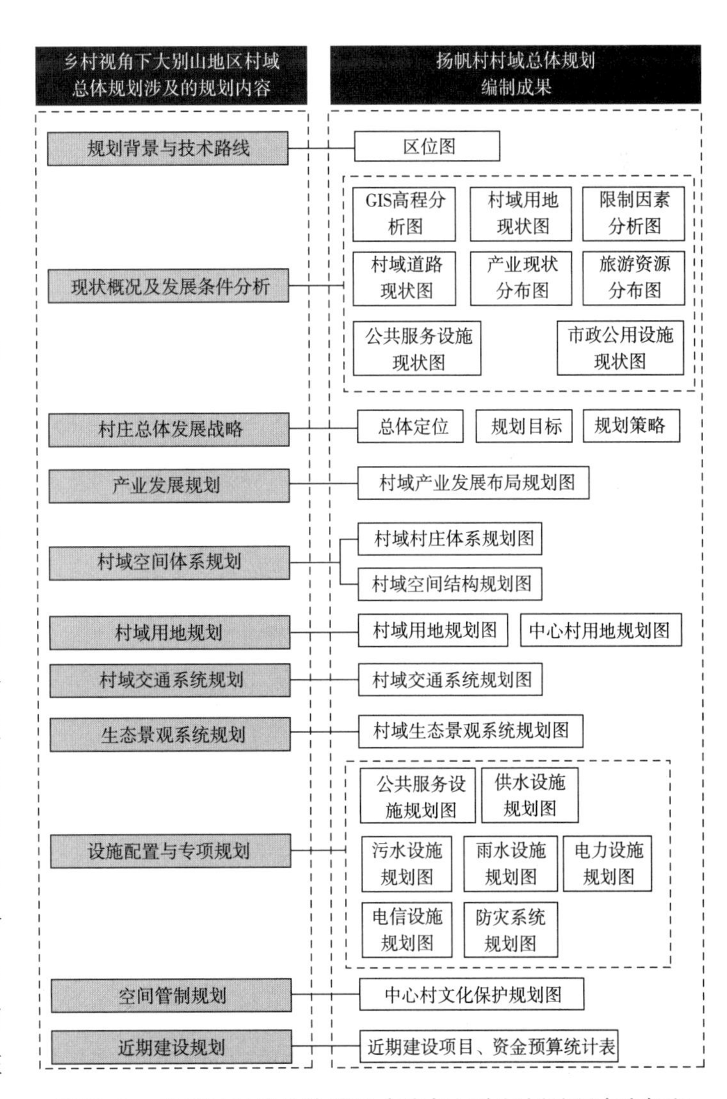

图17-2　扬帆村村域总体涉及内容与村庄规划编制内容框架

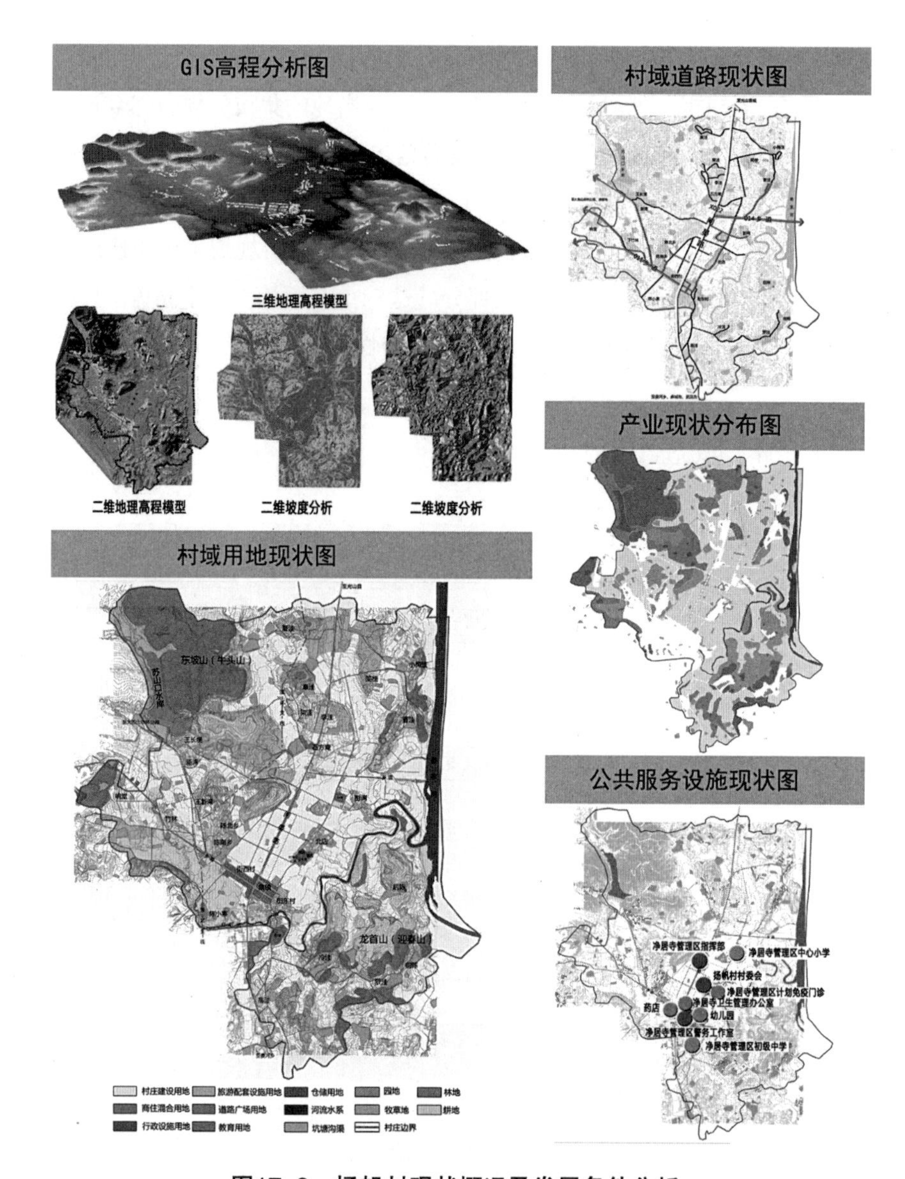

图17–3 扬帆村现状概况及发展条件分析

此为后面的规划方案提供基础（图17–3）。

二、村庄总体发展战略

通过现状的分析及相关背景的研究，充分尊重村民意愿，在深入调研的基础上，找到村庄发展要解决的以及村民生产生活、村庄建设管理中存在的主要问题，针对问题开展规划编制，建立综合性的规划目标和策略（图17–4、图17–5）。

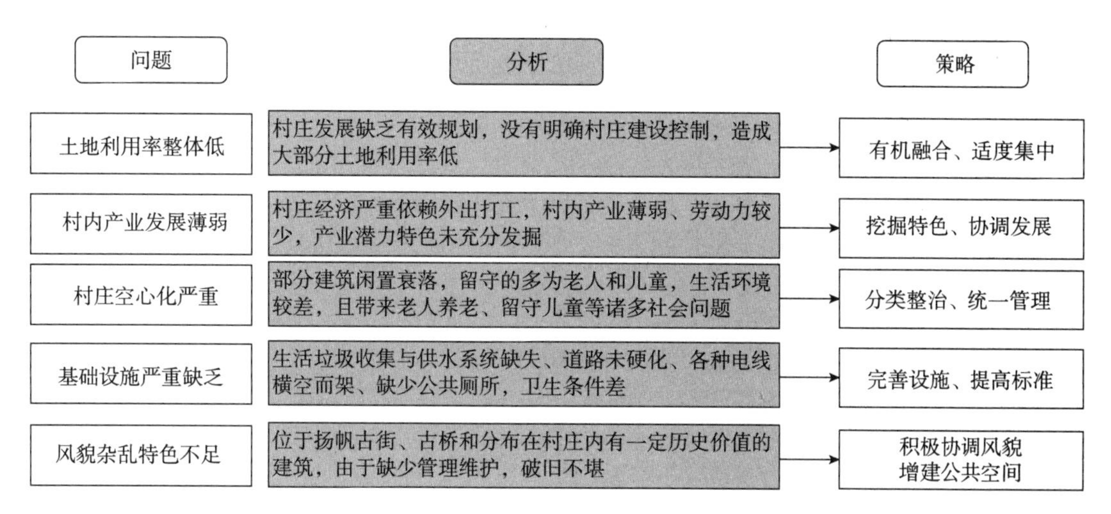

图17-4　问题为导向的扬帆村规划策略

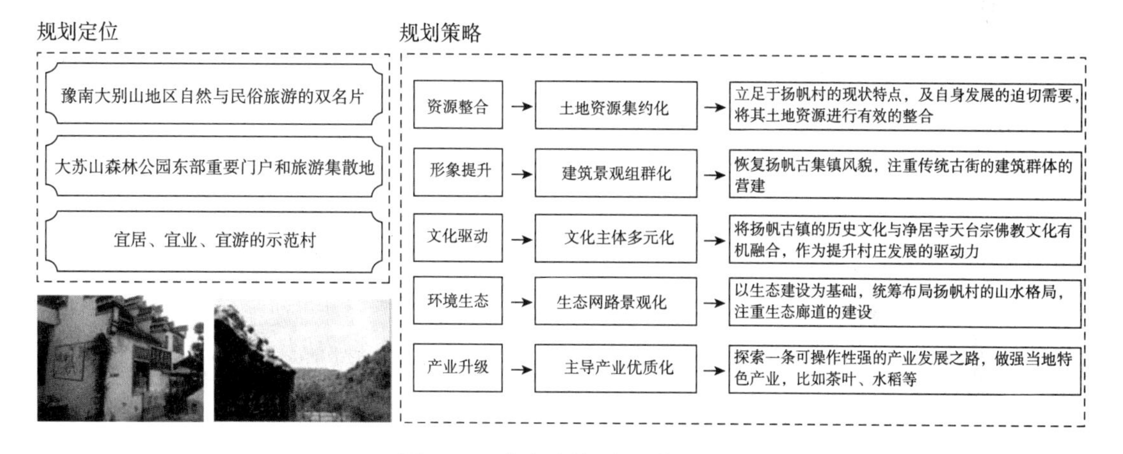

图17-5　扬帆村村庄总体定位

三、产业发展规划

产业规划中重点关注了村民产业发展的意愿。立足于对村域产业用地布局的分析和村民产业发展的意愿，通过典型产业农户问卷调查、产业骨干户座谈会、村民产业发展意愿排序等几个方面的研究，综合得出村庄产业发展排序，对不同的产业进行项目SWOT分析，进而形成扬帆村“一轴、一带、一核、四片区、多节点”的产业布局体系（表17-1，图17-6）。

村民产业发展意愿统计 表17-1

项目	经济性	技术性	社会性	生态性	总分值	排序
农村旅游	65	34	55	61	215	3
茶叶种植	74	45	58	68	245	1
加工业	71	57	43	0	171	6
商贸业	54	41	53	52	200	4
水稻种植	68	63	60	53	244	2
家畜养殖	52	39	40	25	156	7
林果业	45	32	49	61	187	5

注：表中分值及排序是根据产业骨干户代表调研打分得出

“一轴、一带、一核、四片区”

一轴：村庄产业发展轴

村庄未来将休闲农业、古村落旅游、自然山水旅游度假作为村庄主要产业发展方向。

一带：村庄旅游发展带

旅游发展轴线贯通净居寺名胜风景区、村庄旅游休闲度假区、古村落民俗体验区、旅游生态观光区。整合苏山口水库、牛头山、戏台、扬帆传统建筑群、迎春山等旅游度假资源，形成村庄旅游发展带。辐射周边自然村，以旅游带动休闲度假、农家乐、田园观光等旅游活动。

一核：村落综合服务核心

作为民俗旅游的服务核心。

四片区：主要发展片区

主要为旅游休闲区、休闲农业区、古村落民俗体验区、旅游生态观光区。

图17-6 扬帆村村域产业发展布局规划

四、村域空间体系规划

由于扬帆村村域内自然村较多，产业种类也较多，属于多业复合型村庄。因此一个合理的村域空间体系规划就显得非常重要。扬帆村重点研究了村域村庄体系规划与村域空间结构规划这两个方面的内容。

在村域村庄体系规划中：规划尊重客观现实和村民意愿，按照“重点发展—适度引导—特色保留”三个原则将现有各自然村划分为三个类型。重点发展区域：以现有街东村、街西村的十字街为基础原点，将周边邻近的陈南、陈北、北店、陈小寨村的发展向十字街集中，形成具有规模的重点区域，集中建设满足村民生产生活和对外旅游发展需要的公共、基础设施。适度引导组团：根据村庄实际发展状况、人口规模、建筑质量、地理条件和未来发展趋势，将李洼、曹洼、新湾、前陈、下竹林五个自然村作为第二级发展中心，将村庄按照就近原则向第二级发展中心适度引导，形成农村居住组团，适度建设公共及基础设施，满足村民生产生活需要。特色保留地块：根据发展特色和地理位置，并结合自身特点，重点对彭湾村、下竹林村等村庄进行改造，提升其环境品质。

在村域空间结构规划中，结合村域产业发展规划与村域村庄体系规划形成：“一轴、一心、两带、两区、八组团”的空间结构。一轴为核心发展轴，依托现状中两条主要的交通线路布置，是村庄产业发展的核心；一心为扬帆村中心组团；两带为旅游发展带和滨水景观带，旅游发展带；两区为东坡山生态保育区、龙首山生态保育区（图17–7、图17–8）。

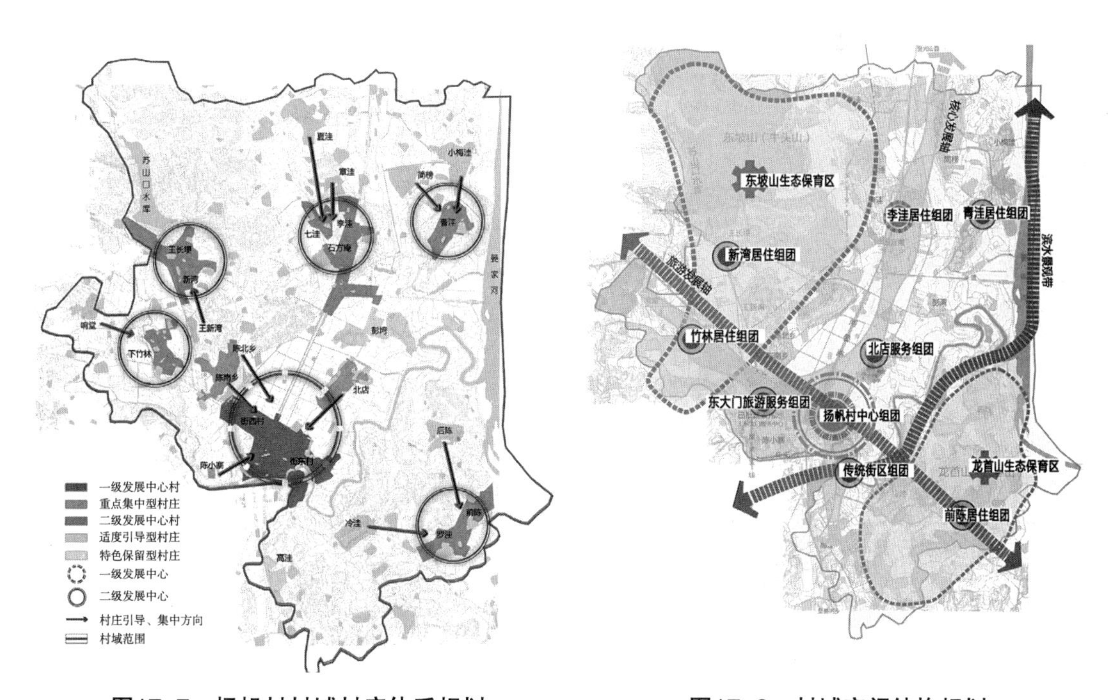

图17–7　扬帆村村域村庄体系规划　　图17–8　村域空间结构规划

五、村域用地规划

主要包括村域用地和中心村用地两部分。在村域的用地规划中，依据前面村域产业布局规划和村域空间体系规划对整个村域的用地进行合理的划分，得出：村域范围内总用地746.8公顷，期末人口为3600人。通过本次规划对村域的土地资源进行整合，其中集体建设用地73.1公顷，人均建设用地为203平方米/人；净居寺旅游配套设施用地为29.5公顷，耕地365.7公顷，林地80.0公顷，园地114.2公顷，牧草地37.1公顷，水体48.3公顷。在中心村用地规划中，由于中心村是扬帆村人口最密集的区域，未来还会有部分自然村的村民向此聚集，同时扬帆村中心村还承担着净居寺部分旅游服务的功能，因此，对中心村的用地更详细的规划能更很好地指导村庄建设整治规划的内容。同时，在中心村用地规划中，规划了两处预留发展用地，以应对村庄未来发展的动态不确定性（图17-9、图17-10）。

六、村域交通系统规划

扬帆村村域交通系统规划重点关注两方面内容。第一是对目前对外联系的道路进行路面加宽，一条是南北向的通往县城的县道，一条是东西向的净居寺名胜管理区的旅游大道；第二是对通往自然村道路没有被硬化的道路进行硬化，做到道路村村通。总体上将道路等级划分为三个等级，道路红线分别为12米、8米、5米（图17-11）。

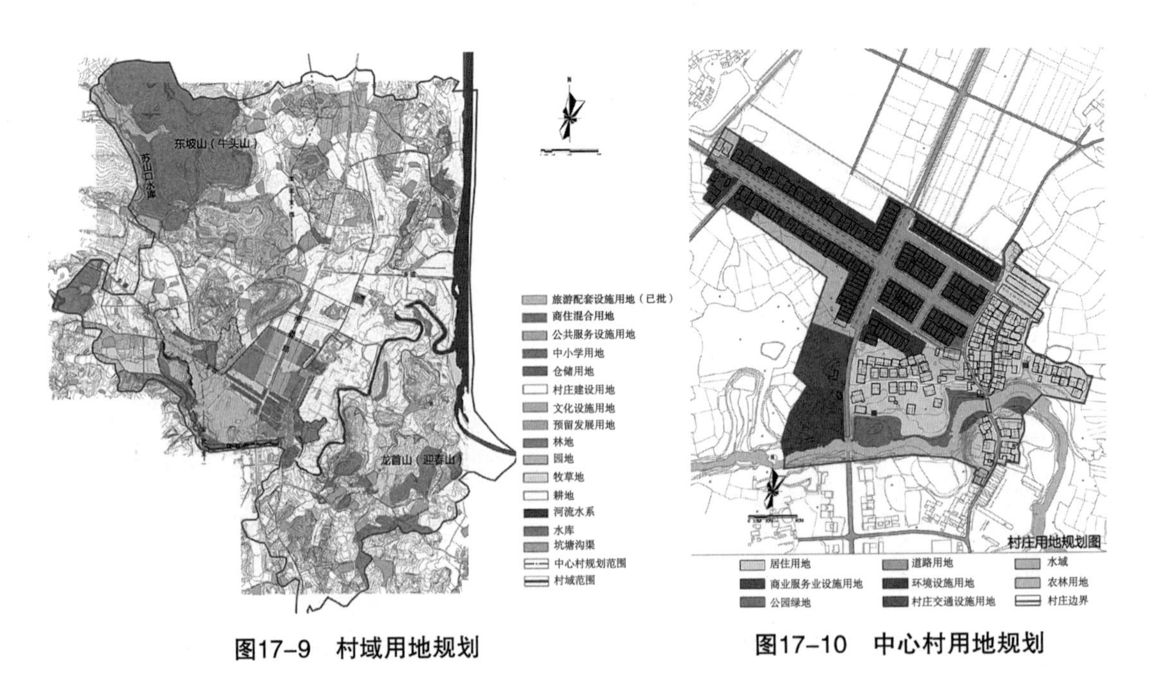

图17-9　村域用地规划

图17-10　中心村用地规划

结合村域良好的旅游资源和山水自然景观资源，规划了五条慢行线路，对骑行、步行线路进行很好的设置，以满足村域旅游规划的发展（图17-12~图17-14）。

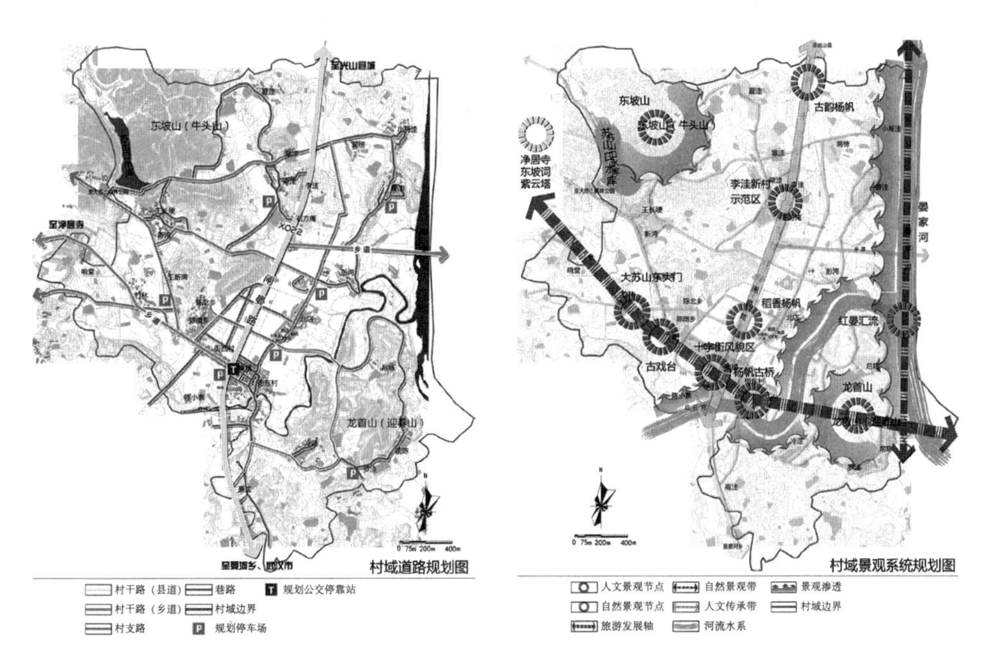

图17-11　村域交通系统规划　　　图17-12　村域生态景观系统规划

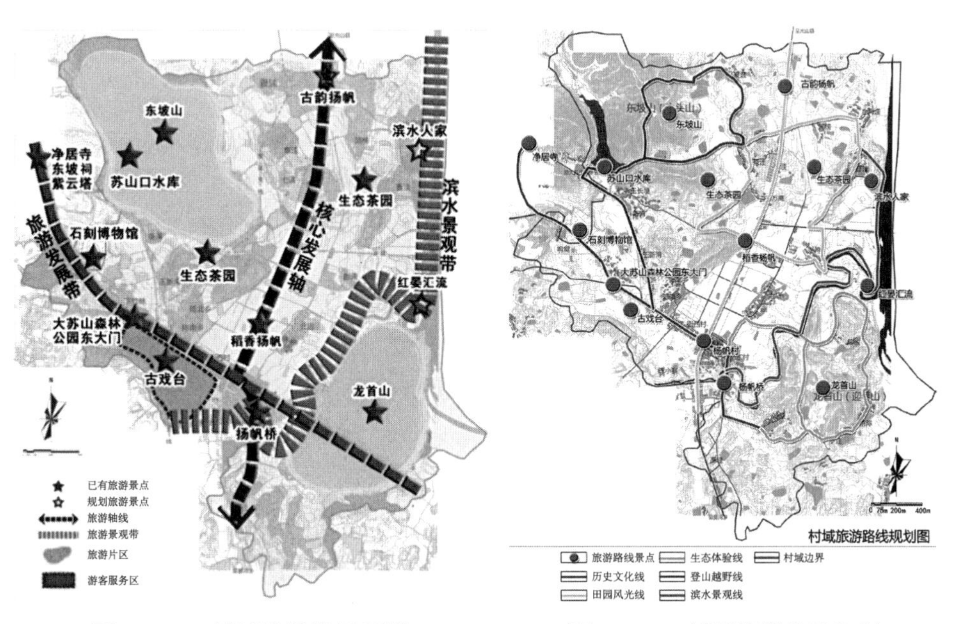

图17-13　村域旅游发展规划　　　图17-14　村域旅游线路规划

七、生态景观系统规划

扬帆村整体的空间格局为“两山环抱，一水中流”，东坡山、龙首山、红石河构成了村庄优越的生态景观，结合村庄空间布局的发展、产业发展、旅游资源等几个方面因素，得出扬帆村村域生态景观系统规划（图17-12）。

八、设施配置与专项规划

规划充分重视设施配置与专项规划。一方面是国家不断加强对农村地区公共服务设施和基础设施的投资，另一方面是作为贫困地区的大别山乡村地区基础薄弱。本次规划不再仅仅是对中心村的设施进行配置，而是立足于村域来完善村庄的公共服务设施和基础设施，同时对防灾系统进行了考虑（图17-15）。

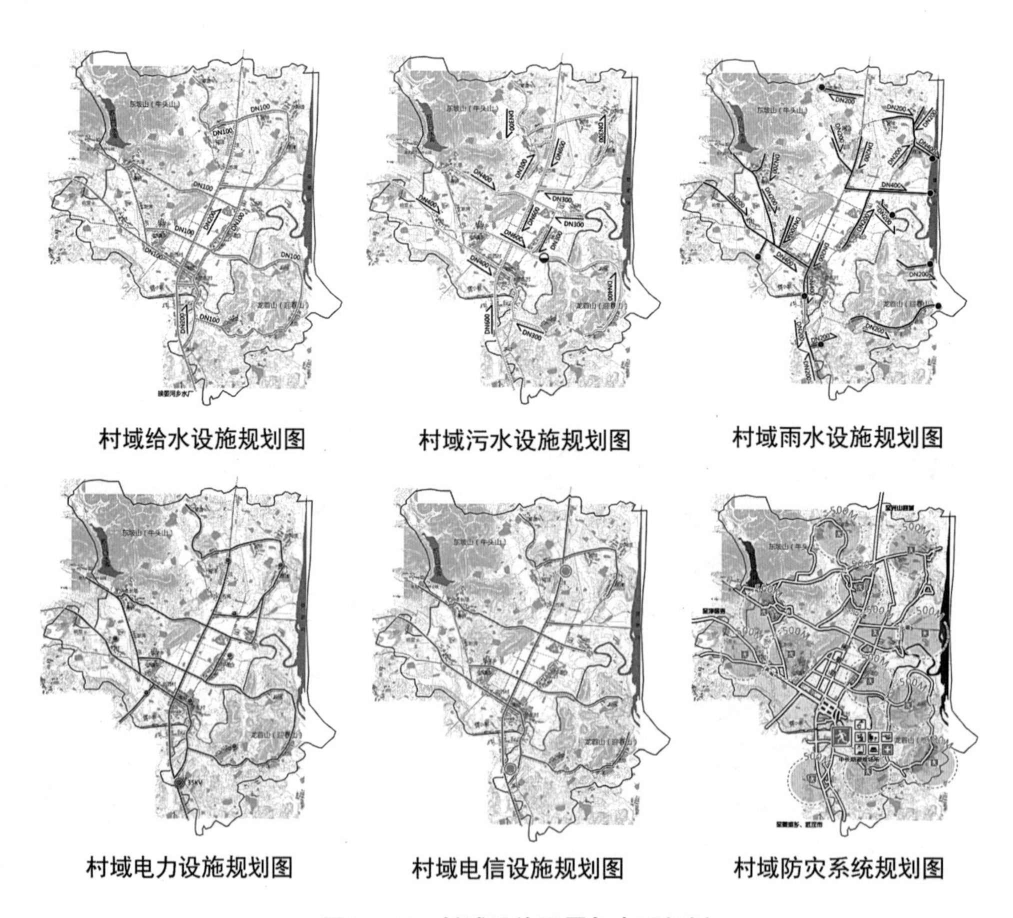

村域给水设施规划图　村域污水设施规划图　村域雨水设施规划图

村域电力设施规划图　村域电信设施规划图　村域防灾系统规划图

图17-15　村域设施配置与专项规划

九、空间管制规划

针对扬帆村历史资源较丰富的特点，制定保护策略，对空间进行分级分类控制。核心保护区：根据扬帆村资源的特征，将古街、古桥、古宅等地区划分为核心保护区。建设控制地带：将十字商业街区域划为建筑控制地带，对其进行适当的改造，提升其形象。风貌协调区：将村委会所在地区及古桥南侧划入风貌协调区，并提出相应的规划要求（表17–2）。

村庄空间管制规划　　**表17–2**

保护控制	内容与划分依据
核心保护区	内容：核心保护区内的文物建筑与历史环境应实施严格保护，不得随意改变现状；根据扬帆村资源特征，将古街、古桥、古宅等地区划分为核心保护区
建设控制区	内容：建筑色彩以灰色、白色为主。使用地方建筑材料，禁止使用玻璃幕墙，对窗户的形式进行控制。扬帆村十字商业街承担着服务周边村落的重要功能，规划将十字商业街区域划为建筑控制地带，对其进行适当的改造，提升其形象
风貌协调区	内容：保持传统民居特色。建筑采用坡屋顶，建筑高度≤12.0米，沿街不超过10米。容积率0.8~1.2，绿地率>35%。将村委会所在地区及古桥南侧划入风貌协调区，并提出相应的规划要求

十、近期建设规划

在村域近期建设规划中，立足于村庄未来发展和村民迫切需要解决的地方，进行合理的布置，对村域内即将实施的项目进行投资预算，以便能一目了然地指导实施项目的推进，同时对资金投资要进行详细测算（表17–3）。

近期建设项目及资金投资明细统计　　**表17–3**

项目名称	项目内容	项目规模	投资明细（万元）
一、道路（桥）建设	1. 闸晏公路至梅洼、简榜、曹洼	1500米×4.5米	60
	2. 闸晏公路至夏洼	600米×4.5米	24
	3. 闸晏公路至张洼、七洼、石方庵	1800米×4.5米	72
	4. 扬帆小学至新湾、长埂	1800米×4.5米	72
	5. 扬帆老街至净居寺中学	700米×4.5米	28
	6. 扬高公路至响堂	300米×4.5米	12
	7. 石方庵至陈北、陈南	2000米×5.5米	100
	8. 古戏楼至下竹林	500米×4.5米	20
	9. 扬帆古桥	古桥建设及周边环境整治	70
	10. 村庄道路拓宽	2500米×3米	75
	11. 彭湾东侧沿红石河道路	2300米×4.5米	92
	12. 滨水步行道	新铺道路	30

续表

项目名称	项目内容	项目规模	投资明细（万元）
二、供排水系统	1. 供水系统，包括横向高扬路、纵向闸晏路、扬帆古街	3200米	160
	2. 排水系统，包括中心十字街、李洼居住组团	1800米	70
三、污水治理系统	1. 生态污水处理系统	污水处理系统设备、沉降池及其相关生态污水处理材料	250
	2. 污水管网	3000米	120
	3. 人工湿地项目	25亩	90
四、垃圾处理	1. 垃圾中转站	垃圾中转站3个×10万/个	30
	2. 垃圾车	垃圾车1辆×20万/辆	20
	3. 垃圾箱	垃圾箱50个×2000元/个	10
五、照明亮化工程	路灯照明	100个×4700元/个	47
六、绿化工程	红石河沿河绿化整治	红石河美化环境	120
七、供电通信设施	1. 数字电视入户	600户×300元/户	18
	2. 监控系统	8个×11250元/个	9
八、消防设施	1. 消防栓	90个×1000元/个	9
	2. 灭火器	200个×1000元/个	20
	3. 水泵结合处	10个×6000元/个	6
九、社区服务中心	社区服务楼、柜台	1500平方米	80
十、文体设施、文化娱乐广场	文体广场	新建	148
十一、幼儿园	幼儿园教室、活动室改造等	改造	100
十二、小学	小学教室、运动场改造等	改造	150
十三、环境综合整治	1. 沿路及沿景点（街道）绿化	下竹林、东大门、李洼绿化	302
	2. 十字街立面整治	十字街立面改造	255
	3. 卫生公厕	4座	64
总计			2733

第三节　村庄建设整治规划

村庄整治规划包括中心村规划和重点地段整治规划等内容（图17–16）。

图17–16　扬帆村村庄建设整治规划涉及内容与村庄规划编制内容框架

一、中心村规划

规划将中心十字街定位为“集商业、文化、旅游为一体的豫南民俗文化体验街”。改造沿街建筑立面及街道景观（图17–17~图17–20）。

二、自然村环境整治

规划对自然村进行了详细调研，以前陈自然村为例，对每个建筑都进行了编号，并按房屋质量进行分类，共分6类，针对每一类型提出不同的整治策略与方法，然后在此基础上对自然村进行规划设计。根据村民改造意愿，重点对下竹林、响堂、彭湾、前陈四个自然村进行了整治改造（图17–21~图17–23）。

图17-17 中心村规划总平面

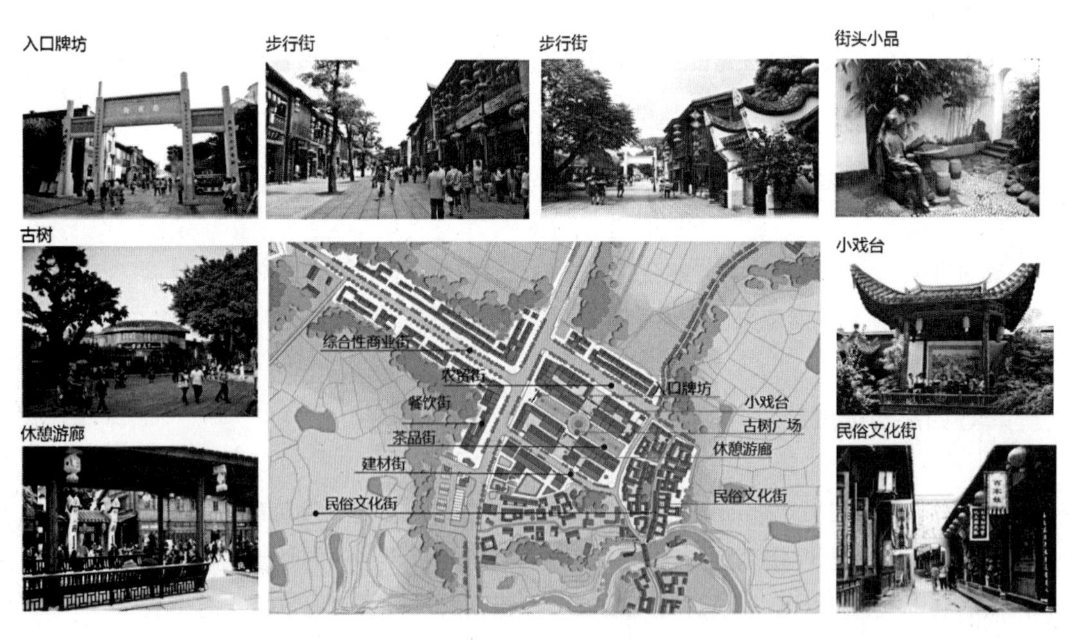

图17-18 中心村风貌改造方案

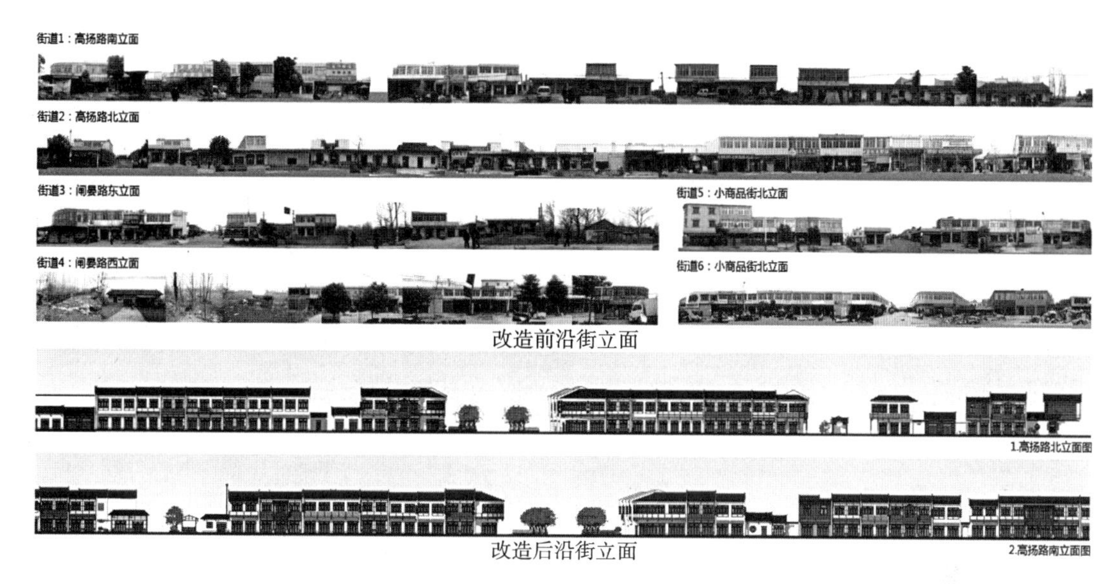

图17-19　中心村十字街沿街立面改造前后对比

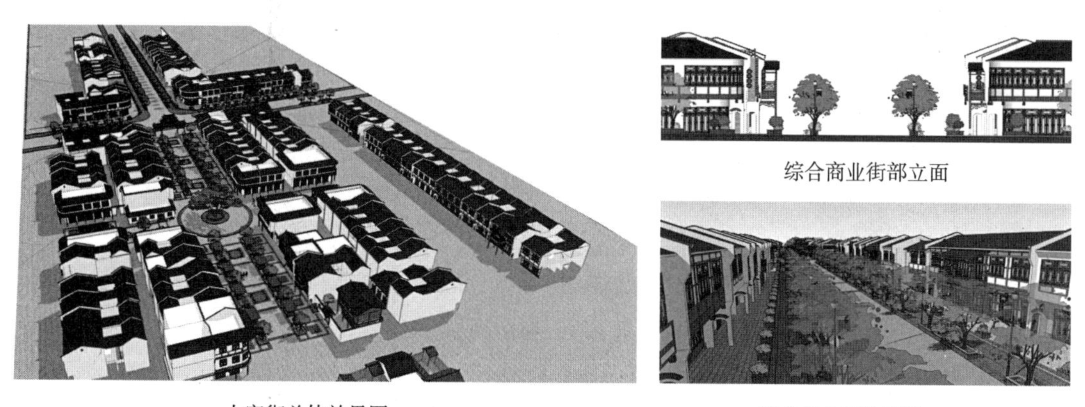

图17-20　中心村十字街总体效果图

三、古桥周边的景观整治

规划重点为古桥周边环境的改善，恢复原有风貌。保护石碑和石墩；规划将桥梁周边空地改为水景公园，设计滨水步道等景观要素，加强绿化设计；改建廊桥：古桥原为廊桥，参照豫南、赣北廊桥形式建造双坡三重顶（图17-24）。

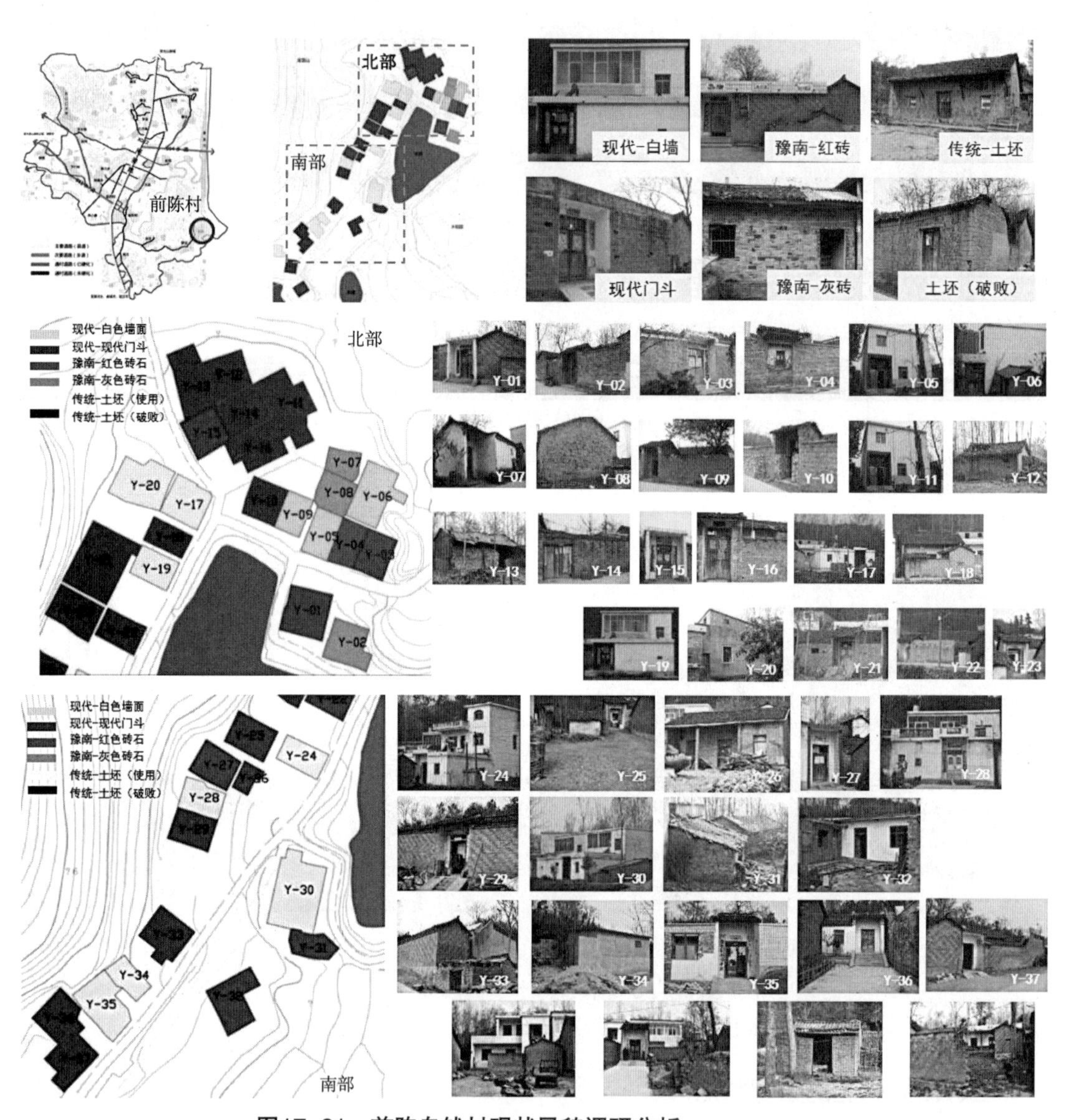

图17-21 前陈自然村现状风貌调研分析

编号	风格	现状照片	建议方法编号	改造后意向	编号	风格	现状照片	建议方法编号	改造后意向
Y-17	现代白色墙面		1		Y-25	豫南红色砖石		3	
Y-18	豫南红色砖石		3		Y-26	豫南红色砖石		3	
Y-19	现代白色墙面		1		Y-27	现代门斗+红砖		2	
Y-20	现代白色墙面		1		Y-28	现代白色墙面		1	
Y-21	豫南红色砖石		3		Y-29	豫南红色砖石		3	
Y-22	豫南红色砖石		3		Y-30	现代白色墙面		1	
Y-23	豫南红色砖石		3		Y-31	豫南红色砖石		3	
Y-24	现代白色墙面		1		Y-32	豫南红色砖石		3	

图17-22　前陈自然村房屋改造策略引导

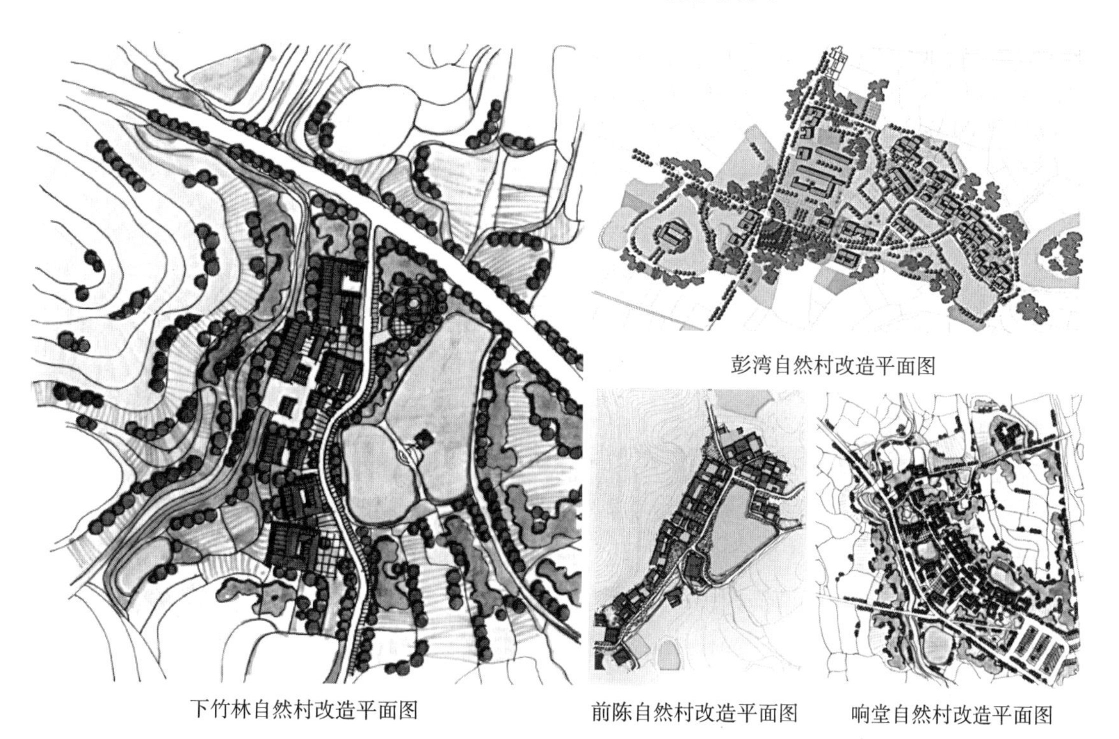

彭湾自然村改造平面图

下竹林自然村改造平面图　　前陈自然村改造平面图　　响堂自然村改造平面图

图17-23　四个自然村风貌改造规划

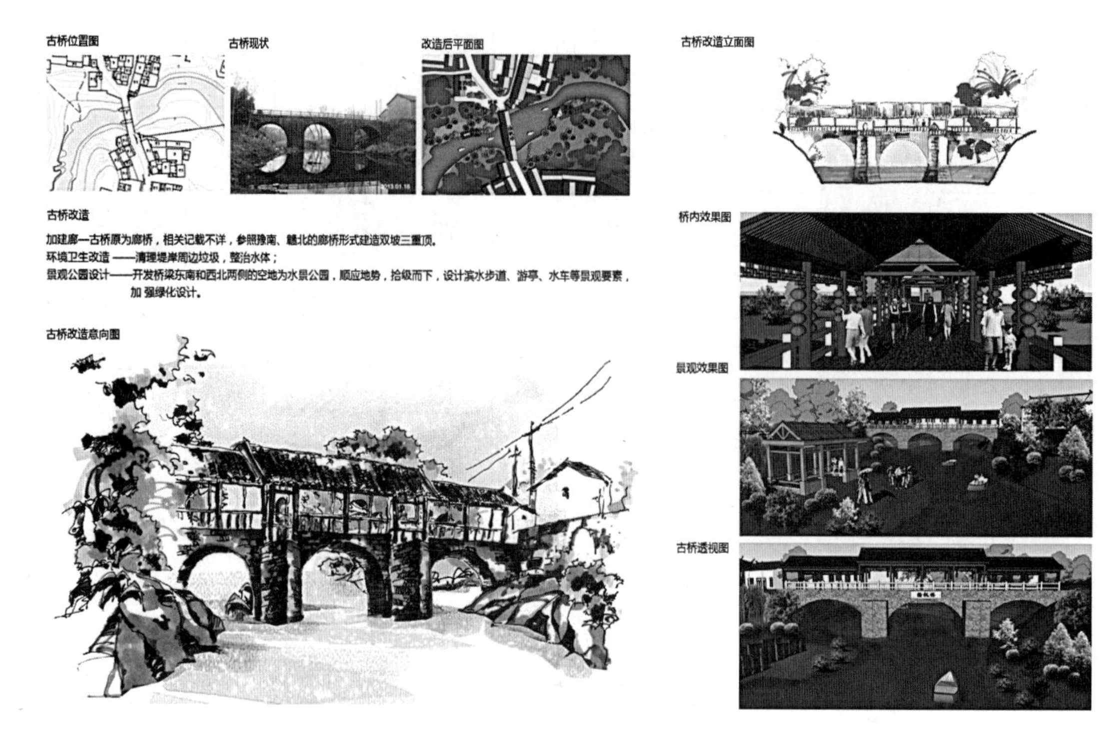

图17-24 扬帆古桥周边景观环境整治

第四节 村庄实施项目初步设计

实施项目初步设计中包括建筑风貌综合整治、公共服务设施方案设计和基础设施方案设计（图17-25）。

一、建筑风貌综合整治

在建筑改造及绿化整治实施项目中，根据前期的调研及总体规划的要求，重点对下竹林、响堂村民组37户民宅进行改造，同时对十字商业街商户立面进行改造。绿化整治方面主要是对几个重点的自然村进行绿化，提升其风貌（图17-26）。

根据建筑风格和特性的不同，将村内建筑划分为以下几类，归纳出6种相应的改造方法。在实际操作中对村民进行细致的讲解，将改造指示牌做好，以此对村民自己改造进行引导（图17-27、图17-28）。

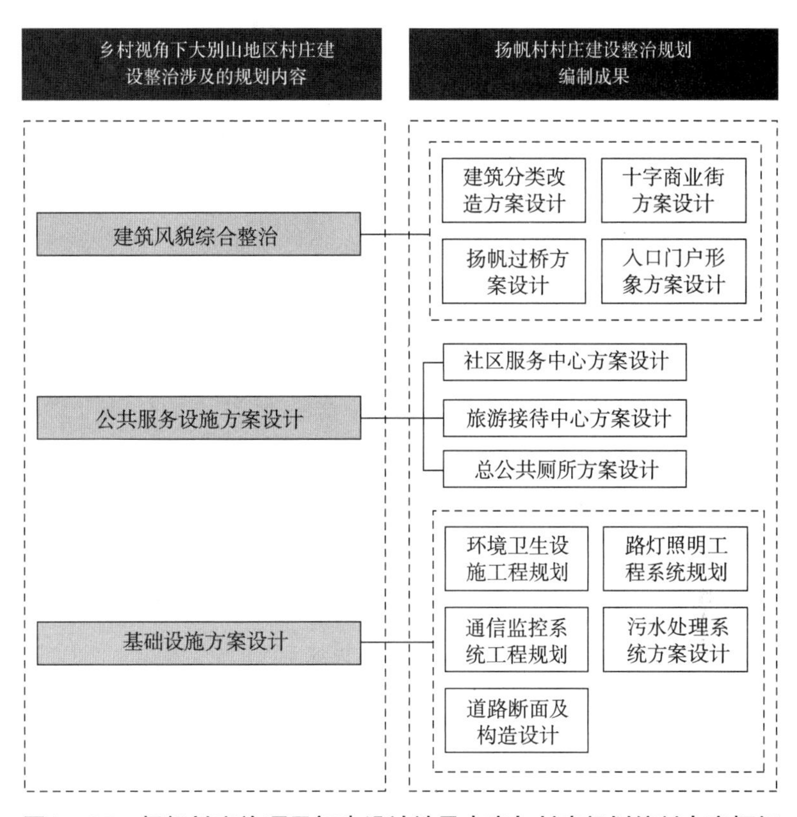

图17–25　扬帆村实施项目初步设计涉及内容与村庄规划编制内容框架

图17–26　扬帆村绿化整治重点区域

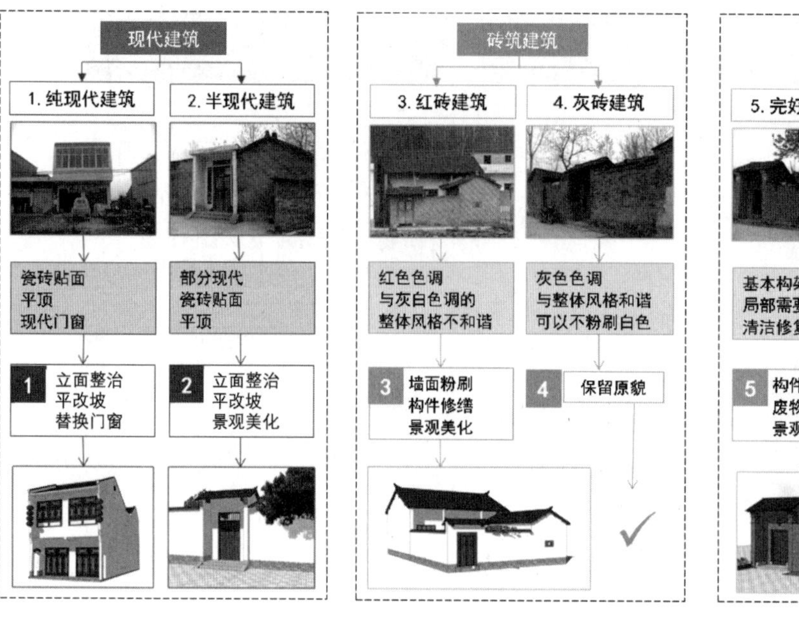

图17-27 扬帆村民住宅改造引导模式

图17-28 扬帆中心十字街商住混用房屋方案设计

二、公共服务设施方案设计

重点对扬帆村社区服务中心进行初步方案设计（图17–29）。

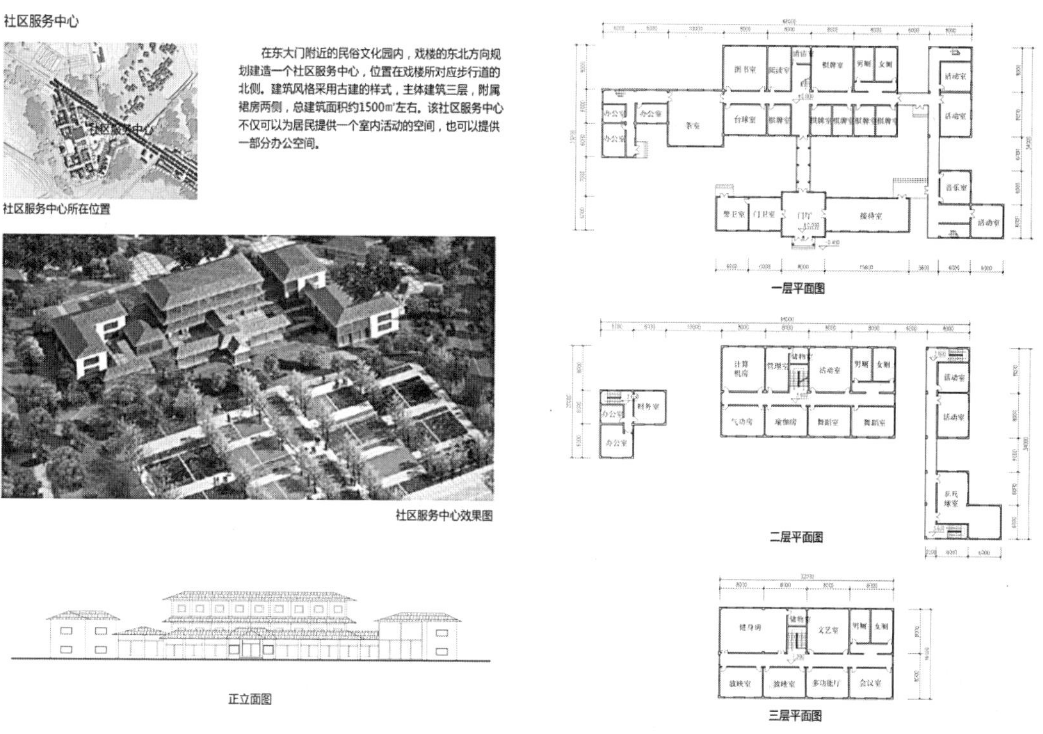

17–29　扬帆村社区服务中心初步设计方案

三、基础设施方案设计

规划从村庄整体均衡和兼顾重点的角度出发，对基础设施进行了有针对性的配置（图17–30）。

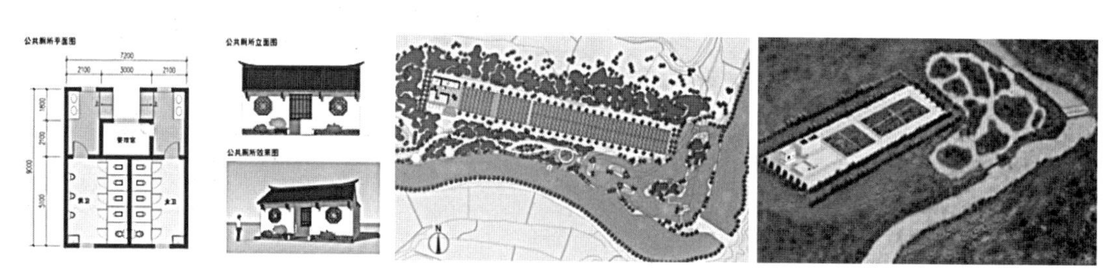

图17–30　扬帆公厕改造与污水处理设施设计方案

为了增加村庄边界的可识别性，同时加大旅游宣传，在村庄重要的交通要道入口处进行空间设计，提升其可识别性，采取多种方案比较的方法，为当地村民提供多种实施建设方案（图17-31）。

净居寺景区东大门设计

净居寺景区西大门门户设计

图17-31 扬帆村庄入口门户形象设计

第五节 村庄规划编制过程

一、公共参与的方法策略

在扬帆村村庄规划的过程中，采用了对村干部访谈、入户调研、问卷调查三种形式组织公众参与（图17-32）。

调研共发放调研问卷200份，有效问卷190份，入户精细调研30户，并召开多个座谈会，参与人员包括县政府领导、政府顾问、村民代表等共计30余人。调研

对村干部访谈

入户调研

问卷调查

图17-32 多种调研方式的运用

内容主要包括村庄基本情况、人口、社会经济、历史文化等，调研对接单位有光山县政府、净居寺风景区管理委员会、扬帆村委会等当地相关部门。通过调研，广泛了解了村民生活状况和关注问题（图17-33~图17-36）。

针对村庄公共设施和基础设施，进行村庄设施满意度调查（图17-37）。

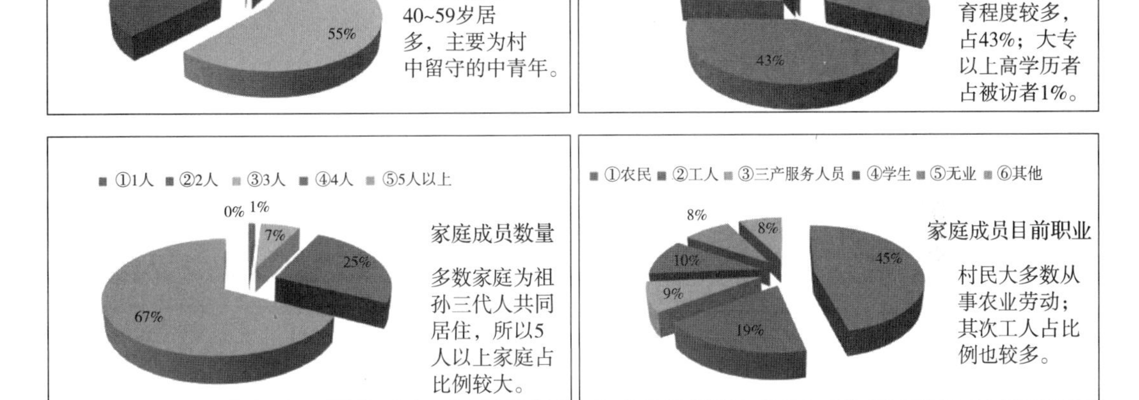

图17-33　村民家庭成员基本状况

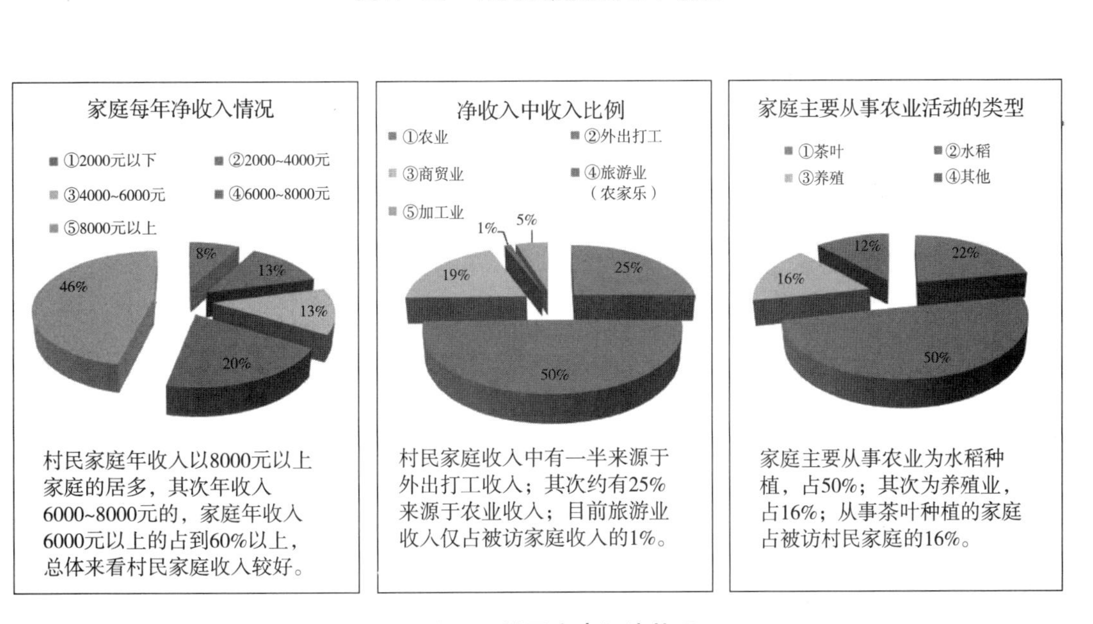

图17-34　村民家庭经济状况

现有住宅建设年代

■ ①1950年以前　■ ②1950~1990年之间
■ ③1990~2010年以后　■ ④2010年以后。

18%　9%　19%　54%

村民现有住房建设年代以1990~2010年间居多，占54%；2010年以后的新建住宅仅占被访家庭的18%。

现有住宅总面积

■ ①100平方米以下　■ ②100~150平方米
■ ③150~200平方米　■ ④200~250平方米
■ ⑤250~300平方米　■ ⑥300平方米以上

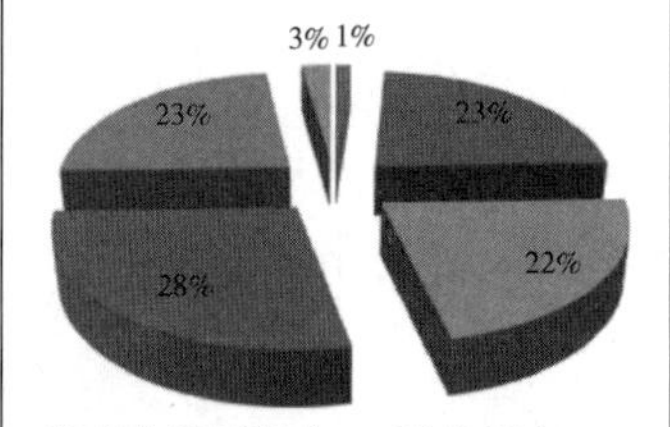

现有住房面积在200平米以上的家庭占到51%；总体来看绝大部分村民住宅总面积在100~300平方米之间。

现有住宅院落面积

■ ①100平方米以下　■ ②100~150平方米
■ ③150~200平方米　■ ④200~250平方米
■ ⑤250~300平方米　■ ⑥300平方米以上

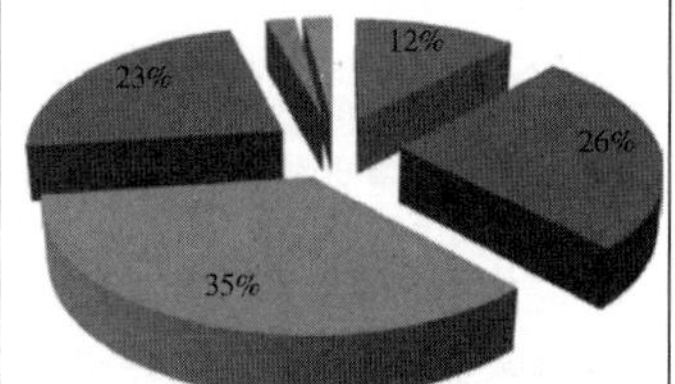

村民住宅院落面积多为150~200平方米，占35%；其次100~150平方米占26%，200~250平方米占23%。

图17-35　村民住房基本状况

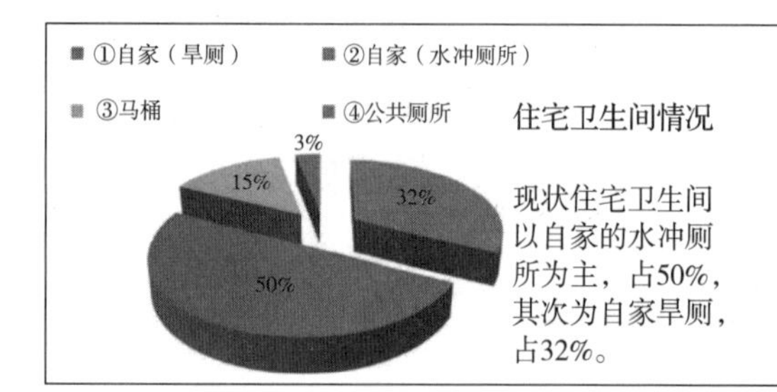

住宅卫生间情况

现状住宅卫生间以自家的水冲厕所为主，占50%，其次为自家旱厕，占32%。

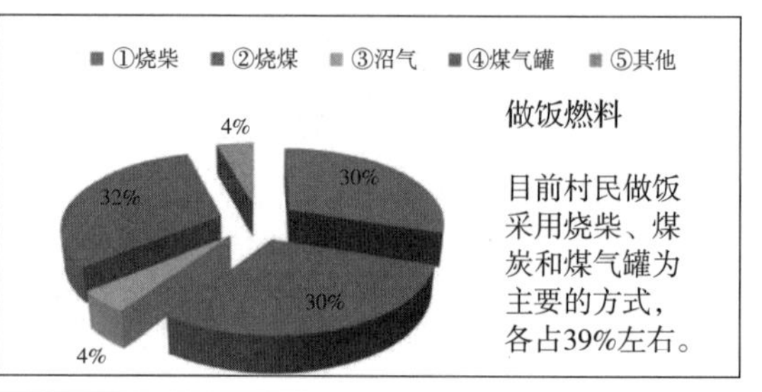

做饭燃料

目前村民做饭采用烧柴、煤炭和煤气罐为主要的方式，各占39%左右。

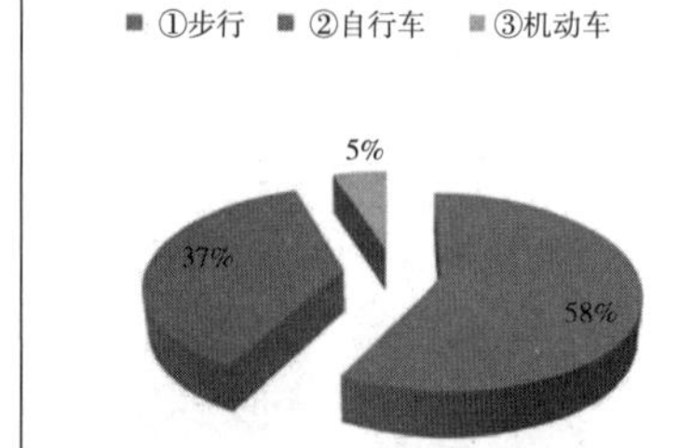

平时去农活地点采用的交通方式

多数人采用步行方式去干农活，占58%；其次为骑自行车，占37%。

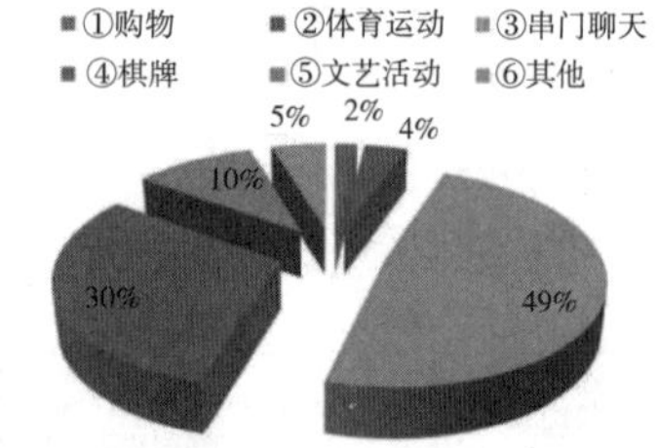

农闲时经常进行的休闲活动内容

目前村民休闲活动较少。由于没有相应文体设施。

图17-36　村民设施与活动基本状况

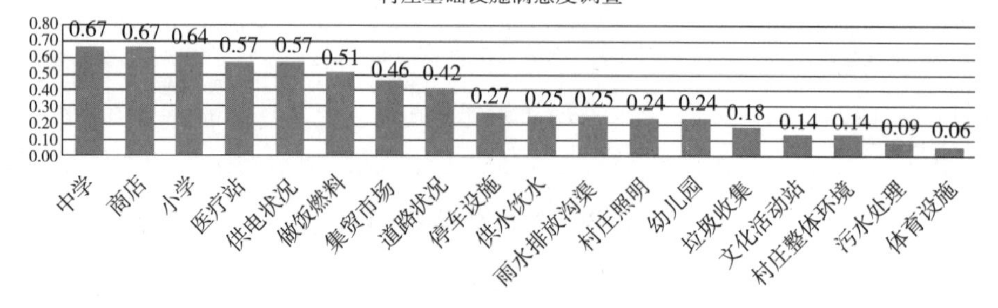

图17-37　村民基础设施满意度统计

总体来看，村庄基础设施除供电外，其他都非常薄弱；目前村中无文化活动站及体育设施，村民都很希望建设相应的文体活动设施以丰富村民生活。

满意度较高（50%以上）的设施包括：医疗站、小学、中学、商店、供电。

满意度较低（30%以下）的设施包括：停车设施、供水、污水、照明、幼儿园、垃圾收集、文化活动站、体育、道路、村庄整体环境，其中最不满意的5类设施为体育设施、污水处理、整体卫生环境、文化活动站和垃圾收集。

二、部门协作，高效编制

委托方：扬帆村作为村庄规划试点，成立了专门协调机构，由县主要领导负责，建立了财政、国土资源、住房城乡建设、农业、旅游等多部门协调机制，统筹安排村庄规划编制和实施。

编制单位：邀请了农村经济学、社会学、建筑学等跨学科专业人员参与村庄规划编制。

政府重视：扬帆村作为净居寺景区的重要部分和东大门的所在地，村庄发展受到光山县政府的高度重视和大力支持，还被列入2012年光山县重点农村改革试验项目。

第六节　村庄规划实施管理

一、规划先期实施

一期实施及资金来源：总投资2733万元。上级奖补资金1166万元，市级配套167万元，县级配套333万元，整合其他资金880万元，其他筹资187万元。①上级奖补1166万元用于道路建设458万元、给排水工程160万元、污水处理系统460万元、垃圾处理设施60万元、亮化工程28万元。②市级配套167万元用于道路建设167万元。③县级配套333万元用于文体广场148万元、亮化工程19万元、环境整治166万元。④整合资金880万元用于排水系统，红石河整治，小学、幼儿园改造，社区服务中心建设，农房改造，沿路、沿景点绿化工程。⑤其他筹资187万元主要用于绿化工程、供电通信、消防设施以及环境综合整治，目前村庄规划实施情况良好。

环境整治方面：东大门旅游服务区、古戏楼建设已经基本完成，扬帆古桥周边环境整治、十字商业街立面整治正在改造中，红石河河道整治正在按照规划逐步实施。中心村建设方面：中心村供水管道已经铺设完成，垃圾收集设施建设完成，老街路面铺装改造已经完成，污水处理厂正在建设中。自然村改造方面：下竹林自然村房屋更新改造已基本完成，响堂、彭湾等自然村环境整治正在进行中（图17-38、图17-39）。

图17-38　扬帆村村庄规划建设方面实施情况

图17-39　扬帆村村庄风貌整治及建筑改造方面实施情况

二、规划实施管理

村庄规划实施管理采取分级领导负责制，光山县县委、县人民政府成立光山县美丽乡村建设指挥部，光山县财政局成立美丽乡村建设协调领导小组，净居寺名胜管理区成立美丽乡村建设工作领导小组，扬帆村成立美丽乡村建设工作领导小组。

管理小组的作用：与规划及上级部门配合，共同制定项目资金使用方法；跟踪、配合与监督规划实施情况；监督项目资金使用；鼓励和管理村民参与项目；协助监测项目开发规划和实施效果（表17-4）。

扬帆村实施管理具体措施　表17-4

步骤	具体措施
组织领导	县委、县政府成立由县委书记任政委、县长任指挥长、县四大家领导任副指挥长的建设指挥部，设置综合协调组、村镇规划建设与环境综合整治工作组、防控“两违”工作组、体制改革与机制创新工作组、督促检查组
部门协调	县财政局成立了由局党组书记、局长任组长的建设协调领导小组，负责部门协调、项目对接、资金整合工作。住建、规划、人防、林业、国土、教育、环保、农业、交通、水利、电力、通信、民政、社保、公共事业等各个职能部门，参与项目建设
资金筹措与整合	努力争取省市一事一议财政奖补资金，加大资金筹措整合力度，确保项目建设
招标采购	严格按照招投标法等法律法规选择相应机构，确保质量，节省成本
施工管理	县委、县政府成立项目建设领导小组，节约、集约用地，集中财力、物力，建设项目量力而行
资金管理	项目资金管理纳入全县“乡财县理、村财乡监”的管理体制，实行乡镇报账制和国库集中支付管理制度
完工验收	项目建成后，由县财政局、农村综合改革办公室牵头组织项目竣工验收

三、规划成果效益

通过本次规划，从2012年至今，扬帆村取得了“2013年全国村庄规划试点示范村”、“河南省传统古村落名录”、“河南省美丽乡村建设试点项目”、“中国传统村落”等荣誉，获得了省、市、县层面的政策和资金的支持。

小结

作为住房和城乡建设部首批村庄规划试点村，河南省信阳市光山县扬帆村村庄规划尝试建立针对乡村地区特点的村庄规划编制体系，包括村域总体规划、村庄建设规划、村庄整治规划，以及实施项目初步设计。规划编制充分考虑村庄规划建设与自然环境、产业发展、风貌营造等的关系，通过编制内容的梳理与拓展，提高村庄规划编制的广度与深度，从大到小涵盖村庄规划的各个方面，广泛涉及村庄发展的产业、文化、空间、生态、设施等各个层面，注重村庄规划的上下衔接与可实施性，探索了村庄规划编制内容的深化和细化。

第18章 北京市门头沟区炭厂村村庄规划

根据住房和城乡建设部《关于开展2016年县（市）域乡村建设规划和村庄规划试点工作的通知》，北京市门头沟区炭厂村被列为此次试点村庄之一。本次试点的要求是①实行村民委员会为主体的规划编制机制。村民委员会动员、组织和引导村民参与村庄规划编制，把村民商议同意规划内容作为创新村庄规划工作的着力点，并将村庄规划成果纳入村规民约一同实施。②实行简化、实用的规划编制内容。遵循问题导向，以农房建设管理要求和村庄整治项目为重点，力求规划内容的简化实用。试点的目的是改革创新乡村规划理念和方法，树立一批符合农村实际、具有较强实用性的乡村规划示范，以带动乡村规划工作。

第一节 炭厂村概况

一、炭厂村基本情况

炭厂村位于北京市门头沟区妙峰山镇镇域西北部，东邻上苇甸村，北邻大沟村、禅房村，西邻雁翅镇田庄村。村庄距北京天安门直线距离约40公里，距离门头沟新城约18.9公里，距离妙峰山镇政府所在地陇驾庄村9.6公里（图18–1）。

炭厂村为深山区村落，总面积12.59平方公里，211户，人口376人。村集体经营的国家3A级景区神泉峡位于村落以西1公里处，面积5平方公里，已于2010年正式对外开放（图18–2）。

二、炭厂村基本特征

特征一：炭厂村是典型的山区村落。

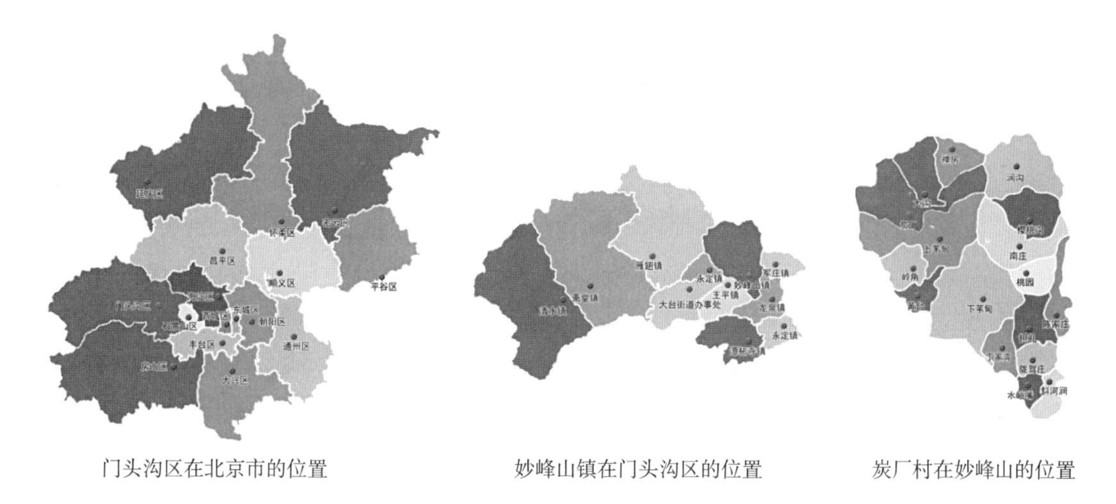

门头沟区在北京市的位置　　妙峰山镇在门头沟区的位置　　炭厂村在妙峰山的位置

图18–1　炭厂村区位分析图

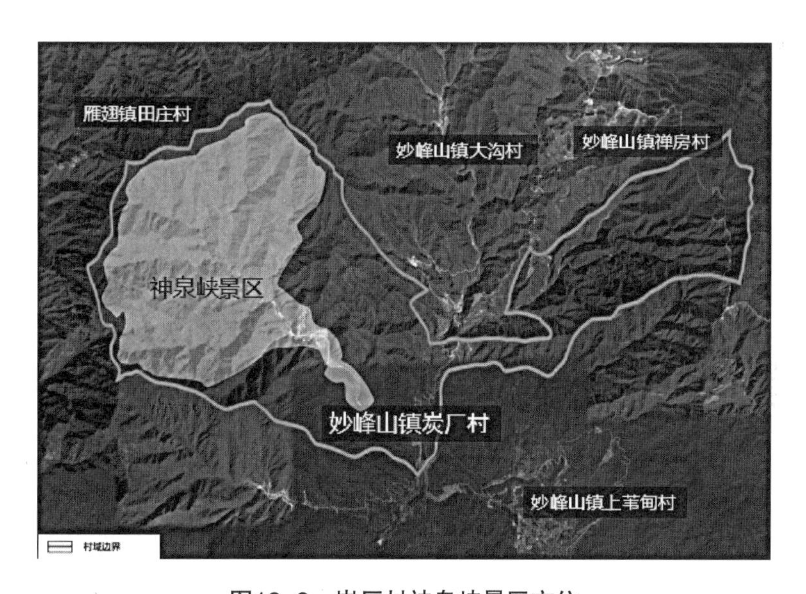

图18–2　炭厂村神泉峡景区方位

炭厂村产业发展以旅游业、林果业为主导产业。人口规模小，村民就业以看山护林、外出务工、服务景区等为主。村落空间形态依山傍水，坐北朝南，村庄宅基地呈阶梯式布局。村域由炭厂西沟、炭厂东沟、潭子涧沟三条山沟组成。村庄北靠虎头山，民居依山而建，形成三层台地。炭厂村的村落布局随地形高低变化依山布置。最早民居位于今新修炭厂村文化站的东南部，后村庄逐渐向西、向北发展。村前两侧分别为东、西涧沟支流，于村口汇成一水洼，名为龙扒洼（现为龙水湖水世界），村东北400米处，有一人工湖龙潭湖。村口向西行1公里即为村庄自主经营的国家3A级景区神泉峡（图18-3~图18-5）。

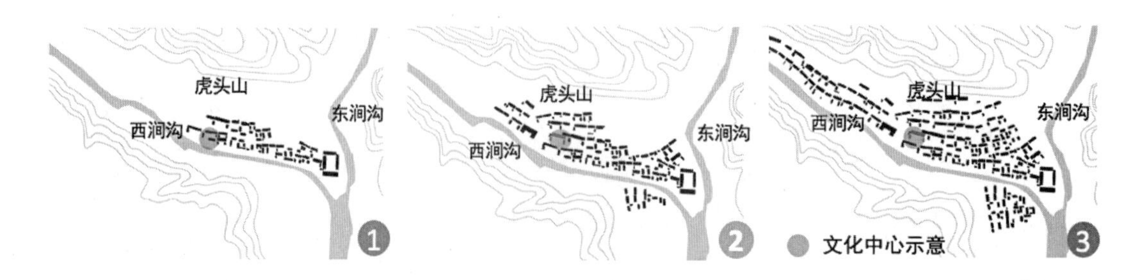

图18-3　村庄格局演变图

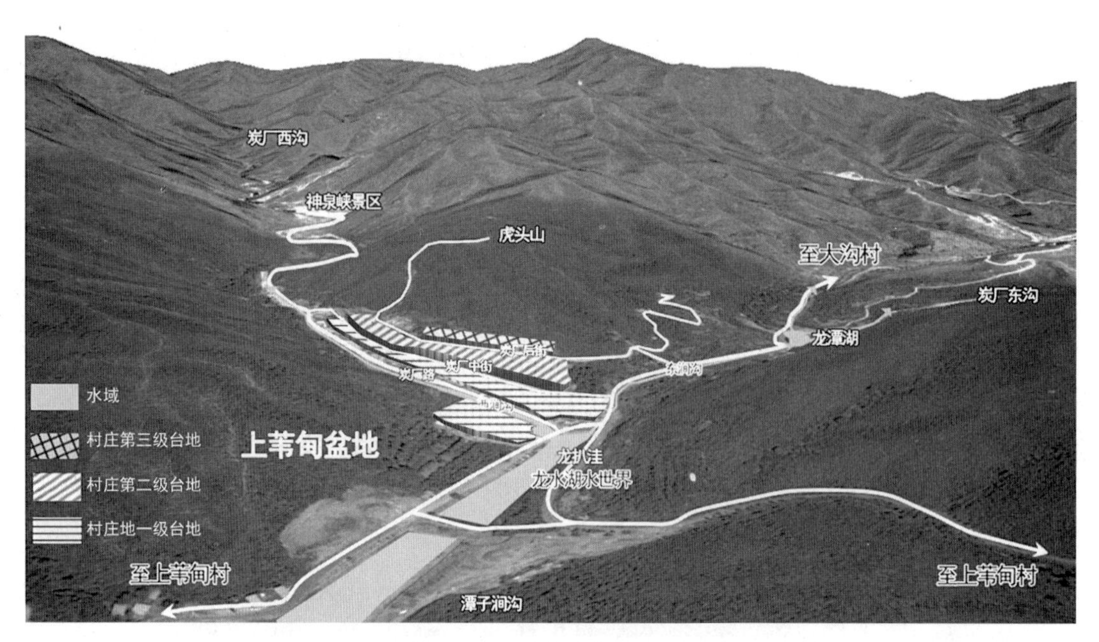

图18-4　村庄形态示意图

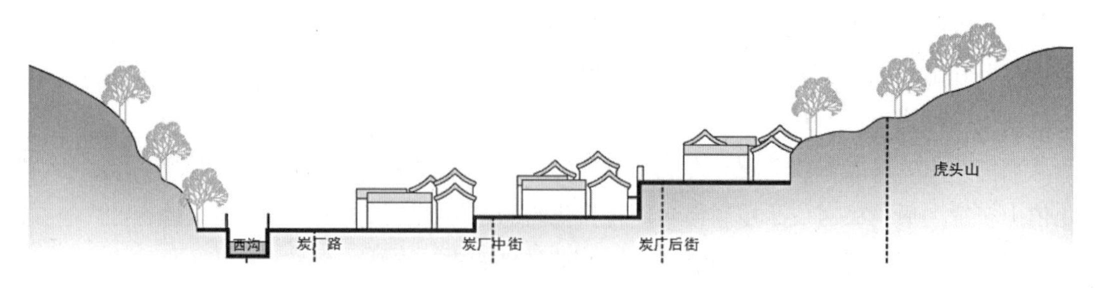

图18-5　村庄阶梯式布局示意图

经过新农村建设（2006~2013年）和险村搬迁工程（2014~2016年），村中各项设施较为完备。炭厂村的对外交通较为便捷，公交车每日早中晚各来村一次，方便村民出行。村内道路已实现硬化、亮化的全覆盖。公共服务设施和市政设施相对完善，基本满足村民需求。

炭厂村具有一定的历史文化资源。明朝朝廷在此地设立炭厂，用以收购宫廷所需木炭，村民多以烧炭为业，约至清代初期繁衍成村。炭厂村现有1处市级、2处区级非物质文化遗产，多处历史环境要素体现“炭厂文化”。

特征二：拥有村集体开发的3A景区——神泉峡景区。

2007年神泉峡景区由村委会筹办开发，2010年正式对外开放，现为国家3A景区，年均接待量3万人次。近年来先后开发诗路花语迎宾景观带、山谷游览景廊、CS野战基地、林果采摘基地等（图18-6）。

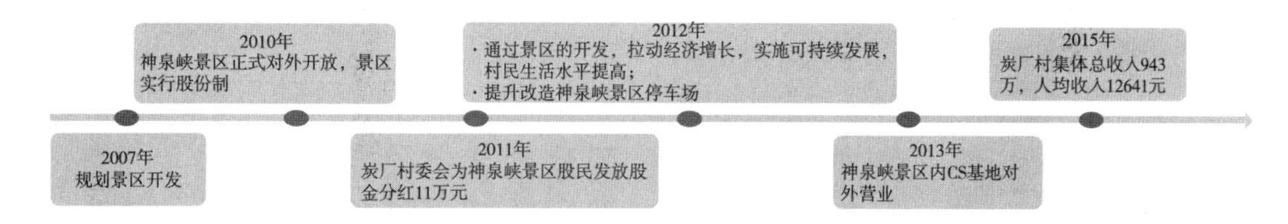

图18-6　炭厂村神泉峡景区发展历程

景区以自然山水的沟域特色为依托，原生态特色突出，一期开发的旅游设施相对完善，旅游格局初步形成。景区内现有四条旅游线路，景区入口附建有炭文化博物馆、儿童戏水园、真人CS基地、农耕体验、采摘园等项目；景区内部凭借自然环境的丰富，主打自然游览（图18-7）。

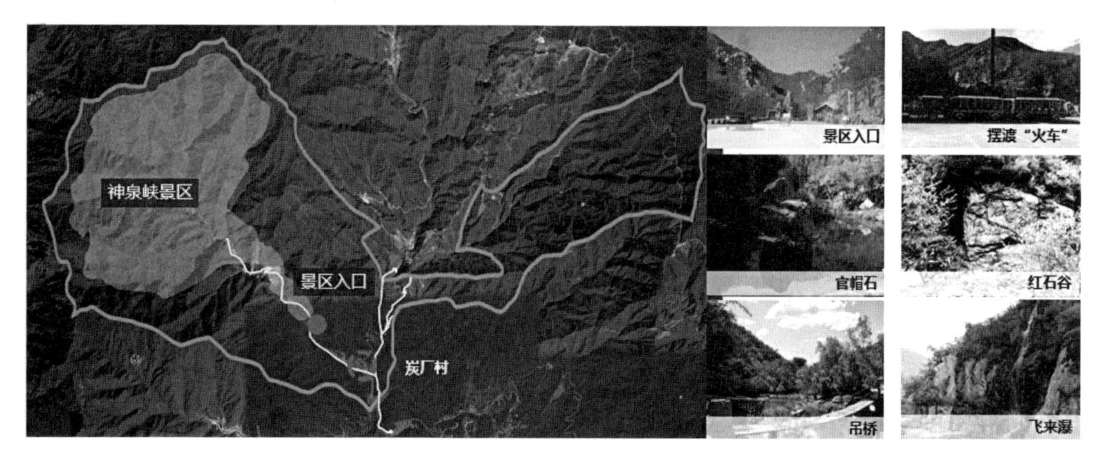

图18-7　炭厂村神泉峡景区位置示意及环境景观

特征三：村庄民主管理健全有序。

炭厂村近年来的发展得到了各级政府部门及领导的重视及大力支持，主要用于村庄的基础设施建设、村庄民房改造、景区发展，取得了一定的成绩。村庄集体管理制度完善；领导班子团结，凝聚力强；组织机构完备，民主议事制度、档案管理健全；有村志记录、村规民约的制定。多年以来，村集体获得了多项集体荣誉。炭厂村内形成特色经济组织、群团组织及非物质文化遗产组织（图18-8）。

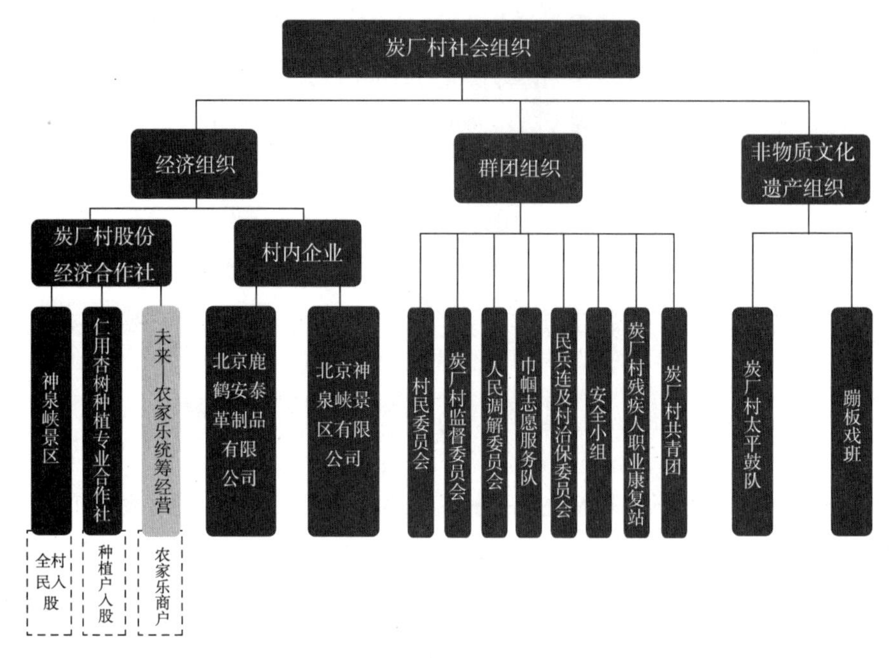

图18-8　炭厂村社会组织示意图

神泉峡景区实行股份制经营，每个村民都享有股份，初步定为每人五股，每股200元。此股份制经营还处在试行与探索中，如有变化，村里会根据具体情况进行修改，并不断进行完善。景区的开发促进了相关产业的发展，村民收入增加。2015年，炭厂村集体总收入943万，人均收入12641元。通过问卷调研发现，村民对村庄发展和居住环境的认可度较高，90%村民希望发展旅游（图18-9）。

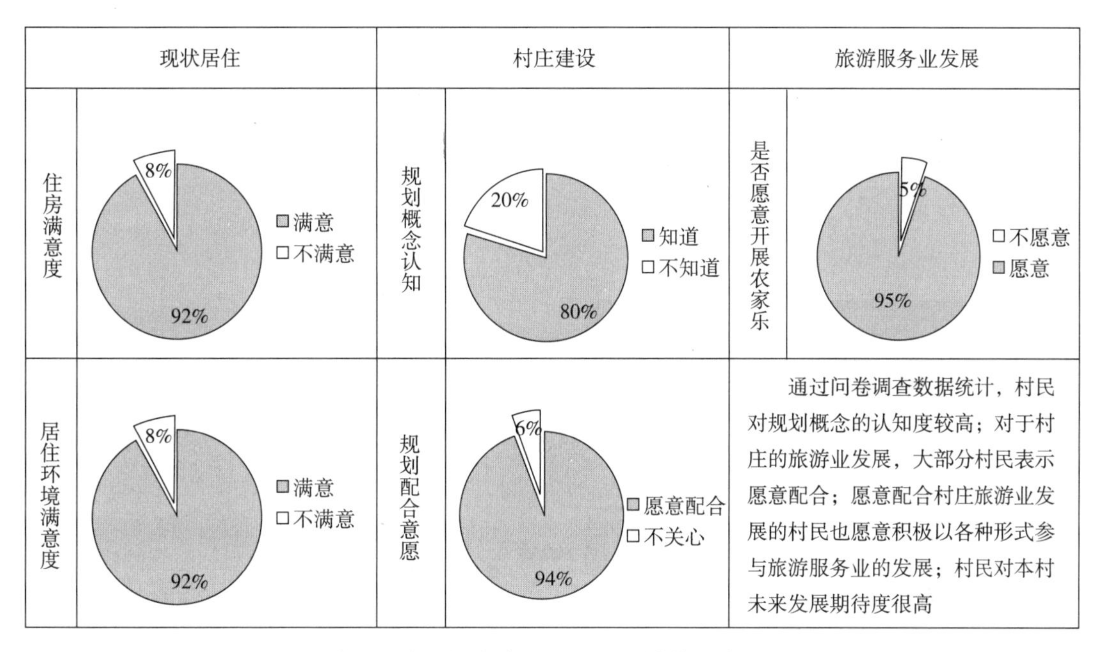

图18-9　对村民关于村庄发展和居住环境的调查结果汇总分析

三、炭厂村现状问题

1. 村庄旅游业发展遇瓶颈

从全域旅游体系建设的角度，村域旅游资源有待发掘（图18-10）。

景区住宿、餐饮等服务配套设施需完善，部分市政设施需扩容。村庄与景区联动，初步形成游玩、餐饮及住宿的休闲旅游模式。村庄旅游产业初步形成游玩、餐饮及住宿的休闲旅游模式。村中开展农家乐经营的户数有10家，餐饮接待量90人/次，住宿接待量40人/晚。神泉峡景区每年游客量约为3.5万人次，现有餐饮接待量约1万人次/年，住宿接待量为0.5万人次/年，游玩与住宿餐饮配套严重不匹配。村中缺乏商店、游客接待中心等旅游公共服务设施，缺乏产业规划带动村庄建设。

2. 空间环境品质待提升

（1）建设引导问题

经过“险村搬迁”的民宅原址改扩建工程，村民住宅舒适度得到普遍提升，但是建设引导缺失，山村特有的传统格局受到侵蚀。部分加建的三层住宅影响了炭厂村“民居错落，三层台地的空间格局”（图18-11）。

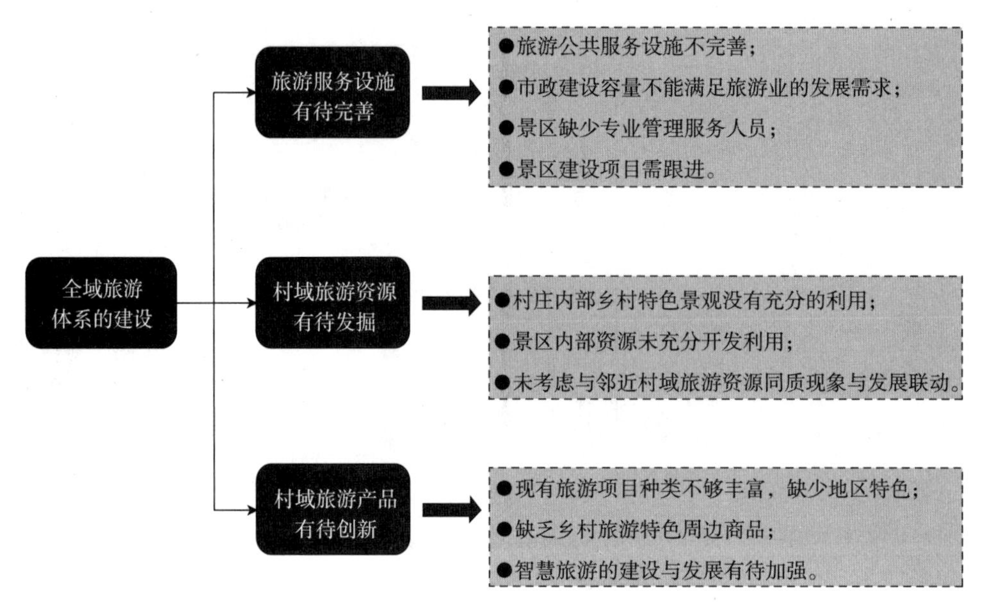

图18-10　全域旅游业发展瓶颈

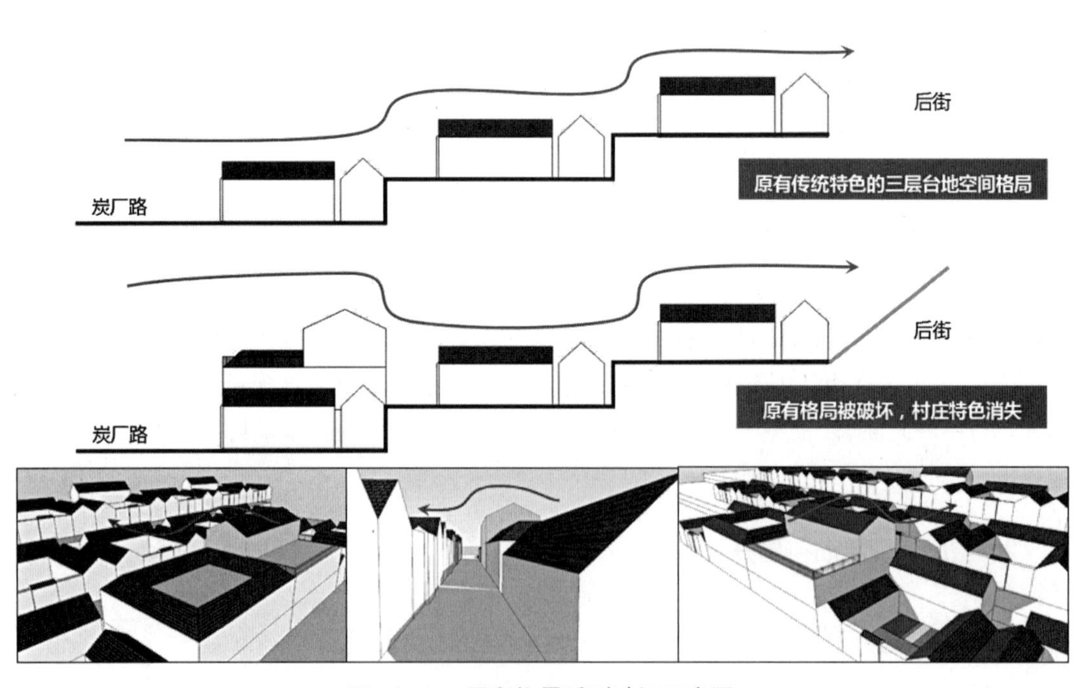

图18-11　原有格局受到破坏示意图

村庄原有建筑面积约为1.41万平方米，2014~2016年“险村搬迁”工程中，131座宅基地中有近120座院落进行改扩建，其中扩建102座，加建15座，新建房屋3座。现有村庄建筑面积约为1.93万平方米，村民居住舒适度普遍提升，但建设引导缺失，存在建筑“比高”、侵街占道等现象（图18-12）。

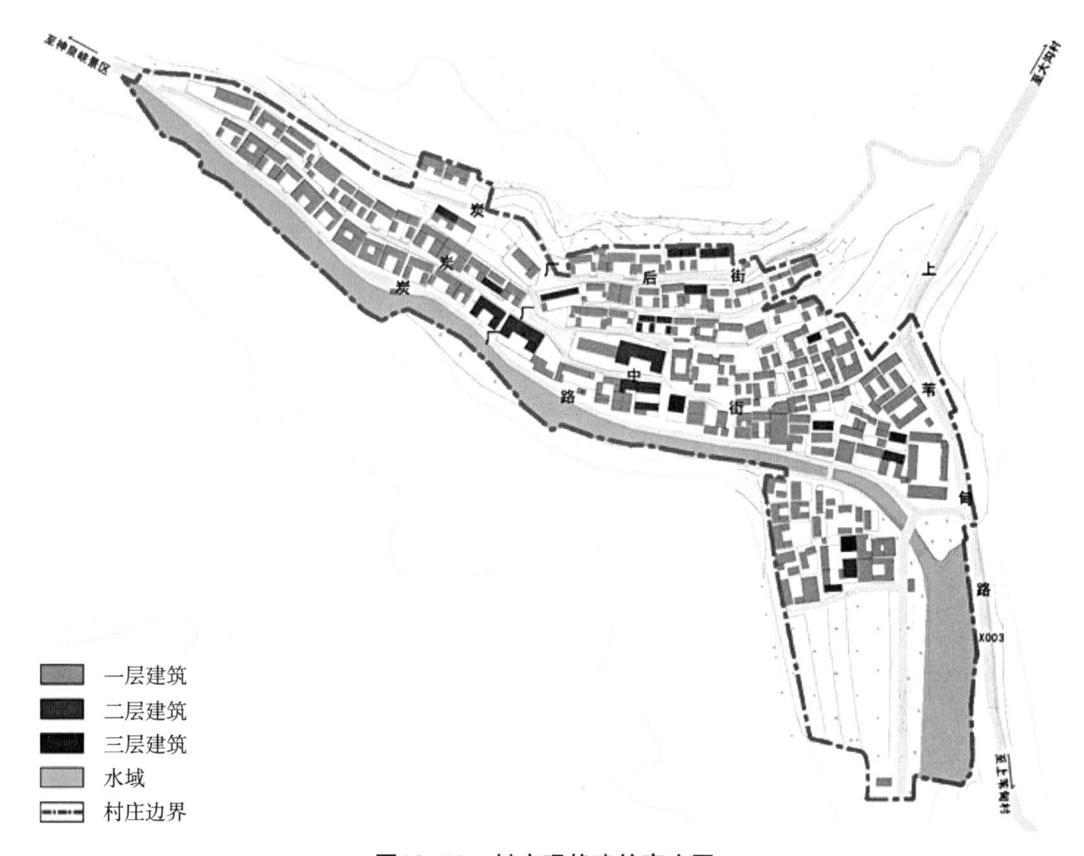

图18-12　村庄现状建筑高度图

山区民居建筑地域性特色缺失，院落盲目封顶导致庭院、厅堂文化流失（图18-13）。

（2）公共空间问题

村庄公共空间缺乏特色，村庄和景区空间不相协调，例如缺乏可供游客停留和交往的室外公共空间，村庄空间特色被破坏，现有公共空间垃圾和施工材料杂乱堆放，现有公共空间缺乏绿化景观，村庄与风景区公共空间未形成村域整体景观系统，现有公共空间品质缺乏人性化设计等（图18-14）。

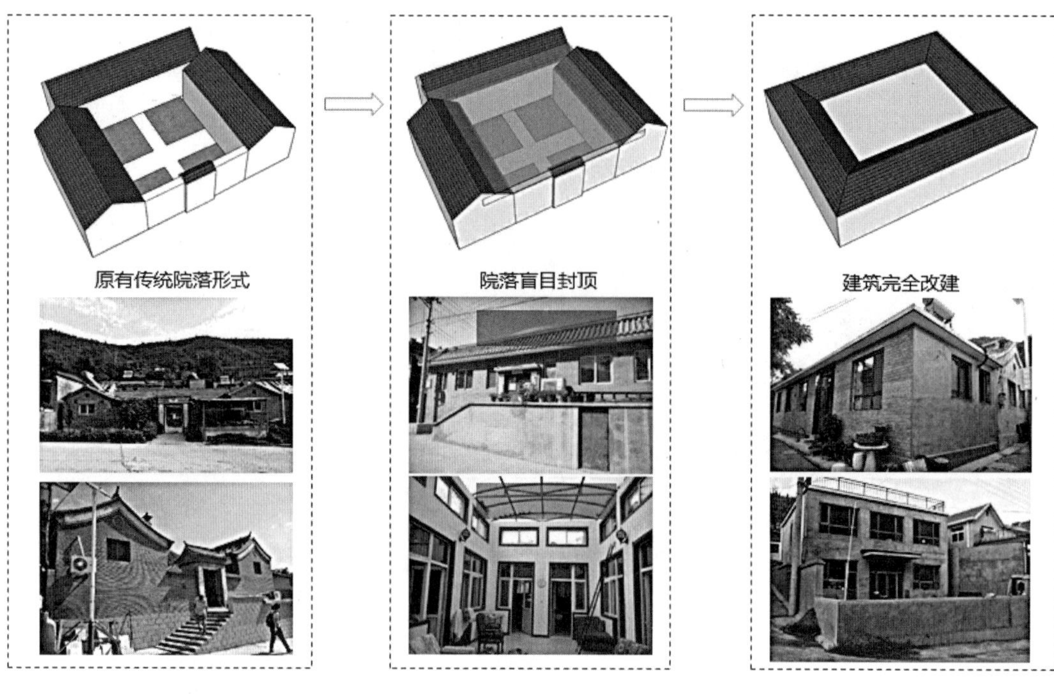

图18-13　院落盲目封顶

图18-14　村庄公共空间存在问题

3. 发展模式需探索

村民集体以及村民个体的利益诉求需要有更好的协同机制（图18-15）。主要体现在：

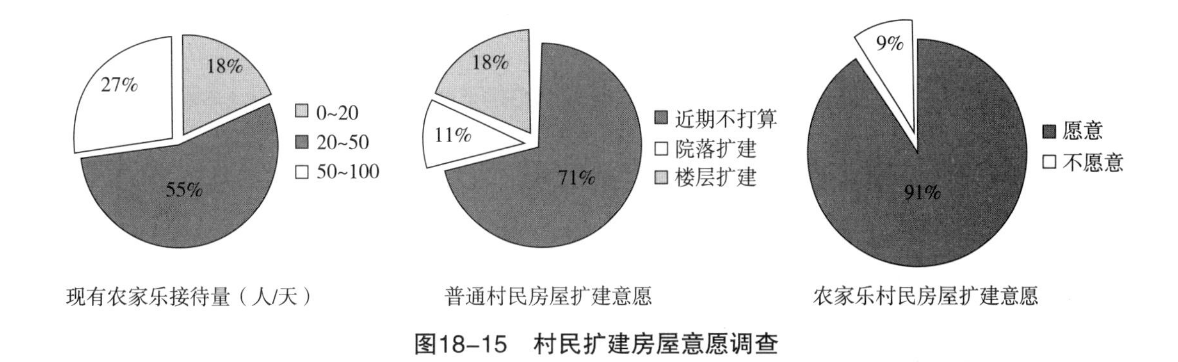

图18-15 村民扩建房屋意愿调查

（1）村民对农家乐的发展模式有疑惑。一方面，已开展农家乐的农户，因村集体未制定统一菜品、服务标准等统一标准，担心日后会恶性竞争、流失客流、声誉减损。另一方面，打算申报农家乐的农户对成立合作社期望较高，因为可以得到村集体帮助，减少农家乐改造的资本，规避竞争风险。

（2）村民自行翻建房屋，加建楼层，甚至加建房屋，影响村庄整体形态和风貌。村民自行在宅基地上加建楼层，影响周围村民生活；随意做院落封顶，造成室内采光不足。甚至存在个人宅基地占用村集体用地等现象。因此，在全域旅游下，如何使集体产业与个体经济双生双赢，对炭厂村的可持续发展具有重要意义。

各方力量参与还需加强。炭厂村在乡村旅游、生态农业等方面资源禀赋，在良好的生态文化资本与丰富的生产要素之间互助提升，旅游发展前景良好，村民创收、村风和谐，却仅有单一的行政管理组织和经济发展型组织，这与炭厂村良好的发展基础相矛盾，需要加强社会各方力量的参与。

第二节 村庄规划编制中的探索思路

一、炭厂村村庄规划沿革

（1）村庄规划 1.0 版——《炭厂村村庄规划（2009-2020 年）》

《炭厂村村庄规划（2009-2020年）》的规划背景是2007年开始的新农村建设，

规划重点主要是空间层面上的公共设施建设与村容村貌的提升，由政府主导，是一种自上而下的规划思路。

（2）村庄规划 2.0 版——《门头沟区妙峰山镇险村搬迁工程》

炭厂村属于山区地质灾害易发区，村民房屋年久失修，抗震等级低。根据市、区相关政策，《关于成立“7·21”特大自然灾害灾后重建工作指挥部的通知》，为改善村民居住条件，妙峰山镇于2013年开始实施《门头沟区妙峰山镇险村搬迁工程》。

村庄改造过程中形成了契约化管理的“炭厂”模式，即与农户签订搬迁合同或文书，在达到要求标准并通过验收后，再兑付建房部分的搬迁政策资金及抗震节能改造资金到每户，同时预留了部分搬迁基础设施费用，由村委会统筹组织基础设施建设。

“险村搬迁工程”的规划背景是近年来开展的美丽乡村运动及乡建运动，着重于空间上的住宅改造，体现了村民自主与对政策的整合，但本质上还是一种自上而下的规划思路。

二、村庄规划 3.0 版的创新探索

（1）村庄规划 3.0 版与之前版本的差异与优势

村庄规划1.0、2.0版均未能促进建立以持续发展为目标的长效机制，无法在长时间段内促进村庄发展，进而改善民生。

村庄规划3.0版的探索则以人为本，不只着眼于村庄空间的品质提升，还在产业发展、社会治理等多方面多维度进行规划工作。其优势就在于结合了自上而下的政策资金优势与自下而上的村民自治，使村庄建立起具有可操作性的长效机制。

（2）村庄规划 3.0 版创新探索思路

改变以往多以空间规划与建设为指向的村庄规划方式，探索基于权属关系的契约化村庄规划建设及管理模式，将规划延伸至村庄发展、建设与管理，建立长效机制（图18-16）。

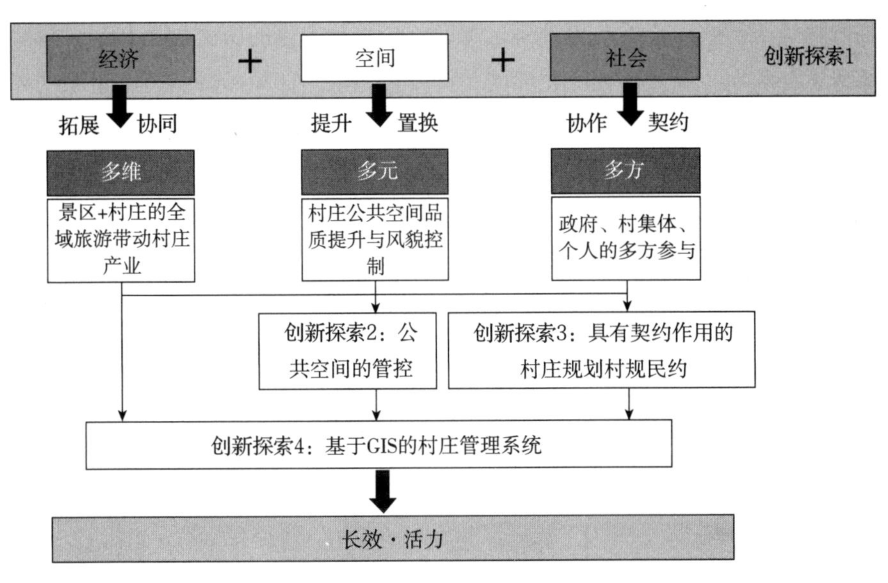

图18-16　村庄规划3.0版创新探索思路示意图

第三节　产业规划

一、产业现状发展情况及资源挖掘

2015年，妙峰山镇域村庄集体企业经营的旅游风景区接待量和收入统计排名中，炭厂村的神泉峡景区排名第二，表明其具有较好的旅游基础和发展潜力。

炭厂村产业发展潜力：

（1）炭厂“炭文化”：明代朝廷御用的炭厂烧制的山桃木炭，其色泽浓黑、无烟味香，辟邪康健，具有珍稀的医用价值；

（2）丹霞地貌：炭厂村西沟内有独特的侏罗纪红色火山岩地貌，数十米高的红色石峡山口，两侧和脚下都是红色的火山岩，数百米的红石谷景色十分壮观；

（3）驼铃古道：炭厂村位于京西古道分支中的驼铃古道路段，串联炭厂村、上苇甸村和下苇甸村，蕴含独特的历史文化；

（4）国家3A级景区：位于炭厂西沟的神泉峡景区内现有4条旅游线路和28处景观景点。

二、产业定位

依照《妙峰山镇“十三五”规划》中对各村庄产业发展的定位，炭厂村可依托神泉峡景区基础设施的改造提升，深度挖掘驼铃古道的历史价值和炭厂村炭文化的传承与利用，通过镇域西北部的驼铃古道和东北部的妙峰山古香道联动周边村庄旅游产业的发展，激活镇域北部村庄的区域活力，同时带动村庄其他产业的发展（图18-17）。

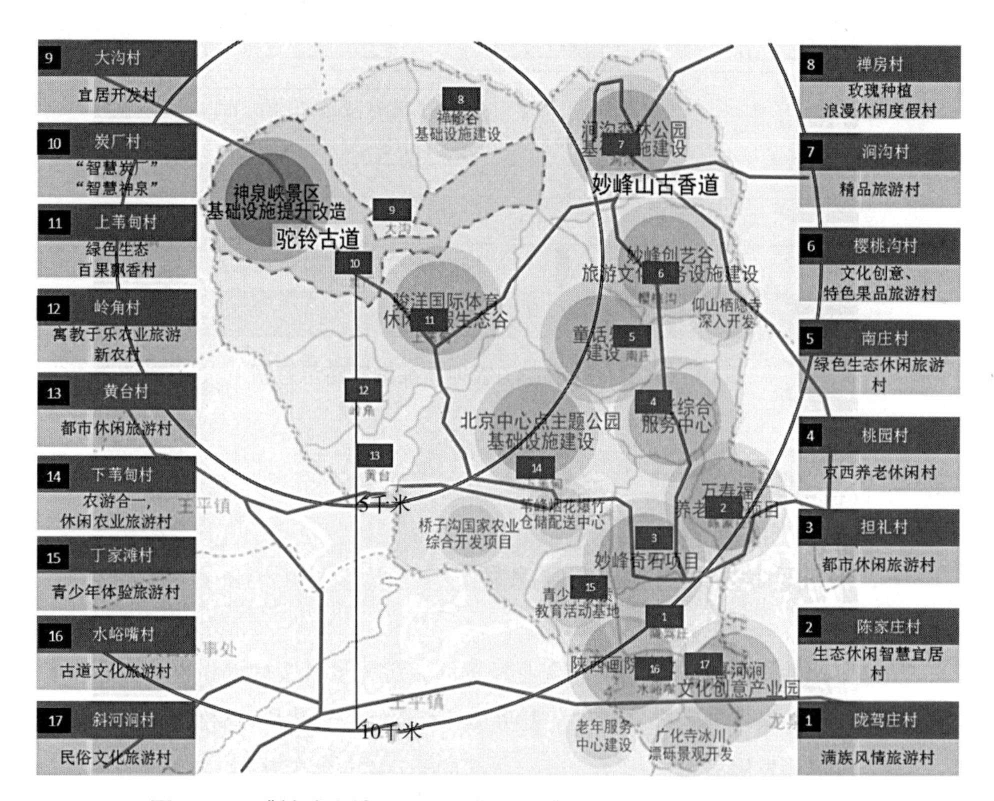

图18-17 《妙峰山镇"十三五"规划》中各村庄产业定位分析图

综合考虑，本版村庄规划产业定位为"丹霞神泉·炭厂古韵"，即依托神泉峡景区的自然生态景观资源优势，发掘炭厂村木炭文化历史价值，以驼铃古道为联络线连接景区和村庄，以生态休闲旅游产业为主导，形成"旅游+"产业发展模式，打造北京西郊的特色民俗旅游示范村。旅游活动包括赏红色火山岩石、游神泉峡风景区、住炭厂精品民宿、品商旅古道古韵等。

以旅游七要素为线索的炭厂村全域旅游策划包括：食（香味谷烧烤、泉饼宴、活鱼食堂）、宿（特色民宿、香味谷小木屋）、行（观光"小火车"、徒步行）、游（驼铃古道、太平鼓民俗活动）、购（特色商品、山区特产）、娱（水幕电影、真人CS）、育（炭文化体验基地、地质文化教学基地、民俗文化体验基地）等（图18-18）。

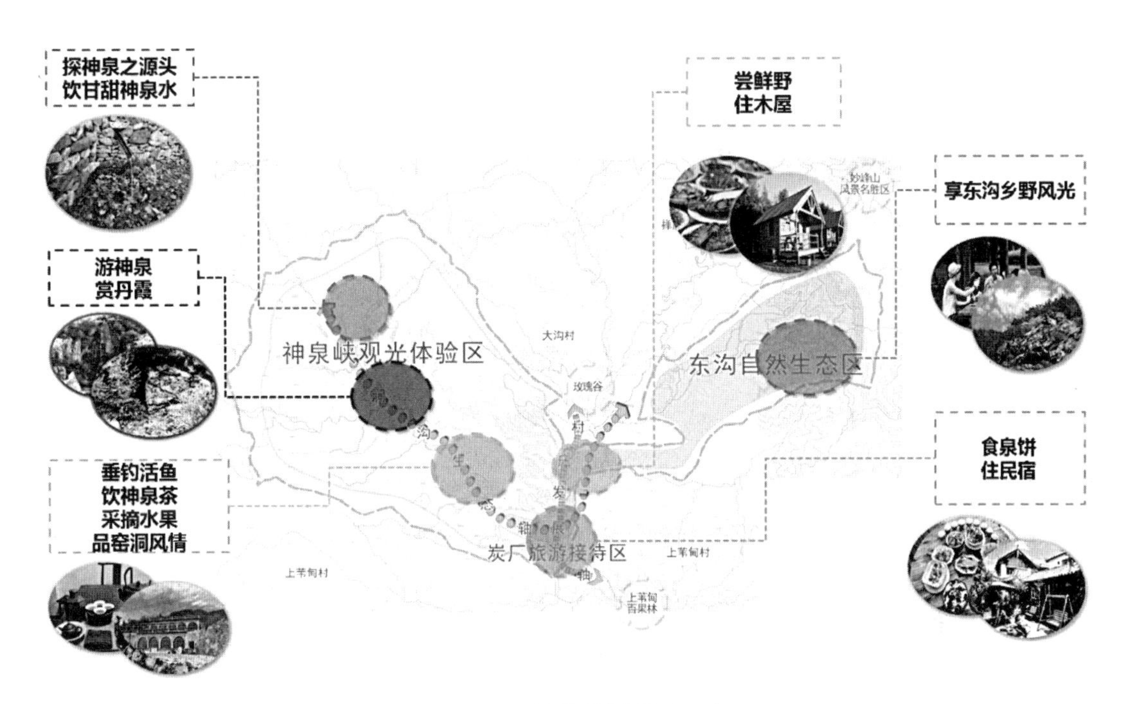

图18-18　旅游策划项目示意

同时在镇域、村域、村庄三个层次提出产业空间布局规划方案：

（1）在妙峰山镇域范围内，以驼铃古道和妙峰山古香道为联络带，串联镇区各个村庄旅游资源，形成全镇域旅游格局，多村统筹发展。

（2）在炭厂村村域范围内，村域西部继续开发神泉峡景区的自然生态资源、完善旅游配套基础设施，东部打造东沟自然保护区，中部潭子涧沟发展香味谷古炭烧烤和特色木屋露营，村庄打造文化体验产业，并通过驼铃古道联络带将景区和村庄衔接起来，从而形成全域旅游产业格局（图18-19）。

（3）在村庄范围内，依托独特的炭文化和驼铃古道历史资源，通过炭厂村村庄内部三条主要街道，形成村庄游览慢行路线，将村庄内部设立文化体验项目节点空间串联，激活村庄旅游相关产业发展（图18-20）。

以旅游产业为主导，以村庄为载体，构建完整的旅游公共服务体系，发展“旅游+”模式，以“旅游+餐饮业”为主线，串联旅游业与农业、农副产品加工业、手工业、旅游服务接待业等多产业的融合，带动村庄经济发展，改善民生。

在神泉峡风景区内，形成“旅游+餐饮业”、“旅游+农业”、“旅游+商业”、“旅游+文化创意产业”模式，提供采摘服务、农耕文化体验等娱乐项目，新建餐厅、商店、游客中心等旅游服务设施，开设观光小火车交通设施。

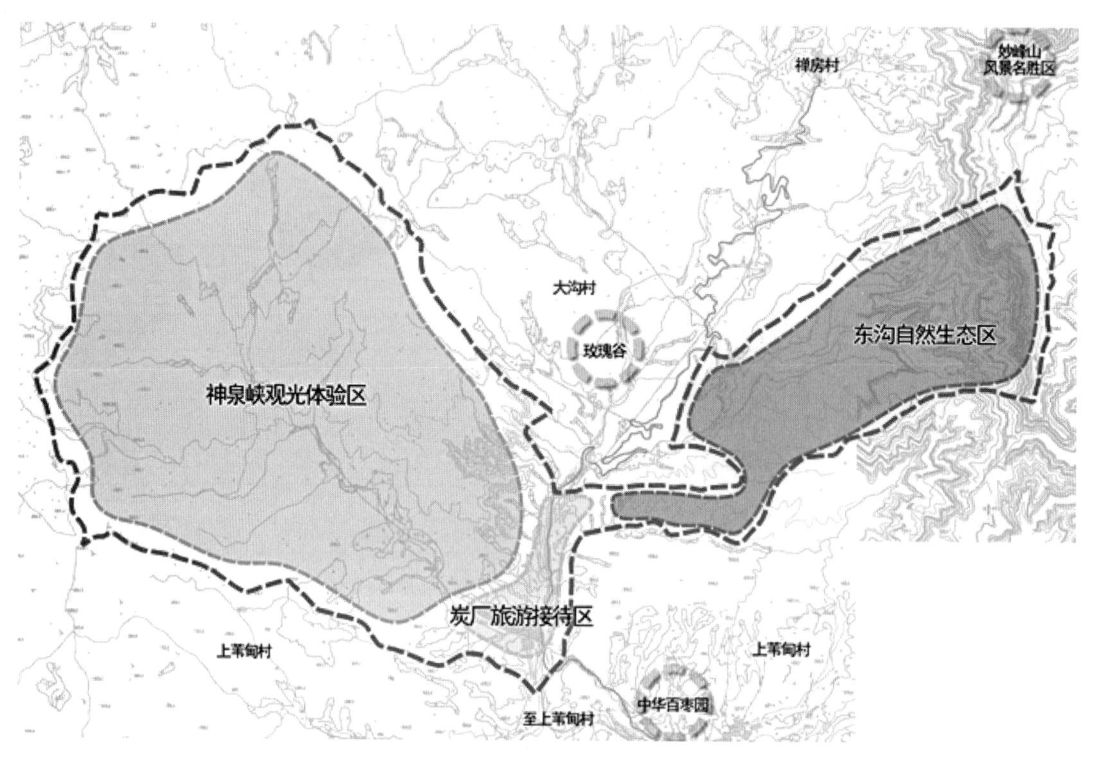

图18-19　村域产业布局图

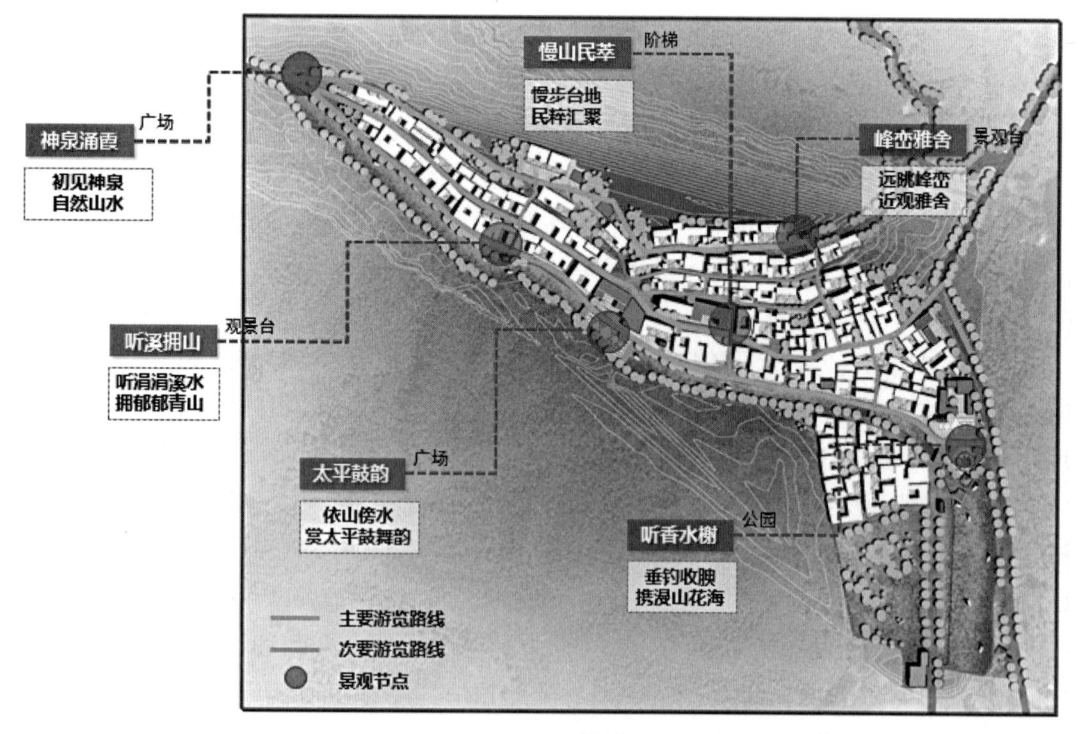

图18-20　村庄旅游线路规划示意图

在炭厂旅游接待区内，形成“旅游+餐饮业”、“旅游+旅游服务接待业”、“旅游+文化创意产业”、“旅游+农副产品加工业”模式，发展全域旅游，为游客提供高品质服务和旅游体验。村庄内部开设精品民宿、特色餐厅、小商铺等，为村民带来收入。

在东沟自然生态区内，形成“旅游+餐饮业”、“旅游+旅游服务接待业”、“旅游+商业”、“旅游+农业”模式，保留东沟自然生态原貌，保护种植山中林木，开辟林中骑行路线，沿途可为骑行者提供休憩、装备整顿等服务。

充分发挥“旅游+”功能，以吃、住、行、游、购、娱、育七大要素产业为载体，延伸新的产业链，使旅游产业与其他相关产业深度融合，形成新的生产力和竞争力，从而改善民生（图18–21）。

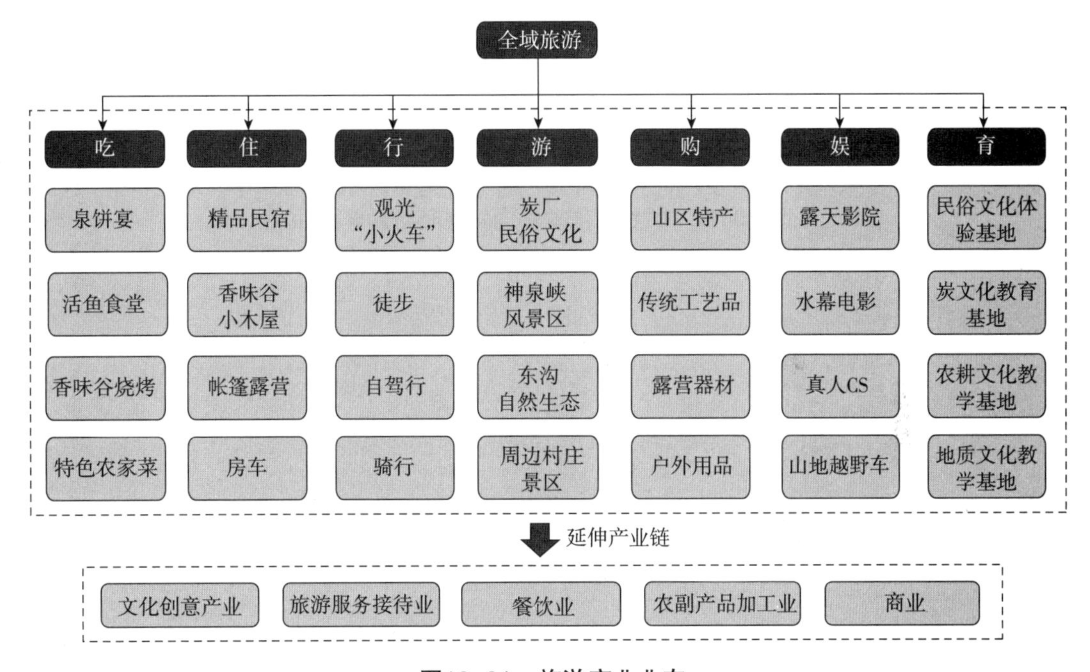

图18–21　旅游产业业态

产业发展与村民民生紧密结合在一起。使不同年龄的村民在旅游产业不同发展时期找到适合的工作，最终提高收入水平与生活质量，改善民生，实现共同富裕（图18–22~图18–24）。

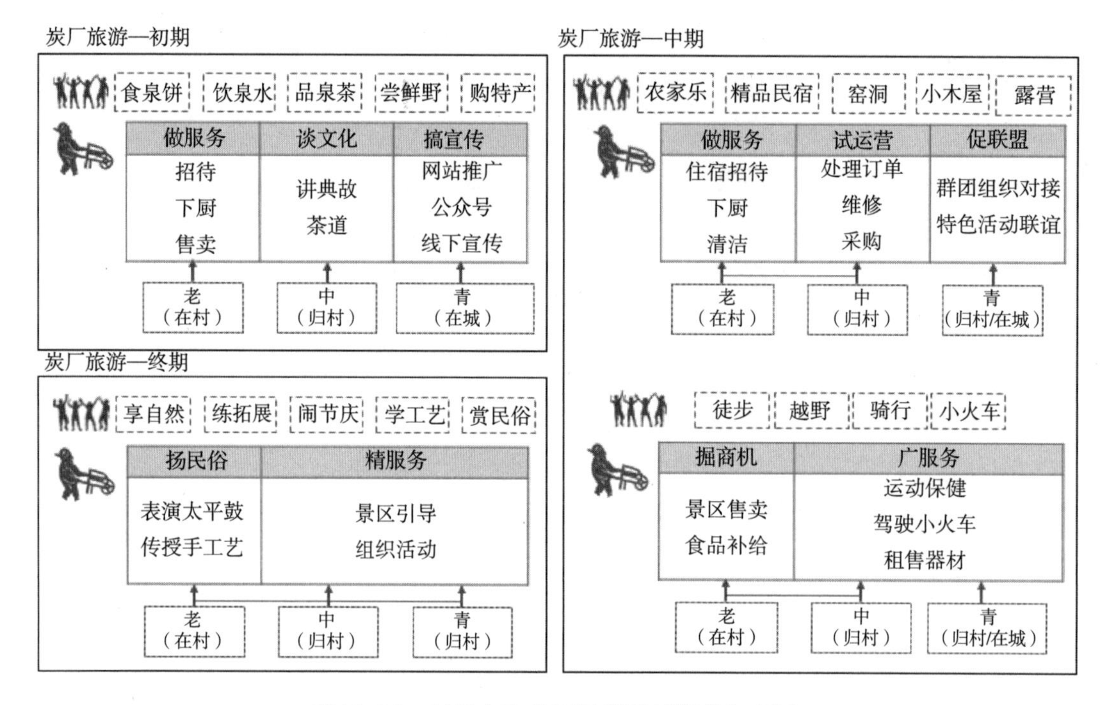

图18-22　村民在产业不同发展时期参与项目

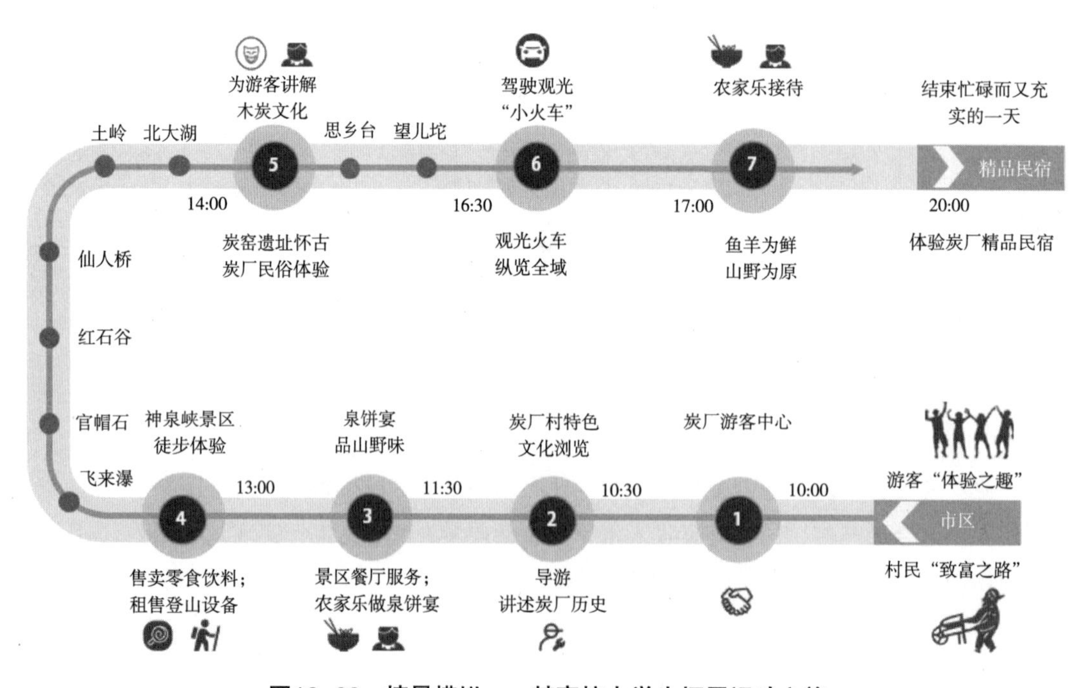

图18-23　情景模拟——某高校大学生拓展运动之旅

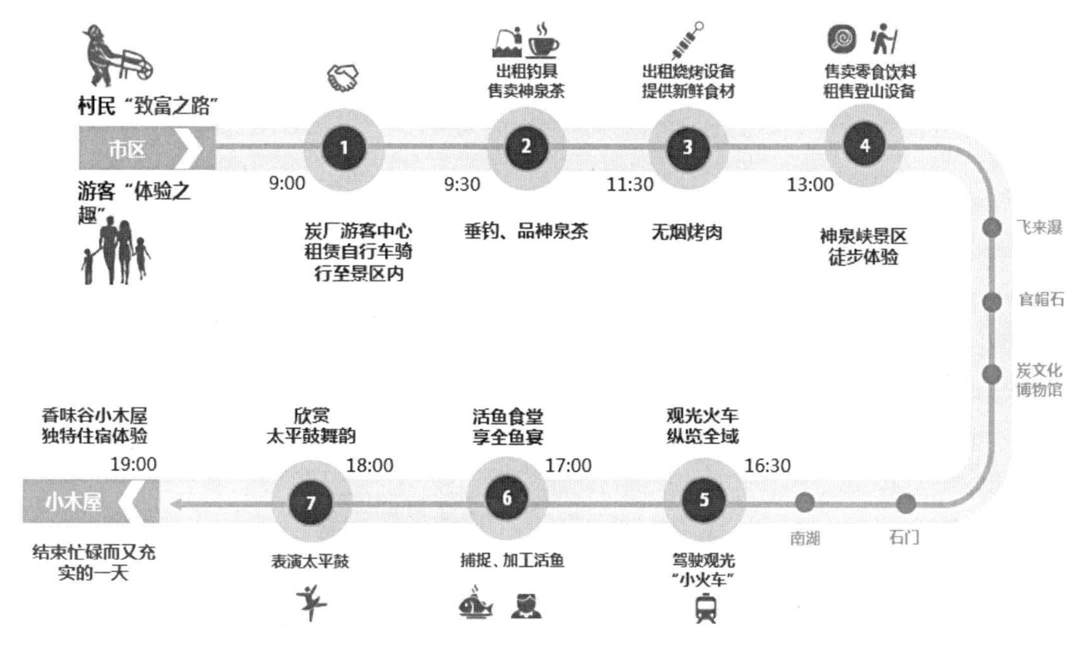

图18-24 情景模拟——四口之家乡村美食探秘之旅

第四节 空间规划

通过对村庄现状的分析，进行村庄导则的设计，引导村庄内公共空间的建设，达到提升人居环境的目标。

村庄空间引导重点在对公共空间的管控与引导，防止旅游日益发展后村民个体住宅对公共空间的随意侵入（例如农家乐扩建或者搭建临时设施等对公共空间的侵占等），通过改善公共空间品质提升作为旅游服务区的村庄环境（图18-25）。

一、整体格局控制与引导

（1）控制内容

三层台地格局：新建、改建建筑高度不超过该区域限制高度（图18-26）。

（2）引导内容

空间格局：保持现有空间格局，建筑设计以传统坡屋顶为优（图18-27）。

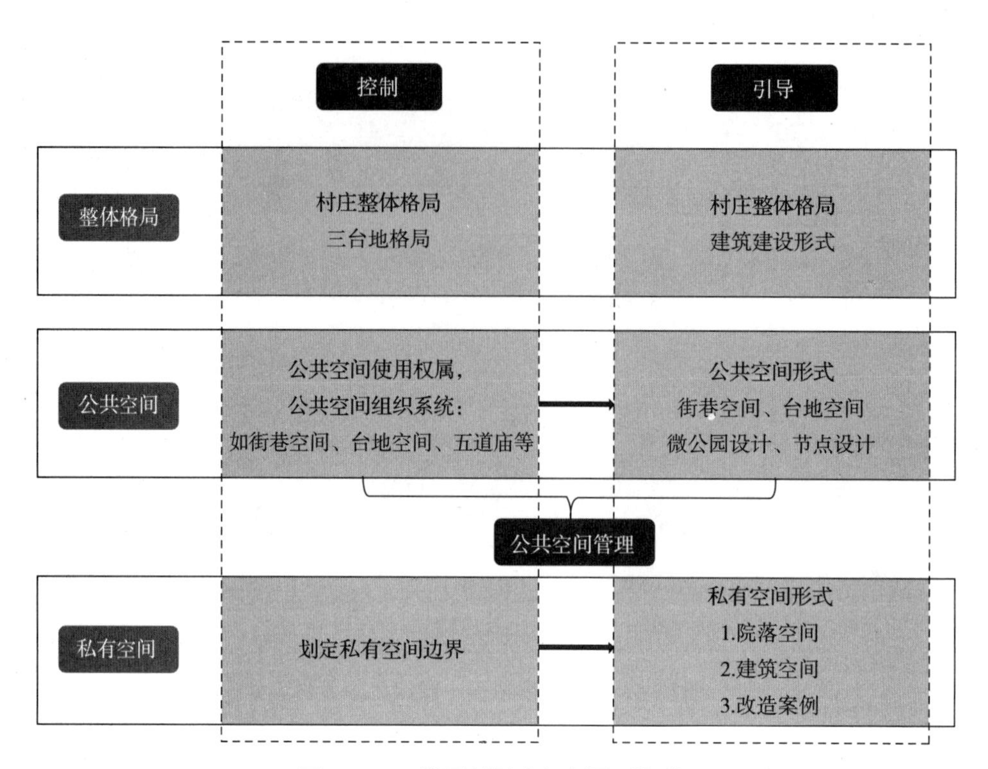

图18-25 炭厂村村庄规划导则架构

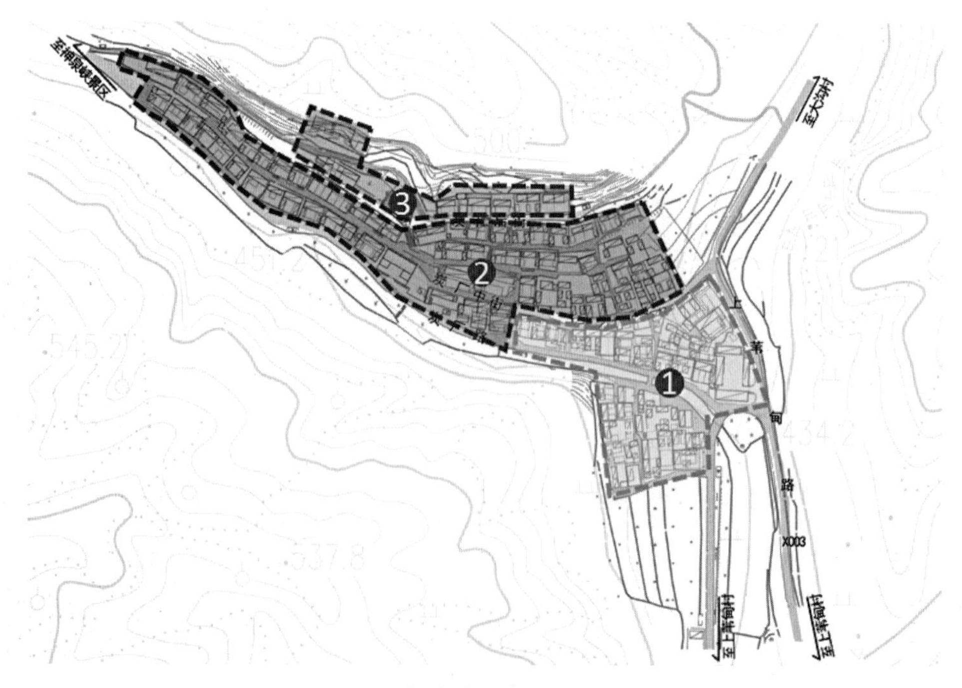

图18-26 村庄建设高度控制分区图

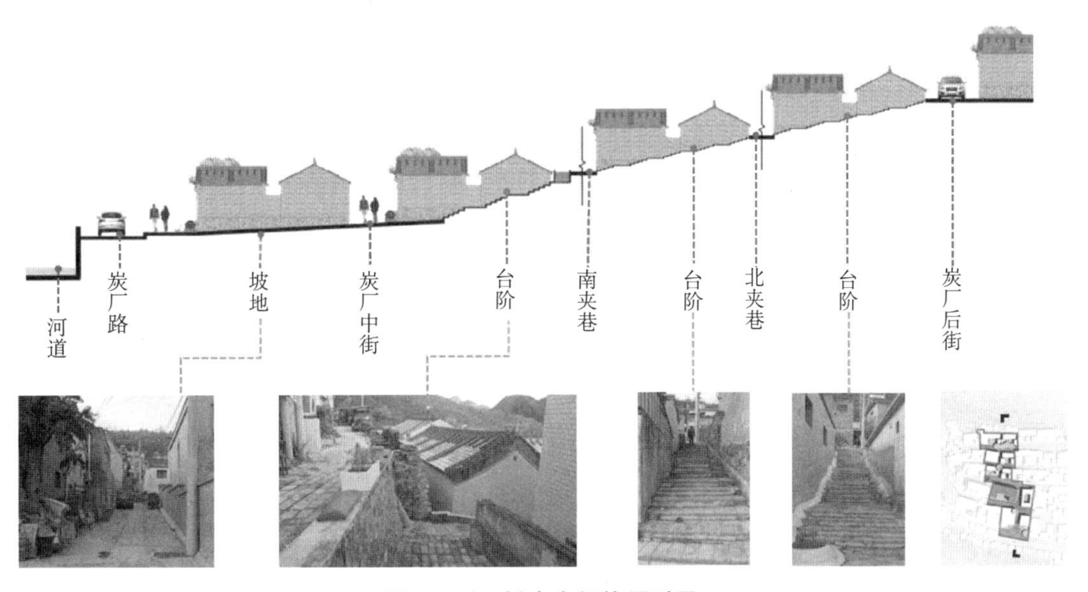

图18-27　村庄空间格局引导

南北向的街巷空间属于公共空间

各层室外台地空间属于公共空间

院落外的微公园空间属于公共空间

东西向道路与河道属于公共空间

连接台地的南北向室外台阶空间属于公共空间

街巷内，除各户因院落室外台阶外均属于公共空间

图18-28　公共空间界定

二、公共空间使用权属控制与引导

严格界定村庄内公共空间和个人宅基地范围，严禁个人建设占用公共空间。所有村庄公共空间严禁个人加建和堆放杂物（图18-28）。

三、公共空间系统组织控制与引导

（1）控制内容

公共空间组织系统：以点、线的方式对村庄公共空间进行整体考虑。对街巷空间进行控制和引导，对节点空间进行设计引导（图18–29）。

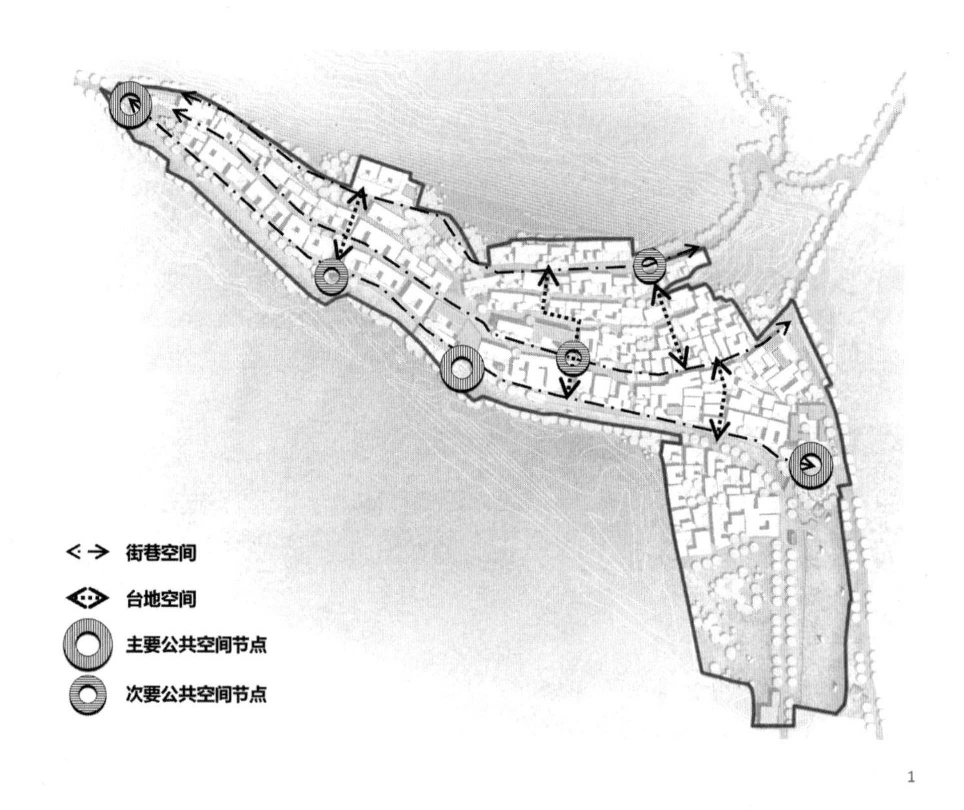

图18–29 公共空间分布

炭厂路使用性质、宽度：炭厂路人车分行，车辆由村口到景区方向单向行驶，车行道满足消防车道要求。街巷高宽比（H/D）控制在1/3~1（图18–30）。

炭厂中街使用性质、宽度：保护所有街巷的原有走向、坡度、地形变化和空间尺度。炭厂中街限制车行，平时作为步行街，但要具备应急能力（3米）。街巷高宽比（H/D）控制在1~2。

炭厂后街使用性质、宽度：炭厂后街人车混行，以车行为主，车辆由景区到村口方向单向行驶，车行道满足消防车道要求（4米）。街巷高宽比（H/D）控制在1~1.5。

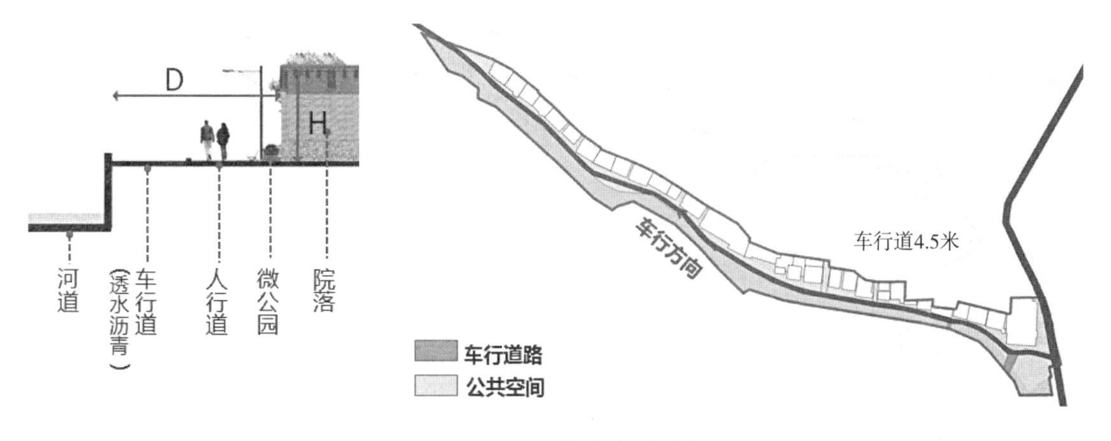

图18-30　炭厂路的控制与引导

（2）引导内容

炭厂路地面铺装、绿化景观：炭厂路车行道采用透水沥青材质，人行道采用透水砖，中间可用微突起的石板砖作为分隔线来划分区域，布置窄型花坛来分隔空间。

炭厂中街地面铺装：炭厂中街铺装宜选用传统的青砖、石料等，铺砌方式应古朴自然。在街巷转折处，宜对铺砌方式做适当的强调和处理，起到引导与提示的作用。

街巷颜色：从现状风貌较好的街巷空间中提取建筑立面色彩，用于街巷沿街建筑的立面整治引导，使街巷界面风貌统一且具有本村特色。

沿街立面整治引导：作为村庄对外的展示界面，沿街建筑应保持统一格局和当地传统特色风貌。院落建议保持三合院形式；厢房建议不再加建二层，保持街巷原有的高宽比；院落入口形式应统一规划，引导村民自觉打造入口微公园（图18-31）。

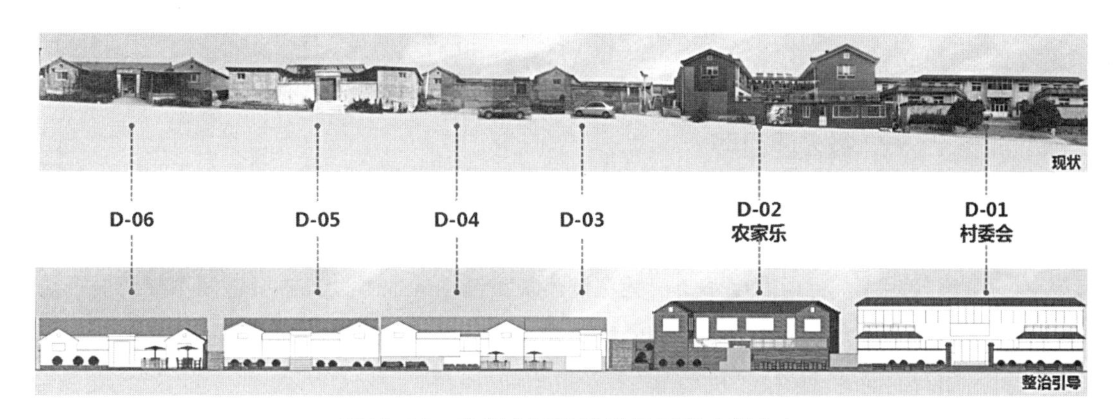

图18-31　沿街立面整治引导示意（部分）

四、街巷空间引导

①院落内外连接台阶和坡道属于各户私人用地，院墙外其他区域都属于村庄集体用地；

②院外台阶和坡地宽度不超过2米，长度不超过4米；

③院落外花坛和室外休息区宽度不超过2米；

④鼓励利用相邻院落的夹角空间；

⑤各户不得占用院落之间空隙和道路；

⑥院落外花坛和室外休息区到河道边界的最小距离不小于5.5米。保证足够的车行和人行空间（图18-32）。

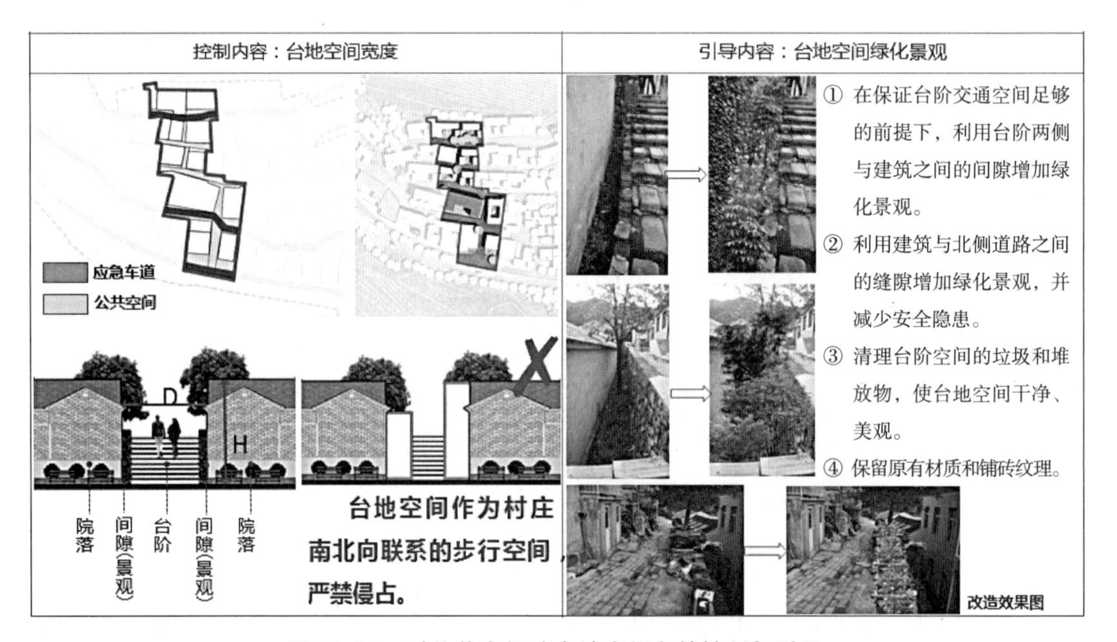

图18-32　对公共空间（台地空间）的控制与引导

五、微公园引导

微公园旨在为路人提供一个可以放松和享受城市的公共场所，在一些缺乏城市公园或人行道宽度不足、无法满足街头活动的地方设置。微空间不仅解决了街道缺乏活力、游客无处休憩、居民缺乏公共交流空间等问题，而且在提倡自行车出行的同时，解决了机动车占用公共空间的问题。

改造措施包括：注重每户院落入口两侧微公园的营造。道路北侧增加座椅，利于游客停留休息；室外台阶处种植多种花草，丰富景观环境；民宿外设置花坛和休息座椅，供游客使用等（图18-33）。

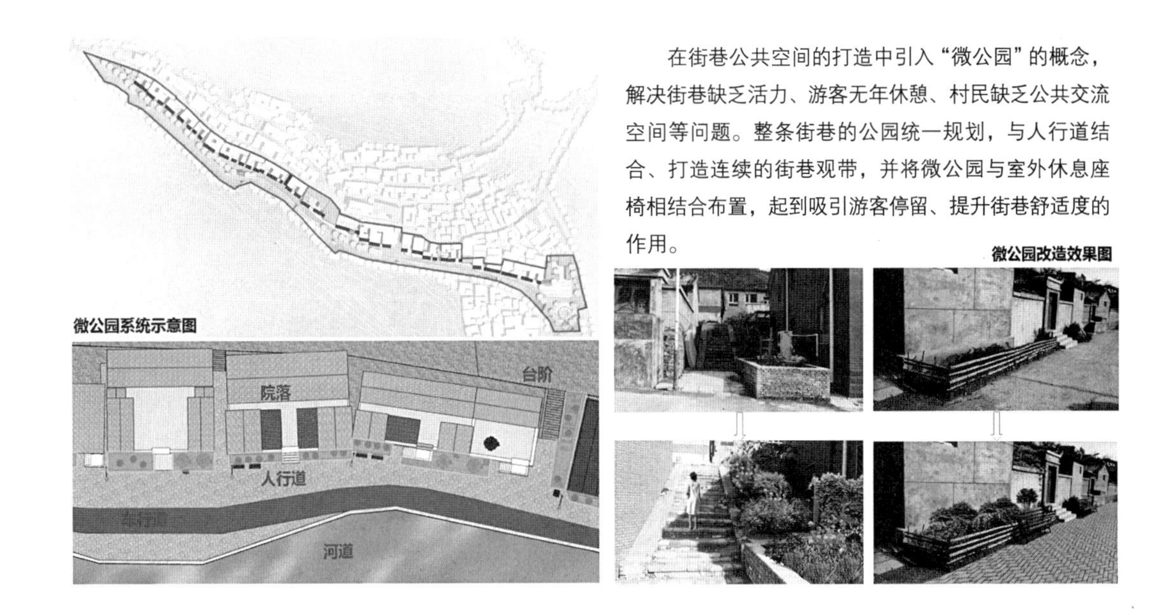

图18-33　微公园改造示意

六、个体空间引导

（1）院落空间：三合院的院落形式应保留（图 18-34）。

（2）建筑空间

①建筑朝向：建筑主要朝向应在东偏南45°到南偏西45°内，且应与台地自然走向一致。

②建筑材质：建筑材料的使用应结合当地资源，优先采用地方材料。通过对建筑屋顶、墙面、台阶、门窗等部件材料的合理搭配，体现建筑外观材料的多样化。

③建筑色彩：应在充分尊重村落当地历史文化、民风民俗的前提下确定主色调，用材质本色来体现建筑色彩，色彩搭配应合理、美观、大方。单体建筑的颜色不超过三种。

④特色屋面：村中采用棋盘心屋面的建筑约占30%。棋盘心屋面是北京山区民居建筑的特色，可增强地区的识别性（图18-35）。

图18-34 院落设计示意

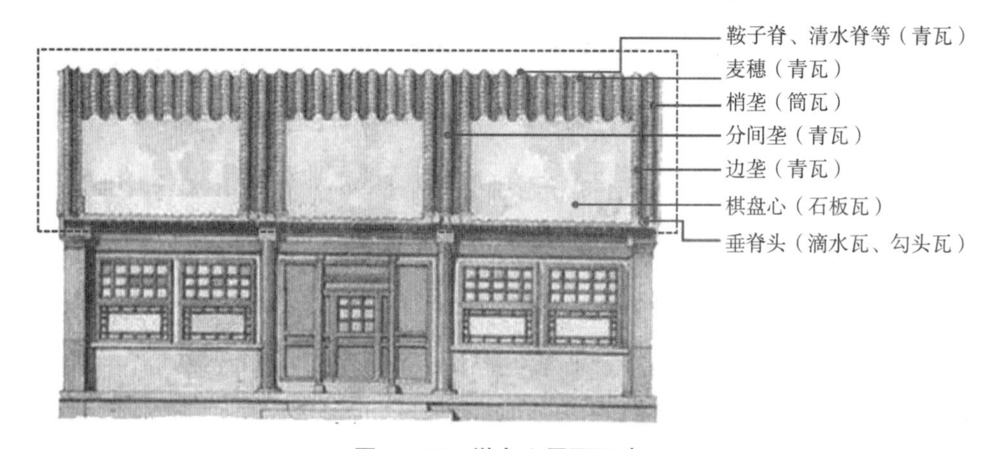

图18-35 棋盘心屋面示意

炭厂村村民房建筑以石板屋顶、二五举屋架为结构特点。早期由于瓦片造价较高，在迎合瓦屋面的基础上，将前后坡屋面中下部改作灰背或石板瓦。不仅降低了造价，而且也减轻了屋面的重量。后期制瓦工艺改进，瓦越来越便宜，房顶就满铺瓦了。规划鼓励建造棋盘心屋面，使用当地石板瓦，正脊宜做清水脊。

第五节　村庄规划中的公众参与

一、村庄规划中村民参与村庄建设的发展历程

村庄规划1.0注重改善物质的条件，仅以征求村民意愿的方式进行村民参与，其特征主要为一次性的针对规划；村庄规划2.0注重乡村的特色，开始在规划中调动村民的积极性，村民参与的特征为一段时间内参与规划；村庄规划3.0则注重乡村文化的复兴，村民从规划到后期发展、建设与维护长期参与，并建立起长时间持续参与的长效机制（图18–36）。

图18–36　村庄规划中村民参与村庄建设的发展历程

二、多方参与的村庄规划

以村民为主体的政府行政管理组织、经济组织、行业自律组织等多方参与的村庄建设，为村庄发展注入持久活力（图18–37，表18–1）。

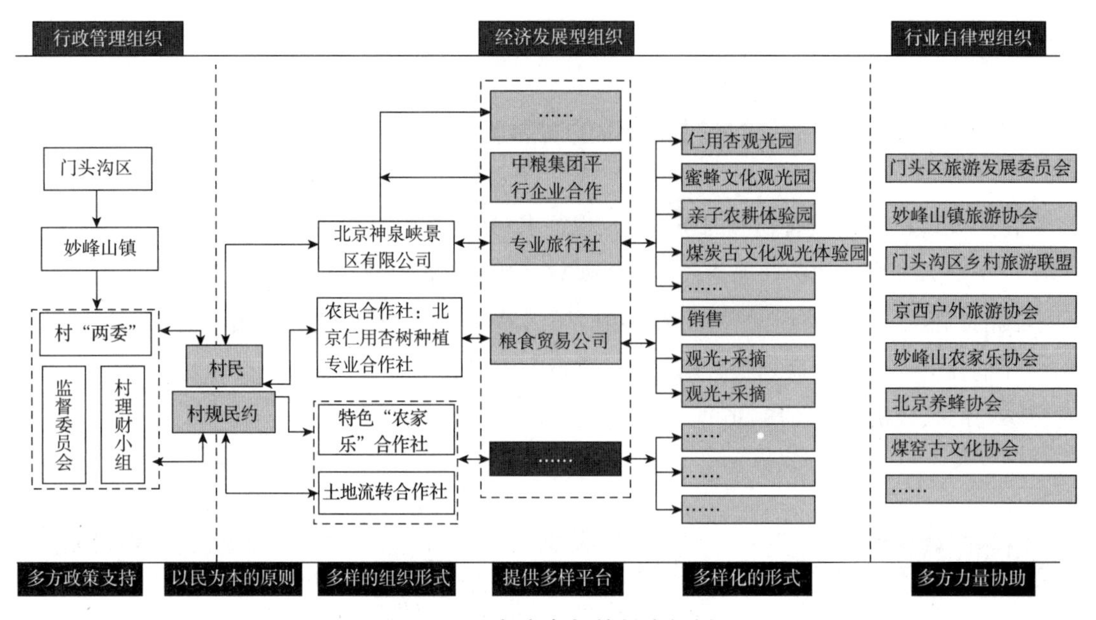

图18-37　多方参与的村庄规划

村庄规划编制多元主体合作治理分工机制　　表18-1

<table>
<tr><th>时间阶段</th><th>成果</th><th>政府</th><th>社会与市场</th><th>规划师</th><th>村集体与村民</th></tr>
<tr><td>规划前阶段</td><td>技术标准
技术指引</td><td>技术标准
技术委托</td><td rowspan="4">专家开展相关问题专题研究；企业为建立信息平台；提供技术支撑；专家部分联合审查</td><td>技术准备</td><td>—</td></tr>
<tr><td>宣传发动阶段</td><td>科普材料</td><td>—</td><td colspan="2" rowspan="3">动员大会、教育培训、问卷调查、村民访谈、驻村体验及规划、规划工作坊、修改完善规划、村两委讨论、村民代表大会</td></tr>
<tr><td>现状调研阶段</td><td>摸查报告、数据库、规划初步成果</td><td rowspan="2">协调各相关部门</td></tr>
<tr><td>方案编制阶段</td><td>中期规划成果多规协调报告</td></tr>
<tr><td rowspan="2">公示审批阶段</td><td rowspan="2">最终规划成果；
公众参与报告书</td><td rowspan="2">成果批前公示及反馈</td><td rowspan="2">—</td><td>撰写控规修改申请报告；成果批前公示及反馈；相互审查规划成果</td><td>村民会议通过或者反馈意见</td></tr>
<tr><td>公众参与报告</td><td>纳入村规民约和管理制度</td></tr>
</table>

在本次村庄规划过程中，设计团队从前期资料收集、入村调研、方案编制到规划公示，强调村民全程参与，并根据村民反馈的意见建立公众参与子系统，包括：

（1）向村民公示规划初步成果

将规划初步成果以海报、折页宣传册、展板等形式在村内多个公共空间进行展览，广泛征求村民的意见。

（2）组织村庄规划宣讲活动

组织举办《炭厂村村庄规划》宣讲活动，给村民们普及村庄规划相关知识的同时，唤起村民们的主人翁意识，让他们积极参与到村庄规划中（图18-38）。

布置会场的青年规划师　　与村民们进行交流　　普及村庄规划知识

图18-38　村庄规划宣讲会

（3）呼吁村民复兴村庄文化

炭厂村太平鼓已有60多年的历史，其独特的鼓点和步伐是炭厂村独有的。规划团队给村民们讲述炭厂村太平鼓的历史价值，呼吁村民继承发扬村庄文化。

（4）多次征集村民意见及建议

热情的村民们提出很多很好的意见，规划团队根据村民意见对本次规划进行修改完善，将村民们的意愿最大化地体现在规划中。

（5）搭建公众参与多媒体平台

通过建立“炭厂村村庄规划公众参与平台”微信订阅号、开通“炭厂村村庄规划公众参与平台”意见反馈邮箱等方式，引起社会各界人士及同行的关注，广泛听取来自社会各界人士不同的声音。“炭厂村村庄规划公众参与平台”微信订阅号已推送文章10余篇。其中包括规划初步成果展示、公共空间改造、《村规民约三字经》公众意见征求等内容（图18-39）。

图18-39　搭建公众参与多媒体平台实现多方规划参与

三、制定村民认可的村规民约

结合村庄实际情况制定具有当地特色的村规民约。具有契约性质的村规民约是从国家治理走向社会契约的体现，也是旅游景区效益日益增加阶段村庄健康发展的保证。

炭厂村第一版村规民约（2008年）是引导型村规民约，内容较为空洞，且不够全面。炭厂村第二版村规民约（2013年）是条文型村规民约，内容相对丰富，但是形式单一，无炭厂村特色的。根据调研访谈发现，以往的两版村规民约都未得到村民的广泛知晓和认同。本次的第三版村规民约（2017年），针对以往存在的问题做出较大改进。将村庄规划内容纳入到村规民约；突出炭厂特色、形式简单、朗朗上口；用图文并茂、通俗易懂的方式解读村规民约，便于村民理解；在村中组织村规民约宣讲活动，提高村民参与和认知度（图18-40）。

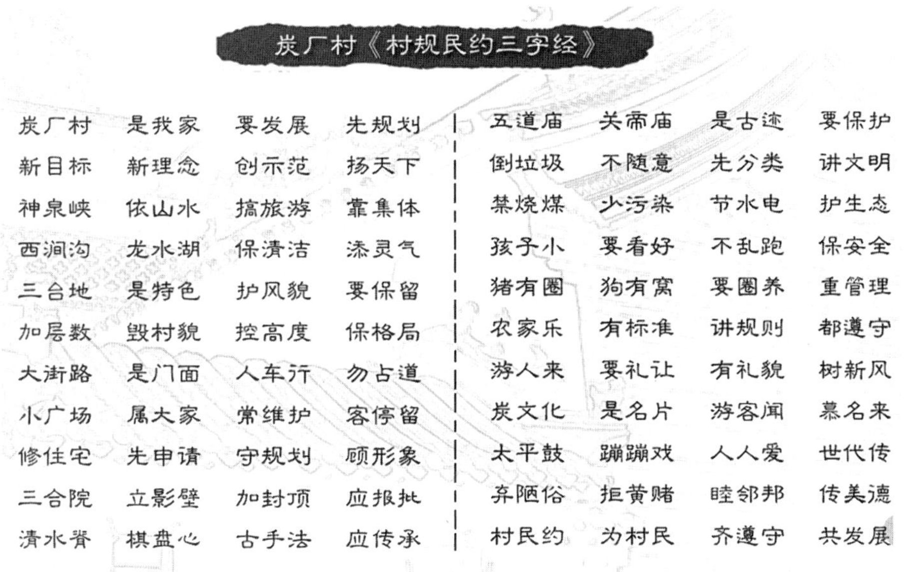

炭厂村《村规民约三字经》

炭厂村　是我家　要发展　先规划
新目标　新理念　创示范　扬天下
神泉峡　依山水　搞旅游　靠集体
西涧沟　龙水湖　保清洁　添灵气
三台地　是特色　护风貌　要保留
加层数　毁村貌　控高度　保格局
大街路　是门面　人车行　勿占道
小广场　属大家　常维护　客停留
修住宅　先申请　守规划　顾形象
三合院　立影壁　加封顶　应报批
清水脊　棋盘心　古手法　应传承

五道庙　关帝庙　是古迹　要保护
倒垃圾　不随意　先分类　讲文明
禁烧煤　少污染　节水电　护生态
孩子小　要看好　不乱跑　保安全
猪有圈　狗有窝　要圈养　重管理
农家乐　有标准　讲规则　都遵守
游人来　要礼让　有礼貌　树新风
炭文化　是名片　游客闻　慕名来
太平鼓　蹦蹦戏　人人爱　世代传
弃陋俗　拒黄赌　睦邻邦　传美德
村民约　为村民　齐遵守　共发展

图18-40　炭厂村第三版村规民约（2017年）

第六节　村庄规划管理及实施

一、炭厂村村庄规划管理系统

规划建立了基于GIS系统的炭厂村村庄管理系统。主要包括村庄基础信息数据汇总（院落编号、院落户主、院落权属、院落照片、建筑编号、建筑层数、建筑面积等）、规划决策可视化分析（高度控制、现有农房风貌控制）、村庄规划实施动态监测及管理（土地用途管制、建设空间功能控制、建设规划管理、农房建设管理）（图18-41）。

其中村庄基础信息数据汇总部分主要是为了给村民进行查询展示，而规划决策可视化分析和村庄规划实施动态监测及管理则主要为之后规划师、管理人员进行规划、建设及审批管理提供相关依据（图18-42、图18-43）。

二、规划成果

2017年初，《北京市门头沟区妙峰山镇炭厂村村庄规划》荣获住房和城乡建设部“2016年度全国村庄规划示范村”，是北京市入选的两个村庄之一。

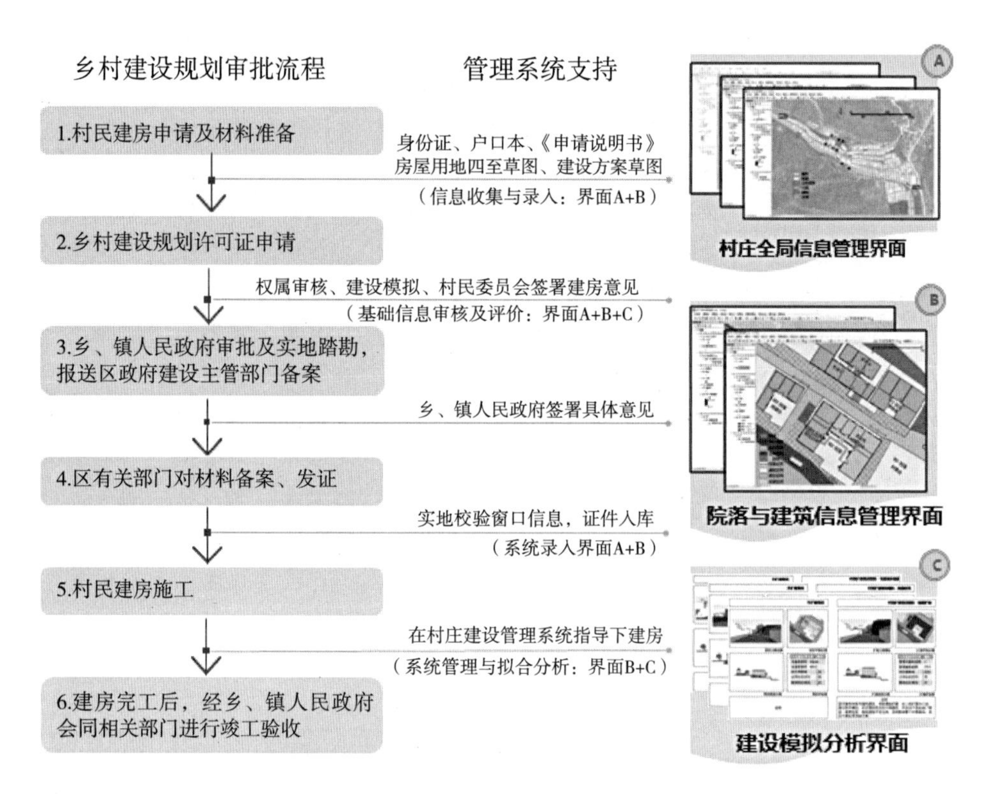

图18-41 规划决策可视化分析架构

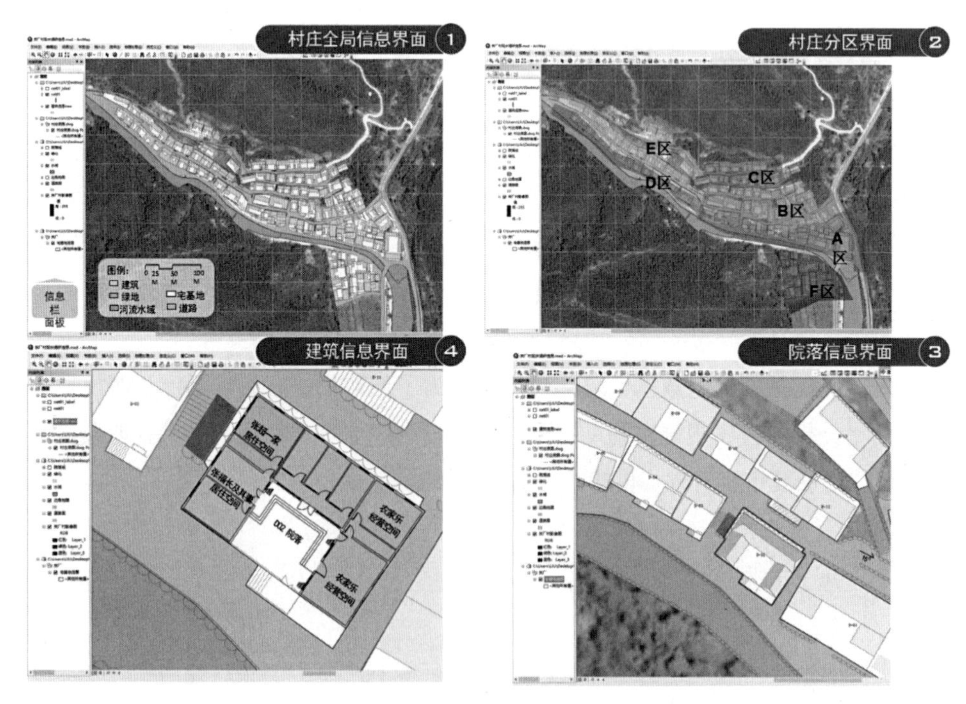

图18-42 炭厂村村庄管理系统不同界面的展示

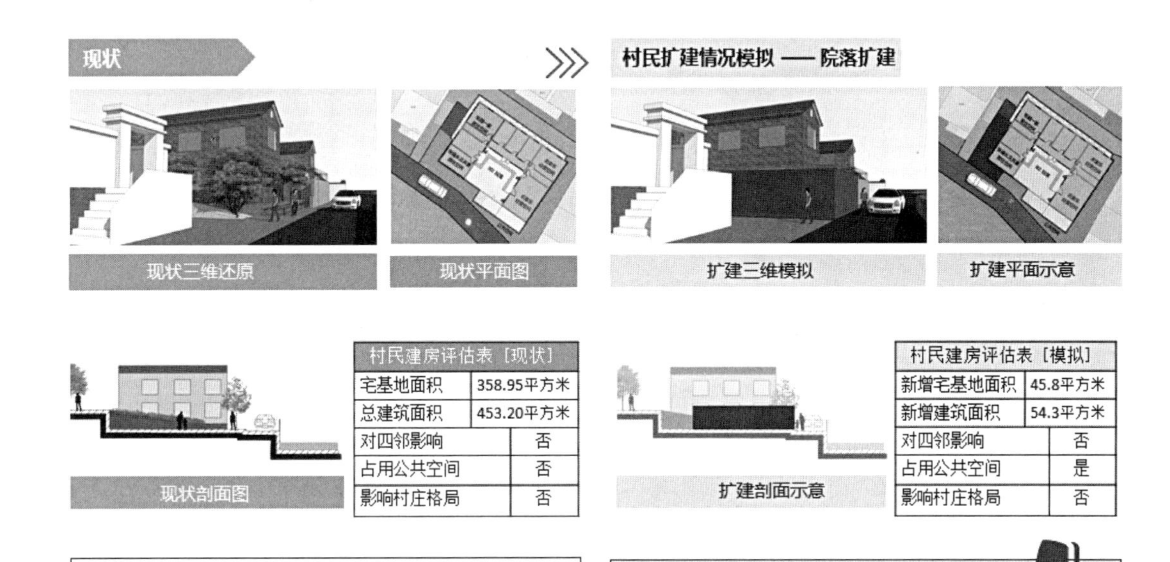

图18–43　决策分析——农房建设模拟分析

小结

自2016年8月起历时4个月的村庄编制过程中，研究团队多次驻村开展工作，建立微信公众号广泛收集社会意见，组织公众参与活动，改变以往多以空间规划为指向的村庄规划方式，提出以改善民生为出发点的规划指导思想，编制切实的产业规划，建立村庄建设管理系统，与村民协商制定《村规民约三字经》等，将传统的村庄规划延伸至村庄产业发展、社会建设与规划管理，探求面向村庄治理结构的村庄规划编制方式方法。与城市大多由开发商集中建设的方式不同，村庄的建设是渐进式的，建设主体是村民。规划是在短时间内完成的，而村庄的建设却是长时期的，其运营维护更至关重要。因此，需要不断探究基于乡村特点的村庄建设长效机制，以促进村庄的持续发展。

参考文献

[1] 郭耀斌. 乡村视角下大别山地区村庄规划编制研究 [D]. 北京工业大学，2014.

[2] 赵之枫，王峥，云燕. 基于乡村特点的传统村落发展与营建模式研究 [J]. 西部人居环境学刊，2016 (2)：11-14.

[3] 赵之枫，范霄鹏. "乡""镇"之分——《城乡规划法》颁布后的乡规划思考 [J]. 城市发展研究，2011 (10)：97-104.

[4] 赵之枫，张建. 城乡统筹视野下农村宅基地与住房制度的思考 [J]. 城市规划，2011 (03)：72-76.

[5] 赵之枫. 城市化加速时期集体土地制度下的乡村规划研究 [J]. 规划师，2013 (04)：99-104.

[6] 赵之枫，郑一军. 农村土地特征对乡村规划的影响与应对 [J]. 规划师，2014 (02)：31-34.

[7] 赵之枫，汪晓东. 城镇化快速发展时期新型农村社区建设实践研究 [J]. 城市观察，2013(01)：50-58+40.

[8] 李延超. 基于现代农业发展的北京远郊区县乡域规划研究 [D]. 北京工业大学，2013.

[9] 李钟. 北京远郊区县乡政府驻地建设用地配置研究 [D]. 北京工业大学，2011.

[10] 杨明亮. 北京市农业乡公共服务设施配置标准研究 [D]. 北京工业大学，2011.

[11] 张建，杨明亮，赵之枫，曲勃润. 北京市农业乡公共服务设施配置标准初探 [J]. 小城镇建设，2011 (02)：67-71.

[12] 赵之枫. 基于互动理念的现代农业园区规划研究 [J]. 城市规划，2013 (11)：34-38.

[13] 赵之枫，范霄鹏，张建. 城乡一体化进程中村庄体系规划研究 [J]. 规划师，2011 (S1)：211-215.

[14] 张建，金晶，赵之枫. 将村庄规划纳入到村规民约的实践探究——以全国村庄规划试点村北京市门头沟区炭厂村为例 [J]. 小城镇建设，2017 (2)：73-79.

后 记

书稿即将付梓之时，回想起师从清华大学单德启教授攻读博士学位时写在论文后记的一段话："我生于城市，长于城市。自从进入村镇规划这一研究领域，就不停地往返于城市与农村之间，在巨大的反差间来回切换。每次外出调研，心情都是复杂的。喝着纯朴的村民端上来的汤圆，欣赏着乡村特有的田园美景，心中涌动的是感动；回到嘈杂的城市，夜晚坐在灯下阅读各种资料时，更多的是困惑与沉重。正是这一次一次心灵深处的感触，激发起我对农村规划建设研究的使命感，并支持着我不断地探索、研究。"

感谢先生那时为我推开了一扇窗。

随后的将近二十年，从小城镇建设，到新农村建设、传统村落保护与发展、美丽乡村建设，我参与、经历并目睹了乡村的巨变。当年"深一脚浅一脚"去调研的小村落如今已消失不见，变成开发区的一部分。基础设施改善，公共设施完善，人们生活水平不断提高。乡村已不是当年的乡村，村民也不再是当年的村民。在各方力量的共同努力下，不少问题得到解决或改善，同时，又面临新的难题与挑战。

本书的完成得益于研究团队多年投身村镇规划的研究积累与项目实践。团队的协作，师生的互动令人难以忘怀。项目遇到困难时大家的鼓励与支持，年轻学子们对乡村规划的激情与投入，时时鞭策我砥砺前行。

感谢研究团队的合作为本书的写作铺就了一条路。

感谢北京市规划委员会（现北京市规划和国土资源管理委员会）及通州、门头沟、昌平、延庆等各区县分局，河南省信阳市光山县，北京市城市规划设计研究院，城镇规划设计研究院有限责任公司等单位的领导和朋友们一直以来给予研究团队的指导与帮助。

在研究实践过程中，也深深感到作为规划师的局限。乡村建设发展是个复杂的系统，尤其是制度层面的探索，实践中少有突破，也导致本书中的城乡制度与乡村规划部分关联不够紧密。再加上成文的时间跨度大、资料不足，留下不少遗憾。

因学识和经验有限，书中难免有疏漏之处，还望读者给予批评指正。

赵之枫

二〇一七年夏于北京